高等院校“十三五”规划教材

SHUKONG JIAGONG SHIXUN

数控加工实训

主　编　孙永忠　高　民

東北林業大學出版社
Northeast Forestry University Press
·哈尔滨·

图书在版编目（CIP）数据

数控加工实训 / 孙永忠，高民主编. — 哈尔滨：东北林业大学出版社，2018.12

ISBN 978－7－5674－1704－5

Ⅰ.①数…　Ⅱ.①孙…②高…　Ⅲ.①数控机床－加工－教材　Ⅳ.①TG659

中国版本图书馆 CIP 数据核字（2019）第 018326 号

责任编辑：陈珊珊

封面设计：华盛英才

出版发行：东北林业大学出版社（哈尔滨市香坊区哈平六道街 6 号　邮编：150040）

印　　装：北京佳顺印务有限公司

规　　格：787 mm×1 092 mm　16 开

印　　张：12.5

字　　数：304 千字

版　　次：2018 年 12 月第 1 版

印　　次：2019 年 8 月第 2 次印刷

定　　价：35.00 元

前　言

近年来，汽车、家电等产业的迅速发展，给我国制造业带来了前所未有的发展机遇，也带来了巨大的挑战。加快数控技术专业技能型人才的培养，已成为我国职业教育的重要任务。培养数控技术专业技能型人才，重在加强实践性教学环节，提高学生的动手能力。

本教材将编程与操作实训紧密结合，强调内容的实用性、实践性和先进性，对所给程序段进行了必要、详细、清晰的注释说明，便于学生理解和学习。本教材根据技能型人才培养的需要和科学技术的发展，注重实际操作能力的培养。本教材编写的教学内容理论与实践衔接为一体，每个章节把理论知识和专业技能有机地融合为一体。本教材与职业技能鉴定要求相衔接，并以附录的形式给出了针对相关职业技能鉴定考核的实训练习题。本教材介绍了编者在生产和教学实践中积累的诸多数控加工工艺诀窍、实用的数控编程技巧和数控机床操作技巧。本教材内容丰富，简洁明了，图文并茂，通俗易懂。每章前设有学习目标，便于读者学习和掌握重点、难点；每章后设有思考练习题，便于读者归纳和总结。

合理的工艺是保证数控加工质量、发挥数控机床效能的前提条件，书中将数控机床必备的数控加工工艺规程的制定与数控编程有机联系在一起，紧扣国家数控操作工职业资格鉴定的要求，所选实例具有较强的实用性和代表性，所有实例都经过模拟仿真加工验证。本书在编写过程中参阅了大量相关文献与资料，在此向有关作者一并表示谢意。

本书虽然经反复推敲和校对，但由于编者水平有限、时间仓促，书中难免存在错误或不足之处，恳请读者批评指正，以便我们及时改进。

编　者

目录

第1章

华中系统 HNC-21T 快速导航

1.1 关于华中系统 HNC-21T

知识目标

☆了解华中数控系统 HNC-21T 的特性。

☆了解该系统发展。

华中世纪星数控系统是目前应用较为广泛的数控系统之一，也是我国自主研制开发的最为先进的一种数控操作系统。而华中世纪星 HNC-21T 是基于 PC 的车床 CNC 装置，是武汉华中数控股份有限公司在国家“八五”、“九五”科技攻关重大科技成果——华中Ⅰ型高性能数控装置的基础上，为满足市场需求，开发的高性能经济型数控装置。

HNC-21T 采用彩色 LCD 液晶显示器，内装式 PLC，可与多种伺服驱动单元配套使用。具有开放性好、结构紧凑、集成度高、可靠性好、性价比高、操作方便等特点。

1.2 机床面板结构简介

知识目标

☆了解机床面板布局。

☆掌握各功能块的作用。

☆技术交流。

HNC-21T 的机床面板与其他的系统面板结构基本相同，如图 1-1 所示。HNC-21T 的工作界面主要包括显示器、MDI 面板、“急停”按钮、功能键和机床控制面板。而 MDI 面板和机床控制面板是各系统最为常用的部分。

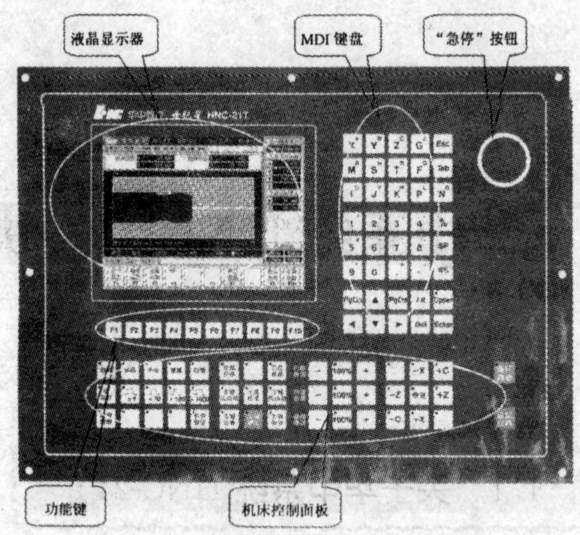

图 1-1　华中世纪星车床数控装置操作台

（1）液晶显示器。显示器位于面板的左上角，主要显示软件的操作界面，以及显示加工时所需要的相关数据。

（2）MDI 键盘。MDI 键盘主要作为系统的输入设备，完成程序的输入，参数修改等工作。

（3）“急停”按钮。在操作过程中，初学者通常对程序的正确性、合理性了解不够。因此在操作过程中或多或少会出现问题，在这种情况下操作人员尽量在加工过程中将手靠近急停按钮，出现问题时按下按钮，以免发生不必要的危险。

（4）功能键。功能键没有确定的功能内容，由于其功能是随着显示器显示内容的变化而改变，因此通常称作软键。

（5）机床控制面板。控制面板是用来手动操作其工作状态的，其中主要包括：自动、单段、手动、增量、回零等操作方式，如图 1-2 所示。

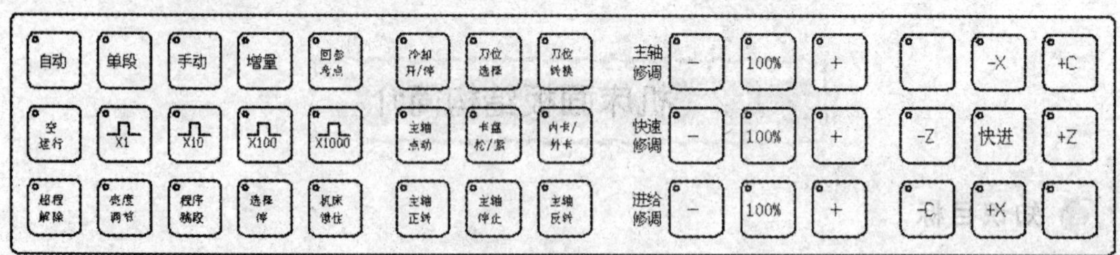

图 1-2　控制面板控制按键

技术交流

由于现阶段数控操作系统层出不穷、种类繁多。因此增加了操作人员的学习难度，初学者在学习过程中不要灰心失望，以平和的心态对待各类操作系统，按块进行学习。大部分的操作系统都是由两部分板块组成。即 MDI 面板和控制面板。MDI 面板主要用来程序的输入。控制面板主要完成机床运行方式的转换从而对刀具参数进行设定。所以建议初学者先对程序的录入和刀具参数的设定进行学习，避开烦琐的功能介绍，快速进入加工阶段。在加工过程中再丰富自己对操作系统的深入认识。

1.3　开机和关机操作

知识目标

☆掌握安全的开机操作方法。

☆了解手动方式运行方向键的使用。

☆掌握急停按钮的使用。

☆技术交流。

1. 开机、回参考点操作

(1) 开机前检查急停按钮是否按下，HNC-21T 系统为保护控制机，一般要求开机前急停线路为关闭状态。

(2) 接通机床电源。机床上电，这时机床的照明线路接通，照明灯亮。

※大部分数控车床的机床电源安放在机床左侧主轴孔附近。

(3) 在机床操作面板上按【NC 开】按钮。数控上电后 HNC-21T 会自动运行系统软件，此时显示器显示软件操作界面如图 1-3 所示。工作方式为“急停”。

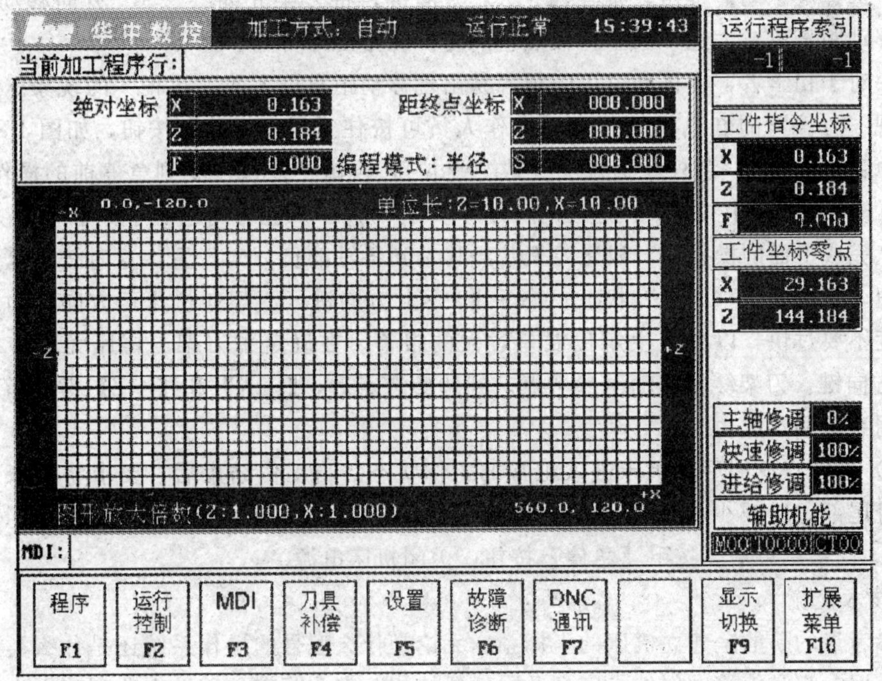

图 1-3　HNC-21/22T 系统操作界面

(4) 按照【急停】开关的示意方向旋转弹出按钮，系统在 5～10 秒后会进入手动状态，在这个期间可能会有短暂的转换过程。请不要急于操作，以免出现报警信息。

(5) 在当前工作方式由急停转变为手动状态时便可对机床进行回参考点的操作了，接下来的回参考点操作简称回参操作。

(6) 回参操作之前必须确认机床是否处于坐标系的负方向（一般在车床上刀架位于导轨及中托板的中间位置即可。否则在回参时系统会使刀架向正方向移动，直到达到正方向限位为止）。如果机床刀架处于零点或正方向位置，操作人员应采用手动方式将刀架移动至负方向。在移动刀架的过程中要特别注意其移动顺序，先选择【手动】按钮，如图 1-4 所示。系统处于手动工作状态。再按住【－Z】方向键，如图 1-5 所示。将刀架先向“－Z”方向移动。当刀架电机保护罩与尾座完全离开后停下。

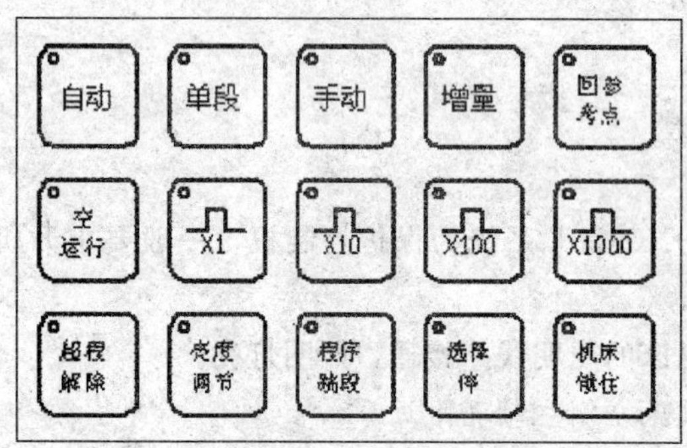

图 1-4　机床操作模式控制按钮

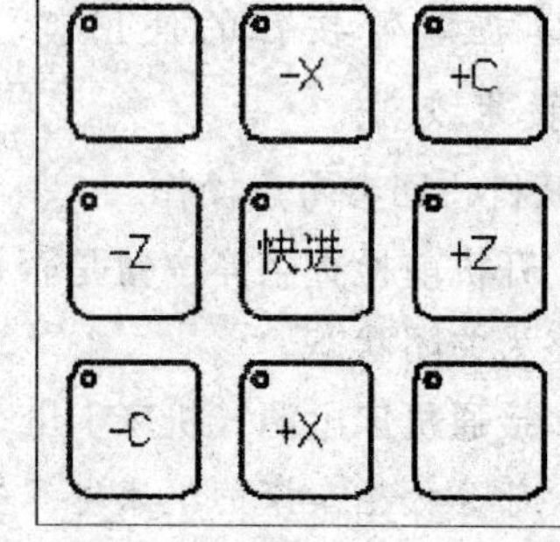

图 1-5　机床方向控制键

(7) 选择【手动】按钮，按住【－X】方向键，将刀架先向“－X”方向移动（－X方向的移动距离不要太远，当中托板黑色的防护板露出即可）。

(8) 对于初学者，在移动过程中很容易出现移动距离过大而“超程”的现象。这时系统会出现“急停”的红色报警信息。操作人员可按住【超程解除】按钮，如图 1-2 所示，在 3 秒钟后，系统的“急停”信息会变成“复位”，再由“复位”变到急停前的操作模式。接下来可按住【手动】按钮，向超程的反方向移动。例如：X 正方向超程可按【－X】方向键。

(9) 完成上面的操作后，机床刀架几经移动到各轴的负方向位置，这时按下【回参考点】按钮，系统处于“回参”状态。按下【＋X】方向键，刀架向机床正方向移动（移动时的速度不要过快，以免产生定位误差过大的报警。在确定了刀架与尾座无干涉后按下【＋Z】方向键。刀架缓慢移动至参考点。到达参考点后，【＋X】和【＋Z】键的指示灯点亮，证明系统回参成功。

(10) 参考点返回后，机床进入正常的工作状态。当工作结束后，要求将机床刀架移动到床身尾部，以减少机床床身的变形。因此，在关机之前进行回零操作（同 (6) ～(8) 步）。回参结束后，按下【急停】按钮，关闭机床电源。

2. 技术交流

回参考点的目的是建立机床的坐标系，无论是什么型号的操作系统还是什么类型的加工机床，回参都是使移动部件与床身及附件保持相对安全距离的移动来达到建立坐标系的过程。例如，数控镗铣加工中回参是先移动 Z 轴就是为了使刀具和夹具及工件保持距离。

1.4　华中系统 HNC-21T 操作软件界面简介

知识目标

☆软件界面的功能内容。

☆工作方式的切换。

☆技术交流。

1. 界面介绍

HNC-21/22T 的操作软件界面是系统由显示器完成的反馈信息，如图 1-6 所示。其中包括以下组成部分：

(1) 图形窗口：用来显示工件加工仿真图形、程序、坐标位置等信息。可用【F9】键（显示切换键）选择其显示内容。

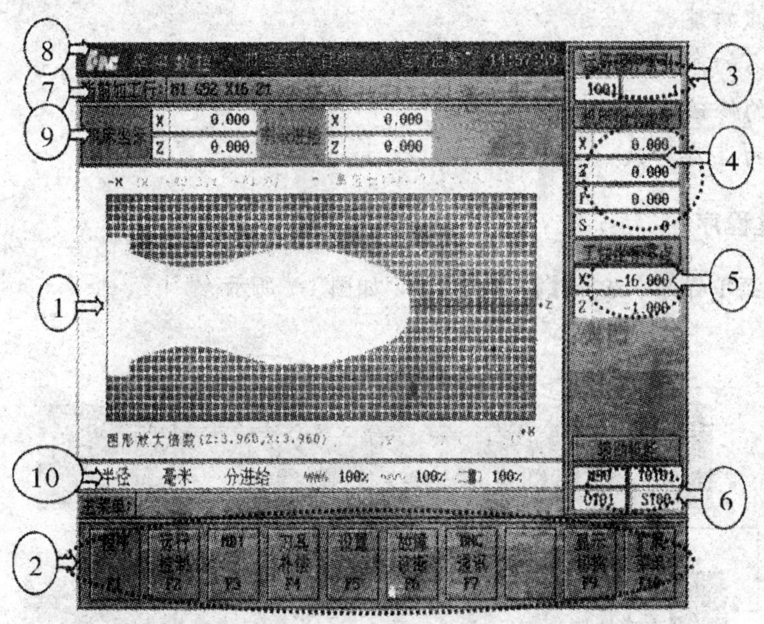

图 1-6　HNC-21/22T 的软件操作界面

(2) 菜单命令条：命令条中的 F1～F10 的功能分别对应着操作面板中的【F1】～【F10】键，用来实现功能的转换。

(3) 运行程序索引：分别显示了运行的程序和段号。

(4) 坐标系：坐标系的显示内容可以按【F5】键设置坐标系的类型。

(5) 工件坐标系零点：工件坐标系零点在机床中的坐标位置。

(6) 辅助机能：加工中的辅助功能显示，如：M、S、T 代码。

(7) 当前加工行：当前加工的程序段。

(8) 工作方式：显示系统的工作方式和报警信息。

(9) 机床坐标：显示刀具当前位置在机床坐标系下的坐标和到达终点的距离。

(10) 加工参数类型：加工参数类型的显示。

2. 技术交流

HNC-21T 操作系统的人机对话界面全部为中文显示，利于操作。在操作过程中，工作方式的转换操作不要太快，在工作方式显示菜单中显示出读者所希望的方式后再进行后面的操作否则会出现报警。坐标系的显示最好为机床坐标系，以便接下来刀具测量时的检验。

1.5 程序输入

知识目标

☆程序的新建。

☆程序名的命名方式。

☆程序的修改删除方法。

☆程序的保存方法。

1.5.1 新建程序

(1) 在主菜单界面中选择【程序】菜单，如图 1-7 所示。

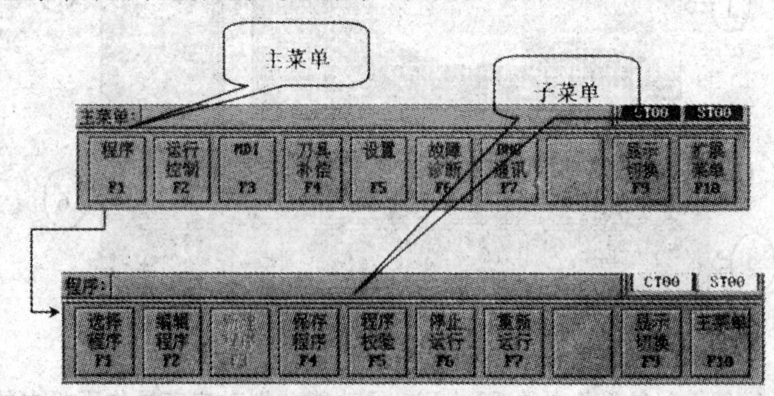

图 1-7 【程序】子菜单

(2) 程序菜单界面中选择功能键【F2】“编辑程序”，进入编辑程序对话窗口。

(3) 在编辑程序窗口中，选择功能键【F3】“新建程序”。这时人机对话窗口会提示：“输入新文件名”。输入文件名后，按【Enter】键确认后可以对新建程序进行编辑了，如图 1-8 所示。

※输入的程序名应该以字母 O 开头，后面接数字或字母，但最多不要超过 6 位。否则，会出现系统报警。

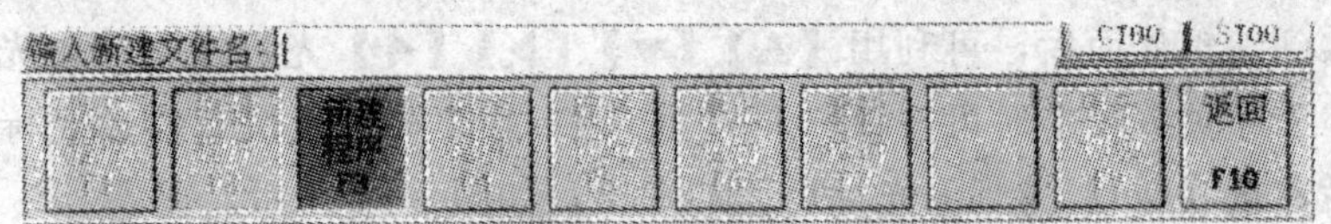

图 1-8　新建程序界面

(4) 建立好文件名后，在显示窗口中输入程序名。以“%”开始，后接数字。

❀在华中系统中可以把文件名看作一个文件夹，而程序则是在这个文件夹中的若干文件。也就是说在同一个文件名下可以建立若干个程序。常把主程序和子程序建立在一个文件名下。

1.5.2　程序调用和保存

1. 程序调用和保存

在系统中可以保存若干个文件，这样要打开指定的文件时，就要在文件列表中进行选择，下面介绍选择程序的方法。

(1) 在主菜单窗口中按【F1】键选择程序，弹出如图 1-9 所示“选择程序”窗口。其中包括存储器选择菜单中分为：电子盘、DNC、软驱和网络四个选项。

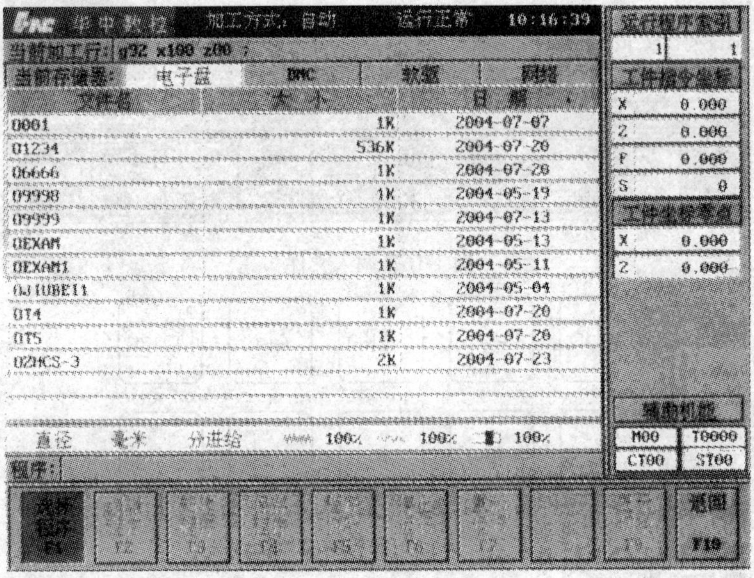

图 1-9　程序选择界面

其中，电子盘是保存在系统磁盘中的文件。

DNC 是串口发送过来的文件。

软驱是保存在软盘中的文件。

网络是建立网络后，网络路径映射的程序。

❀现阶段常用的为电子盘和软盘方式。

(2) 利用【◀】【▶】光标键选择好磁盘后按【Enter】键，系统显示磁盘内程序列表。

(3) 利用【▲】【▼】光标键选择指定文件，按【Enter】键系统弹出程序内容，如图 1-10 所示。

(4) 进入到编辑界面后，可利用【▲】【▼】【▶】【◀】光标键来移动光标到需要的位置，并且在程序页数较多时可按【PgUp】【PgDn】翻页键来快速移动光标。选定好要修改的位置后，按【Del】键删除光标后面的字符，如图 1-11 所示。

※如果键入其他字母或数字，光标后的内容会自动后退。

(5) 程序编辑完成后，按【F4】键保存程序，这是在人机对话窗口中提示保存的程序名，并可对该程序名修改。最后按【Enter】键确认，如图 1-12 所示。

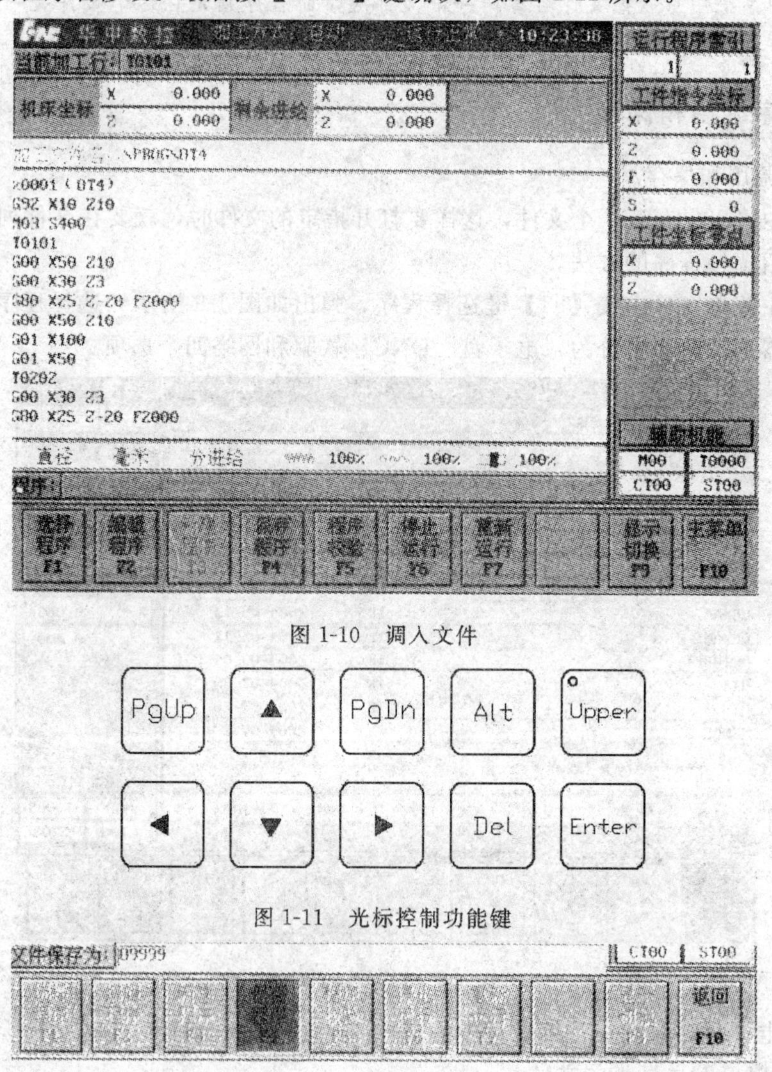

图 1-10 调入文件

图 1-11 光标控制功能键

图 1-12 保存程序界面

2. 技术交流

在编辑程序的过程中，由于初学者对程序的正确性没有完全的把握，所以建议在写程序时按轮廓形状的不同分开建立文件。这样在加工时会减少不必要的麻烦。例如：外形轮廓建立一个文件，螺纹建立一个，内孔建立一个等。但是对于经验丰富的并且程序多次运行无错误的操作者可编辑在一个文件中，来提高效率。

1.6　刀具测量方法

知识目标

☆刀具数据设置。

☆刀具补偿设置。

1.6.1　刀具补偿设置方法

(1) 在开机回参后在机床控制面板上选择“手动”运行方式，进入手动操作机床。按下 MDI 面板上的软件功能键【F4】“刀具补偿”。弹出刀具补偿界面，如图 1-13 所示。

图 1-13　刀具补偿对话窗口

(2) 按【F1】键，弹出“刀具偏置表”如图 1-14 所示。

[illegible]	[illegible]	[illegible]	[illegible]	[illegible]	[illegible]	[illegible]
#0001	-15.000	-60.000	0.000	0.360	30.000	60.000
#0002	15.000	60.000	0.000	0.000	0.000	0.000
#0003	15.000	60.000	0.000	0.000	0.000	0.000
#0004	15.000	60.000	0.000	0.000	0.000	0.000
#0005	15.000	60.000	0.000	0.000	0.000	0.000
#0006	15.000	60.000	0.000	0.000	0.000	0.000
#0007	15.000	60.000	0.000	0.000	0.000	0.000
#0008	15.000	60.000	0.000	0.000	0.000	0.000
#0009	15.000	60.000	0.000	0.000	0.000	0.000
#0010	15.000	60.000	0.000	0.000	0.000	0.000
#0011	15.000	60.000	0.000	0.000	0.000	0.000
#0012	15.000	60.000	0.000	0.000	0.000	0.000
#0013	15.000	60.000	0.000	0.000	0.000	0.000

半径　毫米　分进给　100%　100%　100%

图 1-14　刀具偏置表

(3) 利用【▲】【▼】光标键移动蓝色亮条至要设定的刀偏号位置。

※ 在刀偏号中的＃0001、＃0002……表示刀具偏置号码，即“T0101 中的最后两位的对应内容。

(4) 例如测量＃0001 号刀具偏置，初学者可先将蓝色亮条利用【▲】【▼】光标键移动至最左端，“X 偏置”的位置，按【Enter】键，蓝色光条处于反白状态。按【0】数字键，清空存储器内容，然后从左至右依次清空。

※ 清空存储器的目的是为了使初学者容易辨别偏置内容。

(5) 在手动方式下选择【—Z】【—X】方向键，将被测量刀具移动至工件附近。

※ 对于不熟悉机床的初学者来讲，可以将“进给修调”键调节到50%以下，以免出现碰撞危险。

(6) 接近工件后，选择“增量”方式。利用方向控制拨杆调节好X轴或Z轴的移动方向，通过手轮的旋转定量移动刀具。

(7) 按【主轴正转】键，使工件正转。利用被测量刀具切削工件端面。沿X轴方向退刀。

※ 在退刀过程中，刀具的Z方向坐标位置不能再变化。否则刀具偏置数值将不准确。即刀具的Z方向不再移动。

(8) 利用【◀】【▶】光标键将蓝色亮条移动到对应刀偏号码的“试切长度”位置。按【Enter】键，使蓝色亮条反白。利用数字键输入将工件零点与端面的距离输入，再按【Enter】键确定。这时，“Z偏置”栏中将自动计算出偏置数值。

※ 对于初学者建议将零点设定在工件的左端面上，即输入“0”，再按【Enter】键。

(9) 利用【◀】【▶】光标键将蓝色亮条移动到“试切直径”位置。按【Enter】键使蓝条反白。利用被测刀具加工工件外圆，并沿Z轴推出。这时，同步骤8类似，X轴位置不可移动。将切削好的工件外径输入到“试切直径”中，按【Enter】键，“X偏置”会自动计算偏置数值。

(10) 将刀具移动至安全位置。

1.6.2 刀具补偿数据的输入

1. 刀具补偿数据的输入

(1) 在主菜单界面中按【F4】键，弹出刀具补偿菜单。

(2) 按【F2】键，弹出刀补表如图1-15所示。

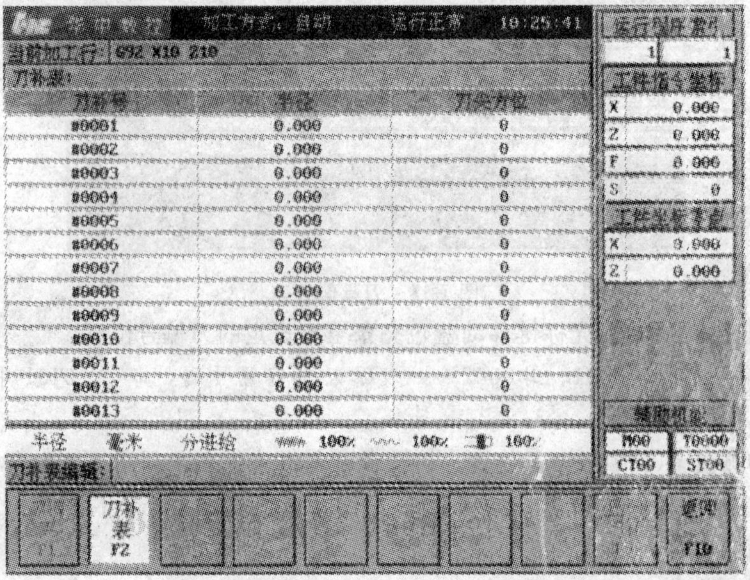

图1-15 刀补数据的输入与修改

（3）利用【▲】【▼】【◀】【▶】光标键移动蓝条选择对应刀具补偿号码。

（4）按【Enter】键，使蓝条反白。在“半径”中输入刀具的刀尖半径，在“刀尖位置”中输入对应的刀尖位置，再按【Enter】键确定。

2. 技术交流

刀具测量好后为保证其数值的正确性，可以将刀具的刀尖移动到工件的零点位置或可以测量出到达零点的位置。将屏幕选择到“相对刀偏表”手动将刀具移动至工件零点，看工件坐标系位置与“X 偏置”、“Z 偏置”是否接近。如果数值接近，证明刀具偏置正确。否则，重新对刀。

1.7　程序模拟操作

知识目标

☆显示切换操作方法。

☆程序自动加工前的仿真模拟加工。

☆单段和自动加工的执行方法。

1. 程序模拟操作

（1）刀具偏置及程序准备好后，检查工件毛坯是否符合程序的要求。

（2）按【自动】键，使机床处于“自动”运行状态。

（3）在主菜单操作界面中按【F1】键，弹出程序对话菜单。

（4）按【F1】键选择程序。

（5）按【▲】、【▼】光标键，找出要执行的程序。按【Enter】键进入编辑状态。

※ 如果程序过多，可利用【PgUp】【PgDn】翻页键快速查找。

（6）按【F4】键保存，并在提示行输入程序名，按【Enter】确定。

（7）确定后，按【F5】键“程序校验”，如图 1-16 所示。

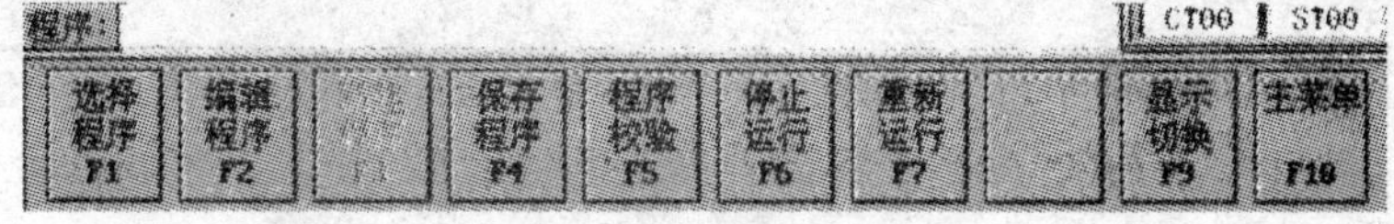

图 1-16　自动方式下程序校验运行界面

（8）按【显示切换】键调节显示屏幕内的显示内容。可在程序、仿真图形、坐标值中进行随时的切换。

（9）按【循环启动】键，开始仿真。

2. 技术交流

在仿真操作时，机床事先必须返回参考点，并且对刀具进行偏置值的设定。否则，会出现“负软超程”、“未返回参考点”等报警信息。在仿真的过程中红色的线条代表

"G00"快速进给，黄色线条代表G01工进方式。除刀具停放位置不当外，在加工的零件内部一般不会出现这两种线条，如果出现请加倍注意。

1.8 自动加工

知识目标

☆自动加工的操作方式。

1. 自动加工

（1）程序模拟成功后，便可进行实际加工。对于初学者先选择"单段"加工模式。

（2）按下"快速修调"和"进给修调"的【—】键，修调倍率调节到30%～50%之间，以免速度太快造成事故。

（3）按【循环启动】键，开始加工。

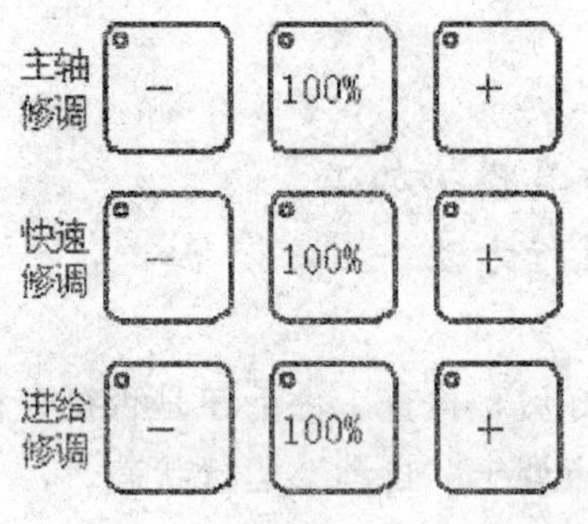

图1-17 修调按钮

2. 技术交流

加工前先把刀具远离工件，每按一次"循环启动"程序执行一段。一般华中系统是以"回车"表示一段结束，进行分行。需要注意的是在编辑程序的时候，最好先在程序的第一段设定坐标系。然后确定安全点和循环点，这样在单段执行中可用目测的方法再一次检验刀具偏置的正确性。

1.9 日常维护

知识目标

☆熟悉工、量具的摆放和维护。

☆掌握机床的保养方法。

☆了解机床保养的重要性。

1. 日常维护的重要性

（1）工具、量具的摆放一般按照个人的操作习惯，一般将常用的工具放置在离自己最近的位置。例如：刀架扳手和卡盘扳手放在自己左手边，排放整齐，便于使用。量具可放置在工作台中间按顺序放齐，这样便于观察量具位置并且能够防止与其他工具碰撞造成精度的降低。

（2）机床要求每个工作班/日进行清扫，以便保护机床精度。维护中先用刷子将卡盘和刀架之间的切削清扫干净，再将刀架移动至卡盘附近。将尾座附近清扫干净。用棉布将废旧机油擦掉，最后在注油孔和导轨上加润滑油。

2. 技术交流

作为一名合格的技术工人，工量、器具和机床的维护是工作的前提和基础。养成一个好的工作习惯是对保持机床的精度，提高自身的工作效率的保证。

第2章 入门篇

2.1 外圆轮廓加工

能力目标

☆ 通过阶梯轴的实际生产加工，掌握 HNC-21T 数控机床的基本操作能力。

☆ 具备输入简单程序、测量刀具、粗检产品的能力。

知识目标

☆掌握程序编写的一般顺序。

☆了解快速进给方式和工进加工的程序编写。

☆了解轴类零件的基本粗、精加工程序的格式。

☆熟悉工艺台阶在加工中的作用。

1. 零件效果图

零件效果图如图 2-1 所示。

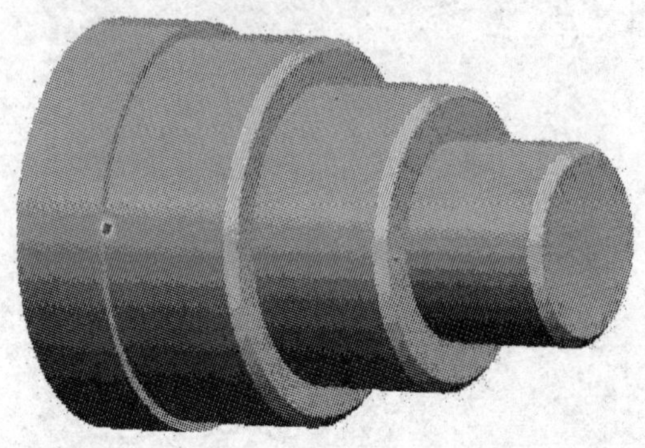

图 2-1 零件效果图

2. 分析零件图样

分析零件图样如图 2-2 所示。

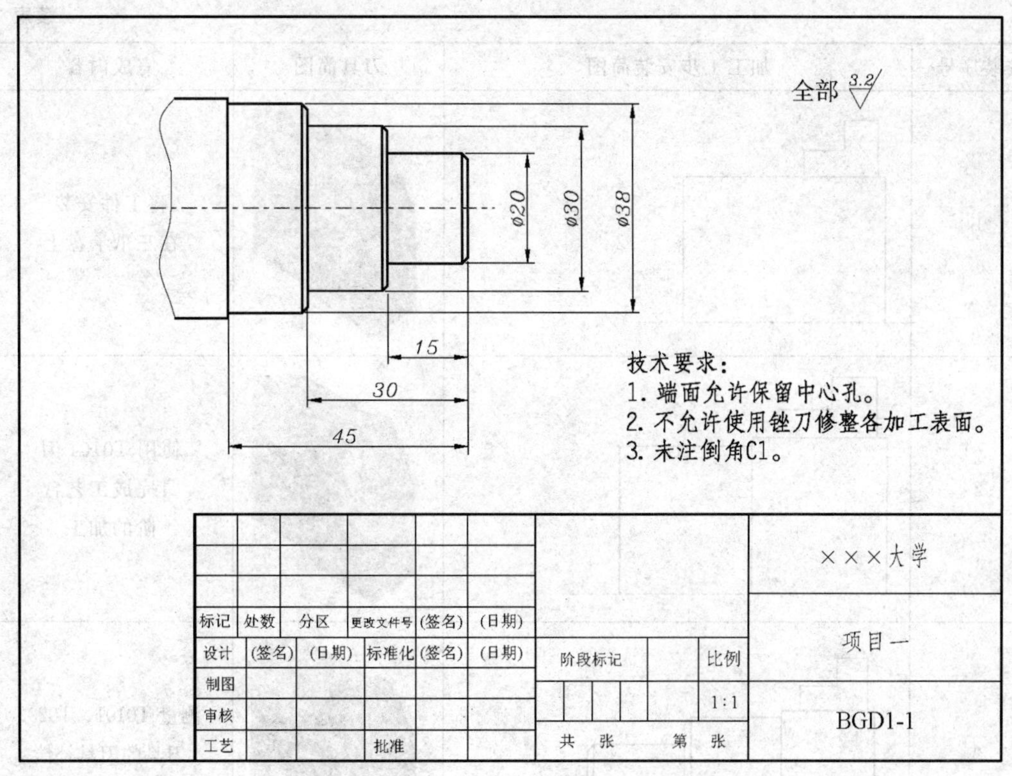

图 2-2　分析零件图样

该训练项目主要完成机床面板操作、程序输入、加工仿真及数控机床操作流程，通过阶梯轴的加工完成产品粗加工、精加工等操作流程。并培养学生对轴类零件倒角、加工工艺台阶等基本的工艺知识。

3. 编制数控加工工序卡

阶梯轴数控加工工序卡如表 2-1 所示。阶梯轴加工刀具调整卡如表 2-2 所示。

表 2-1　阶梯轴数控加工工序卡

数控加工工序卡				产品名称		零件名称		零件图号	
						阶梯轴		BGD1-1	
工序号	程序编号	材料	毛坯规格	夹具名称		适用设备		车间	
1	0210	45	$\phi 40 \times 60$	三爪卡盘		TK40-HNC21T		数控车间	
工步号	工步内容	切削用量				刀具		量具	
		$V/(\mathrm{m \cdot min^{-1}})$	$N/(\mathrm{r \cdot min^{-1}})$	$F/(\mathrm{mm \cdot r^{-1}})$	A_p/mm	编号	名称	编号	名称
1	粗加工各外圆及端面	125	800	0.2	2	T0101	外圆粗车刀	1	游标卡尺
2	精加工各外圆及端面	180	1500	0.1	0.5	T0202	外圆精车刀	1	游标卡尺

续表

安装序号	加工工步安装简图	刀具简图	完成内容
1	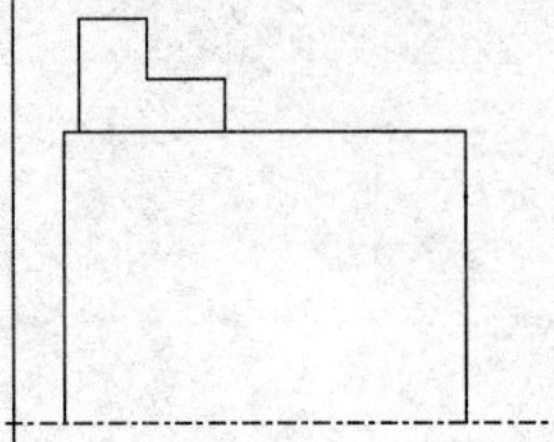	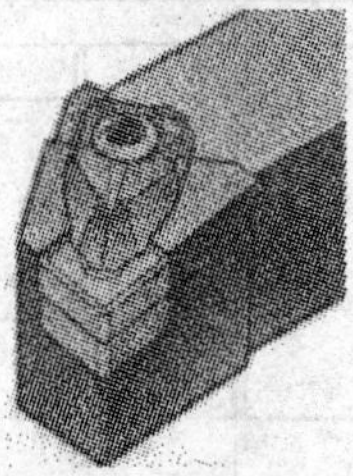	将工件安装在三爪卡盘上
2	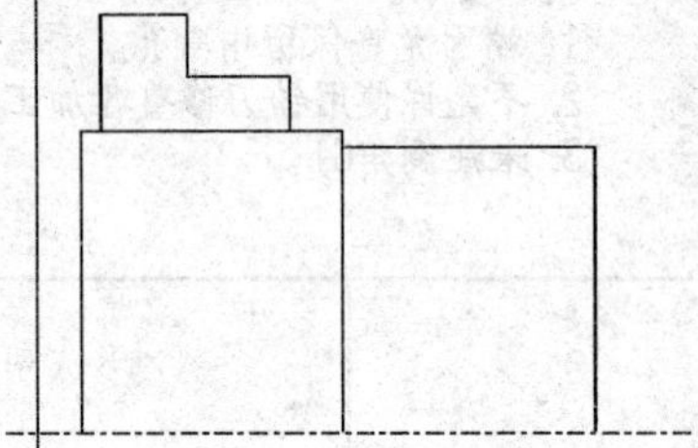	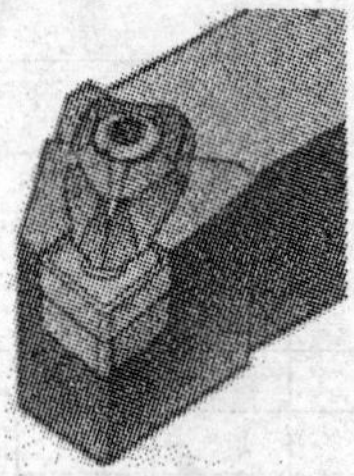	使用 T0101 刀具完成工艺台阶的加工
3	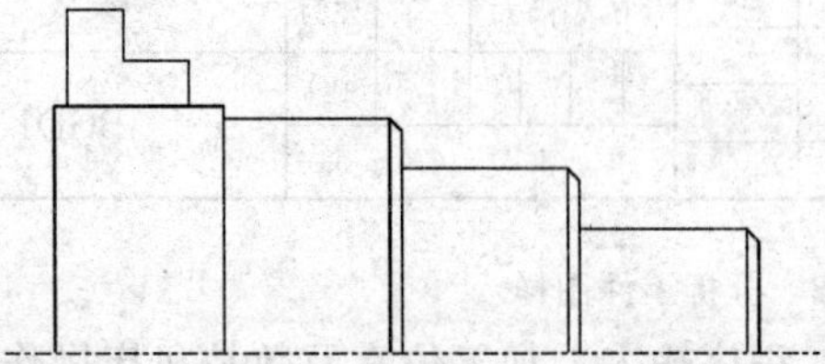		测量 T0101、T0202 刀具的刀具补偿参数，完成粗加工
4	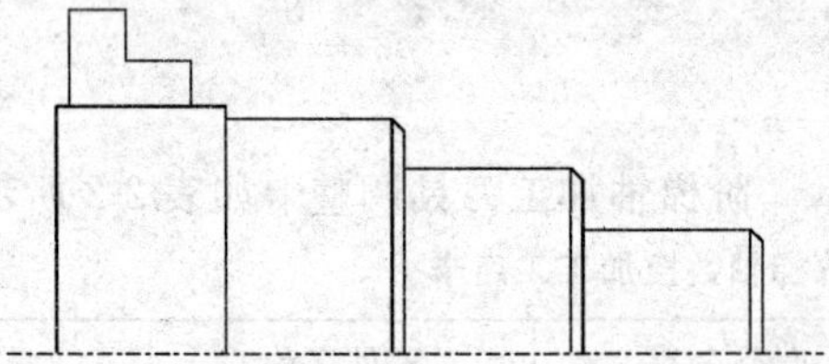		完成精加工

编制		审核		批准		共 页	第 页

表 2-2　阶梯轴加工刀具调整卡

产品名称代号		零件名称	阶梯轴	零件图号		BGD1-1
序号	刀具号	刀具规格	刀具参数		刀补地址	
			刀尖半径	刀杆规格	半径	形状
1	T0101	粗车刀 （刀尖角 55°）	0.8	20mm ×20mm		＃0001

续表

序号	刀具号	刀具规格	刀具参数		刀补地址	
			刀尖半径	刀杆规格	半径	形状
2	T0202	精车刀（刀尖角 35°）	0.2	20mm ×20mm		＃0002
编制	审核	批准	共　页		第　页	

4. 机床操作

(1) 开机回参操作。回参操作参考本书 1.3 内容。

(2) 刀具测量。

①先选择需要测量的刀具，按动控制面板上【刀位选择】按钮，如图 2-3 所示，将刀具位置选择到“CT01”，如图 2-4 所示。选择结束后，按动刀位转换按钮，如图 2-3 所示。

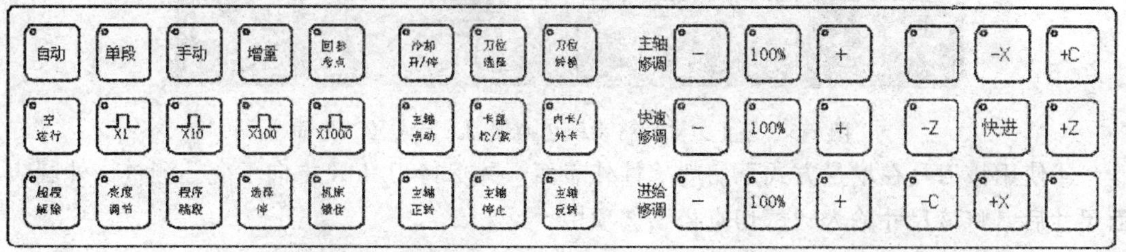

图 2-3　按动控制面板上“刀位选择”按钮

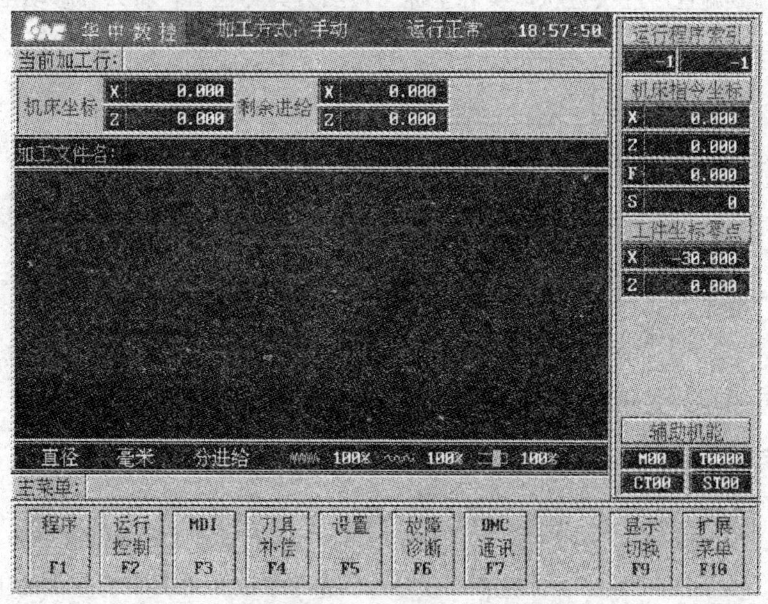

图 2-4　将刀具位置选择到“CT01”

②将工件安装在机床上，按下控制面板中【主轴正转】按钮，启动主轴。

③利用“增量”方式车削零件端面，加工结束后保持刀具 Z 方向位置不变。停止主轴后将系统切换到“刀具补偿”界面，如图 2-5 所示。在试切长度选项中输入“0”回车。

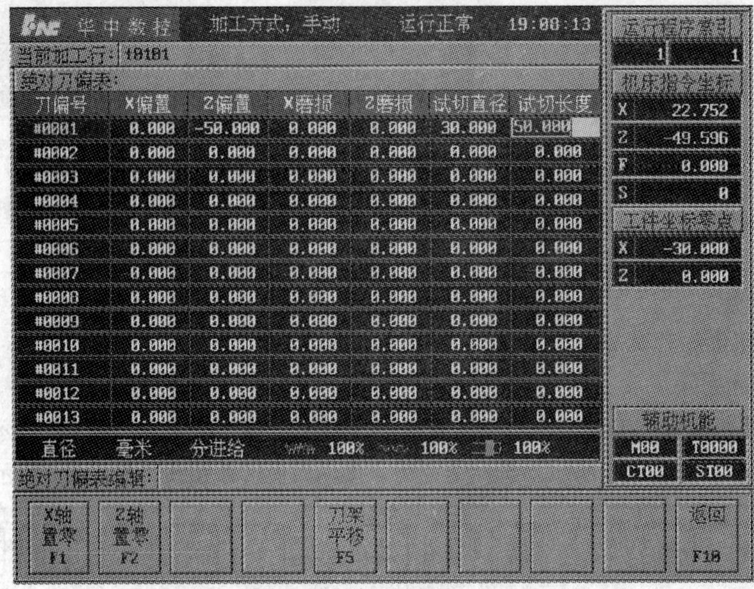

图 2-5 停止主轴后将系统切换到“刀具补偿”界面

④使用该刀具在增量方式下切削零件外表面，并保持刀具 X 方向不变。测量该外圆表面尺寸后，将该尺寸输入“试切直径”选项中。

⑤刀具测量结束后，将刀具手动移动至工件零点附件，如图 2-6 所示，这时刀具的“X 偏置”和“Z 偏置”应接近机床实际坐标。检测刀具补偿后，将刀具移动至安全位置。

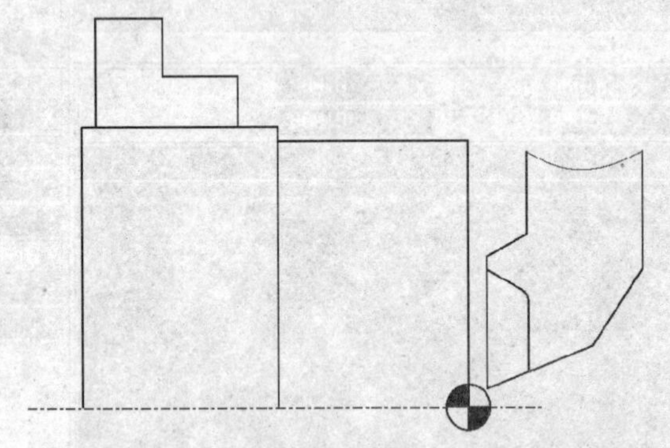

图 2-6 将刀具手动移动至工件零点附近

⑥输入程序。程序输入方法见本书 1.5 节。

参考程序如下：

%210

T0101　　（调用 1 号刀具。建立了以 1 号刀具为基准的工件坐标系）

M42　　（将档位设定在中速档位）

M3 S800　　（主轴正转，每分钟 800 转）

G95 G0 X60 Z100　　（将刀具移动到安全位置）

G0 X40 Z1　　（将刀具移动至循环点）

G71 U2.5 R0.5 P70 Q150

X0.4 Z0.05 F0.2　　　　（粗加工参数设定）

GO X60 Z100

T0202　　　　（更换精加工刀具）

M3S1500

GO X40 Z2

N70 G0 X0　　　　（精加工轮廓起始行）

G1 Z0 F0.1　　　　（以工进方式接触工件）

X20 C1　　　　（加工第一个端面并且倒角 C1）

Z－15　　　　（加工 ϕ20 外圆，长度为 15mm）

X30 C1　　　　（加工第二个倒角）

Z－30　　　　（加工 ϕ30 外圆，长度为 15mm。绝对坐标为“－30”）

X38 C1　　　　（加工第三个倒角）

Z－45　　　　（加工 ϕ38 外圆，长度为 15mm）

N150 X40　　　　（将刀具退出工件）

G0 X60 Z100　　　　（返回安全点）

M5　　　　（主轴停转）

M30　　　　（程序结束）

⑦程序校验，在“自动”运行模式下选择要校验的程序“0210”进入程序校验界面，如图 2-7 所示，选择“程序校验”按钮，使其变成浅蓝色背景。选择“循环启动”键完成程序校验。在程序校验中，红色线型为 G00 指令运行路径，黄色线型为 G01 运行路径。

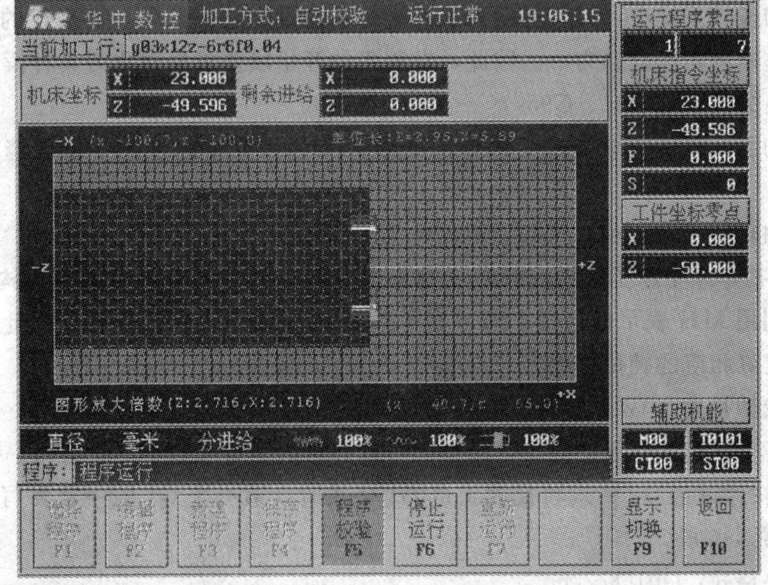

图 2-7　程序校验界面

⑧自动加工。程序校验结束后，将刀具移动至安全位置，单击“重新运行”键（如图2-7所示【F7】键）。先在单段运行状态下执行程序，使刀具自动移动至工件附近。确定正确后，选择自动运行模式，完成加工。

5. 加工检测

加工零件配分及检测项目分析如表2-3所示。

表2-3　加工零件配分及检测项目分析

序号	检测项目	技术要求	配分		检测结果		得分	偏差原因分析
			IT	*R*a	IT	*R*a		
1	长度	15	10					
2		30	10					
3		45	10					
4	直径	φ20	15	8				
5		φ30	15	8				
6		φ38	16	8				
7	总分	100						

6. 理论知识回顾

外形轮廓加工是数控车工的基本操作，其他加工内容都是基于本例的基础之上做出相应的变化而形成的。因此，要求学习过程中熟练掌握本例的编程格式。由于程序格式基本相同，在后面几章的程序中相同段落的解释内容不再说明。

（1）刀具设定T0101

在旧版的操作系统中，刀具补偿和工件坐标系的设定是分开的。而现代的数控车削系统大多数将这两种功能合二为一。因此，在程序的开始段要求先建立刀具补偿。

（2）进给方式设定G94、G95

系统启动后，默认进给方式为每分钟进给（G94）。在车削加工中最好修改为每转进给（G95）。

（3）主轴转速设定M41、M42、M43

TK40数控车床中除了采用变频器变频来改变转速外，还有机械调速机构，并分成3个档位。分别用M41表示低速档，M42表示中速档，M43表示高速档。因此，在主轴正转之前要设定好相应的档位代码。

（4）直线插补指令G01

为了提高手工输入程序的效率，编程时可以省略的字母和数字尽量省略。例如G01可写为G1。有快速进给G0格式转换为工进G1格式时，第一个G1段一定要写入进给量F值。如本例第N80段。

直线插补格式：G01 X Z F。

倒角格式：G01 X Z C F。

X、Z：线段的终点坐标。

C：直线倒角。

F：进给量，单位与 G95、G94 有关。

（5）外圆加工纵向循环指令格式：G71 U R P Q X Z F。

U：切削深度，也就是工艺学中的背吃刀量 α。

R：退刀量。

P、Q：程序的开始段段号和结束段段号。

X、Z：加工余量。

F：进给量。

7. 技术交流

倒角是车工加工必不可少的环节。它不仅起到配合的导向作用，而且对于操作检测人员来说提高了安全性。所以，要求加工零件时必须按图纸要求倒角。图纸没做要求的进行倒角 B 处理。

在编程时只要在两直线交点后加入倒角命令“C××”即可。例如：第一个倒角是 φ20 外圆母线与右端面投影线之间的倒角。其交点坐标为“20，0”。所以，程序可以写为：G1 X20 Z0 C1。由于 G1、Z0 可以省略，最后程序如“N90”段所示。

2.2　圆弧、锥度加工

能力目标

☆ 通过对圆弧和锥度的加工及检测，掌握刀具圆弧补偿的方法。

☆ 掌握锥度、圆弧等要素的质量检测能力。

知识目标

☆掌握圆弧插补加工。

☆顺时针插补和逆时针插补的确定办法。

☆圆弧插补指令参数的意义。

☆掌握刀尖半径补偿的编程格式。

1. 零件效果图

零件效果图如图 2-8 所示。

图 2-8　零件效果图

2. 分析零件图样

分析零件图样如图 2-9 所示。

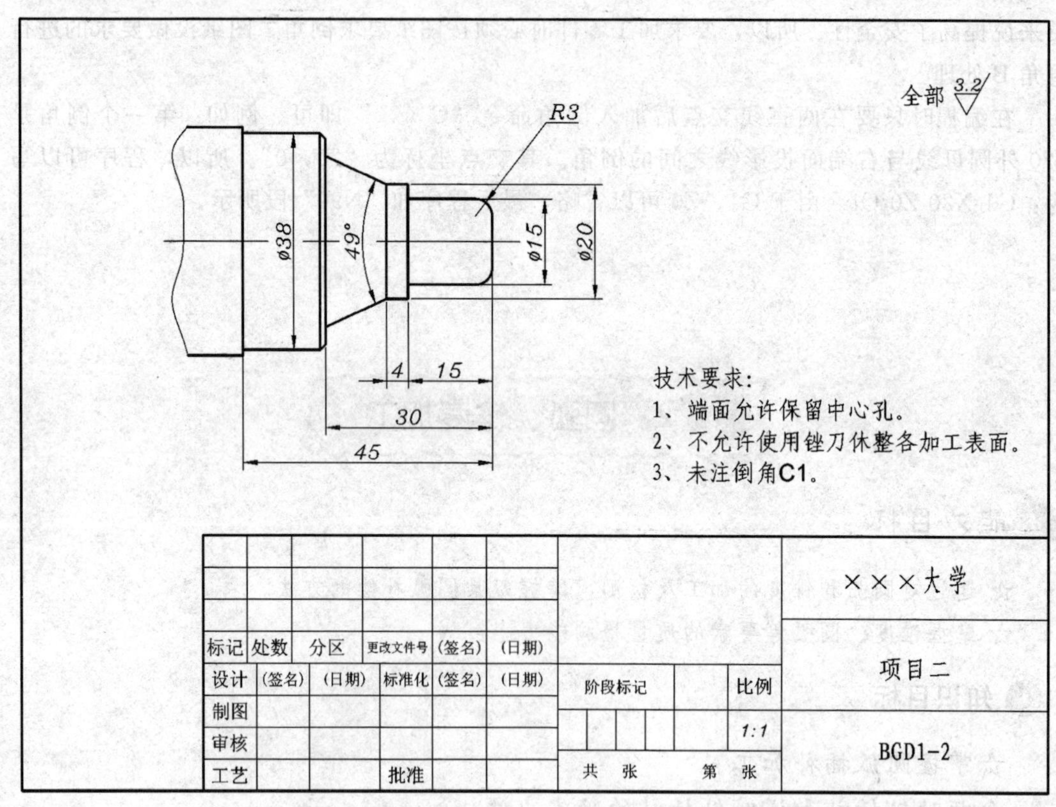

图 2-9　分析零件图样

该训练项目主要训练刀具圆弧补偿的设置方法，体会刀具圆弧补偿对产品的影响，并进一步熟练机床的编程及操作。

3. 编制数控加工工序卡

锥轴数控加工工序卡如表 2-4 所示。锥轴加工刀具调整卡如表 2-5 所示。

表 2-4　锥轴数控加工工序卡

<table>
<tr><td colspan="4" rowspan="2">数控加工工序卡</td><td colspan="2">产品名称</td><td colspan="2">零件名称</td><td colspan="2">零件图号</td></tr>
<tr><td colspan="2"></td><td colspan="2">锥轴</td><td colspan="2">BGD1-2</td></tr>
<tr><td>工序号</td><td>程序编号</td><td>材料</td><td>毛坯规格</td><td colspan="2">夹具名称</td><td colspan="2">适用设备</td><td colspan="2">车间</td></tr>
<tr><td>1</td><td>0220</td><td>45</td><td>$\phi40\times60$</td><td colspan="2">三爪卡盘</td><td colspan="2">TK40-HNC21T</td><td colspan="2">数控车间</td></tr>
<tr><td rowspan="2">工步号</td><td rowspan="2">工步内容</td><td colspan="4">切削用量</td><td colspan="2">刀具</td><td colspan="2">量具</td></tr>
<tr><td>$V/(\mathrm{m\cdot min^{-1}})$</td><td>$N/(\mathrm{r\cdot min^{-1}})$</td><td>$F/(\mathrm{mm\cdot r^{-1}})$</td><td>$Ap/\mathrm{mm}$</td><td>编号</td><td>名称</td><td>编号</td><td>名称</td></tr>
<tr><td>1</td><td>粗加工各外圆及端面</td><td>125</td><td>800</td><td>0.2</td><td>2</td><td>T0101</td><td>外圆粗车刀</td><td>1</td><td>游标卡尺</td></tr>
<tr><td>2</td><td>精加工各外圆及端面</td><td>180</td><td>1500</td><td>0.1</td><td>0.5</td><td>T0202</td><td>外圆精车刀</td><td>2</td><td>角度尺，游标卡尺，圆弧样板</td></tr>
<tr><td>安装序号</td><td colspan="5">加工工步安装简图</td><td colspan="2">刀具简图</td><td colspan="2">完成内容</td></tr>
<tr><td>1</td><td colspan="5"></td><td colspan="2"></td><td colspan="2">将工件安装在三爪卡盘上</td></tr>
<tr><td>2</td><td colspan="5"></td><td colspan="2"></td><td colspan="2">使用 T0101 刀具完成工艺台阶的加工</td></tr>
<tr><td>3</td><td colspan="5"></td><td colspan="2"></td><td colspan="2">测量 T0101、T0202 刀具的刀具补偿参数，完成粗加工</td></tr>
<tr><td>4</td><td colspan="5"></td><td colspan="2"></td><td colspan="2">完成精加工</td></tr>
<tr><td>编制</td><td></td><td>审核</td><td></td><td colspan="2">批准</td><td></td><td>共　页</td><td colspan="2">第　页</td></tr>
</table>

表 2-5　锥轴加工刀具调整卡

产品名称代号		零件名称	锥轴	零件图号	BGD1-1	
序号	刀具号	刀具规格	刀具参数		刀补地址	
			刀尖半径	刀杆规格	半径	形状
1	T0101	粗车刀（刀尖角 55°）	0.8	20mm×20mm		＃0001
2	T0202	精车刀（刀尖角 35°）	0.2	20mm×20mm		＃0002
编制		审核		批准	共　页	第　页

4. 机床操作

（1）机床回参、刀具测量等内容同上一项目练习。

（2）由于该项目加工类型中存在锥度和圆弧，刀具刀尖圆角的存在使得加工过程中出现偏差。因此，系统需要进行修正。控制器中需要设置刀具圆角半径及刀具位置号，如图 2-10 所示。＃0001 中半径为“0.8”，刀尖方位为“3”。＃0002 中半径为“0.2”，刀尖方位为“3”。程序中则需要加入刀具半径补偿指令 G41、G42 等。

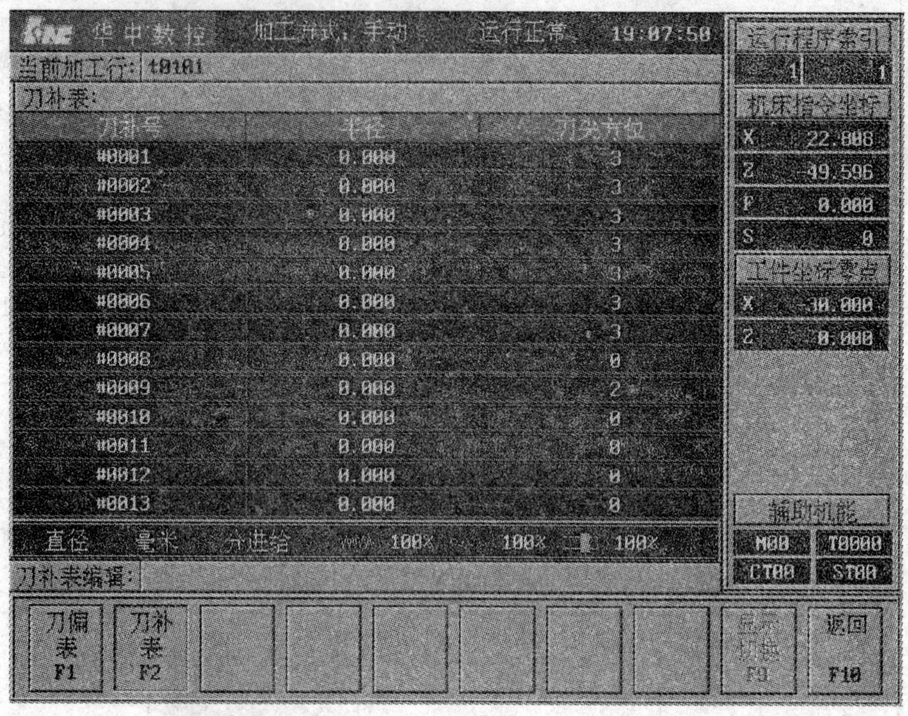

图 2-10　刀补表

（3）参考程序如下：

%220

T0101　　　　（调用 1 号刀具。建立了以 1 号刀具为基准的工件坐标系）

```
G95 G0 X60 Z100            (将刀具移动到安全位置)
M42                        (将档位设定在中速档位)
M3 S800                    (主轴正转，每分钟 800 转)
G0 X40 Z1                  (将刀具移动至循环点)
G71 U2.5 R0.5 P70 Q170
X0.4 Z0.05 F0.2            (粗加工参数设定)
GO X60 Z100
T0202                      (更换精加工刀具)
M3S1500
GO X40 Z2
N70 G0 X0                  (精加工轮廓起始行)
G42 G1 Z0 F0.1             (采用左刀补加工，以工进方式接触工件)
X9                         (加工右端面)
G3 X15 Z-3 R3              (加工 R3 圆弧)
G1 Z-15                    (加工 φ15 外圆，长度为 15mm)
X20 C0.3                   (加工第二端面，倒棱加工)
Z-19                       (加工 φ38 外圆，长度为 4mm)
X30 Z-30                   (加工锥度)
X38 C1                     (倒角)
Z-45                       (加工 φ38 外圆，长度为 15mm)
N170 G40 G1 X40            (取消刀具补偿，将刀具退出工件)
G0 X60 Z100                (返回安全点)
M5                         (主轴停转)
M30                        (程序结束)
```

5. 加工检测

加工零件配分及检测项目分析如表 2-6 所示。

表 2-6　加工零件配分及检测项目分析

序号	检测项目	技术要求	配分		检测结果		得分	偏差原因分析
			IT	*Ra*	IT	*Ra*		
1	长度	4	8					
2		15	8					
3		30	8					
4		45	8					

续表

序号	检测项目	技术要求	配分		检测结果		得分	偏差原因分析
			IT	*Ra*	IT	*Ra*		
5	直径	φ15	10	2				
6		φ20	10	2				
7		φ30	10	2				
8		φ38	10	2				
9	圆弧	*R*3	8	2				
10	角度	49°	8	2				
11	总分	100						

6. 理论知识回顾

(1) 圆弧和锥度加工时由于刀具存在刀尖半径，在加工时出现过切和欠切等现象。因此，要进行刀具补偿。刀具半径补偿要加在直线部分（如：N80 段）。

(2) 零件加工完毕后要取消半径补偿。如果不取消会影响后面程序的正常运行，并且取消刀具半径补偿也要在直线段取消。

(3) 圆弧插补指令在使用中有两种形式，即顺时针和逆时针。华中系统提供了两种标准格式，半径编程和圆心起点格式。在输入程序时半径 *R* 和 I、K 矢量要计算准确。由于指令存在模态性，在圆弧插补结束后要将加工方式转换为图纸要求的形式。如圆弧插补后面为直线插补，那么在执行完 G3 后要马上修改为 G1。

圆弧插补指令格式：G02/G03 X Z R/I K F

G02：顺时针插补。

G03：逆时针插补。

X、Z：终点坐标。

R：圆弧半径（不能用于整圆）。

I、K：起点坐标与圆心的坐标差（I＝X 圆心－X 起点、K＝Z 圆心－Z 起点）。

F：进给量。

7. 技术交流

圆弧插补方式有顺时针和逆时针的区分，在加工中有时会混淆。建议读者在编写程序时将坐标系的＋Z 方向设定为右向，＋X 方向设定为向上。而刀具则在坐标系的第一象限加工。因为我国的制图标准和其他国家有所不同，在画图、刀具位置和加工中都存在差别，所以这样设定可不用考虑机床坐标系的方向会避免此类问题的发生。

2.3　外径槽加工

能力目标

☆ 通过槽类零件加工体验刀具、工件接触面积增大对切削条件的影响。

☆ 培养学生利用理论知识来指导切削参数的调整能力。

☆ 学习零件总长尺寸的保证方法。

知识目标

☆掌握切槽加工方法。

☆掌握切槽起始点的确定方法。

☆排刀距离的确定方法。

☆在切槽加工中的注意事项。

1. 零件效果图

零件效果图如图 2-11 所示。

图 2-11　零件效果图

2. 分析零件图样

分析零件图样如图 2-12 所示。

槽类零件在加工过程中由于主要承受的是径向力，因此比较容易产生振动。加工中刀具容易破损。如何调整切削参数是本次练习的重要内容。除此以外，任何轴类零件都包括径向尺寸、后轴向尺寸等尺寸方向。零件总长尺寸在数控设备中的保证方法也是该项目的训练内容。

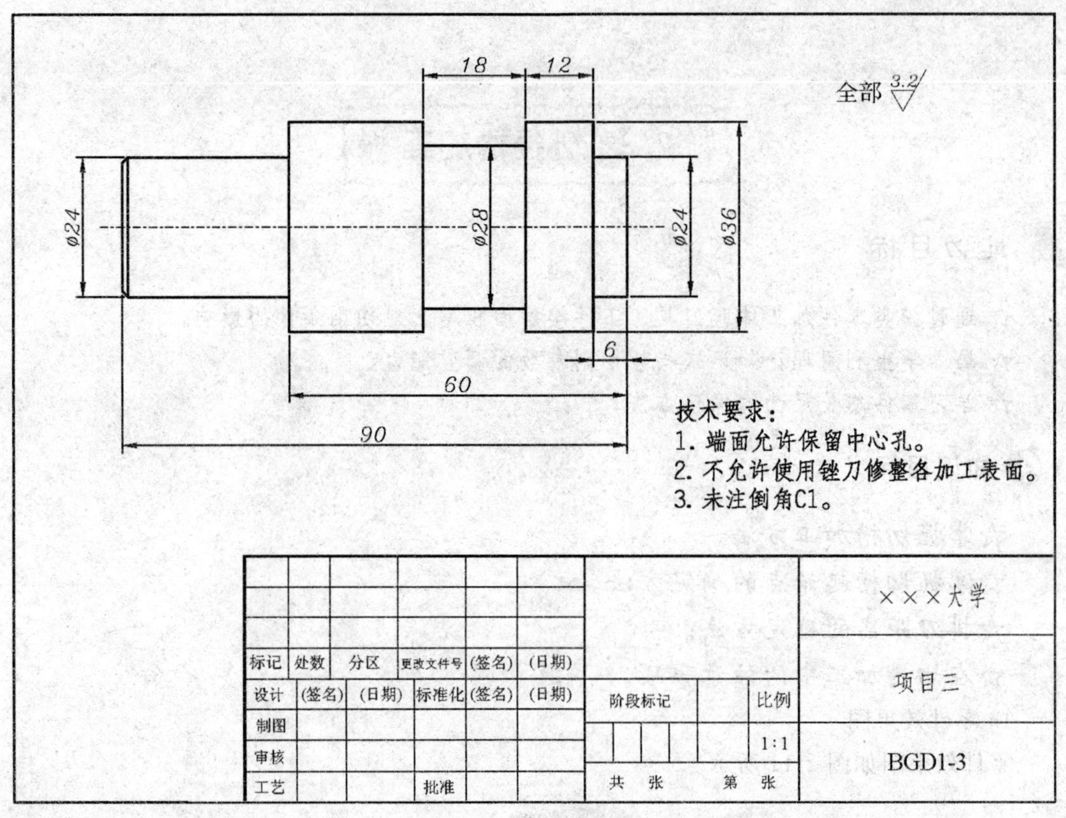

图 2-12　分析零件图样

3. 编制数控加工工序卡

外径槽数控加工工序卡如表 2-7 所示。外径槽加工刀具调整卡如表 2-8 所示。

表 2-7　外径槽数控加工工序卡

数控加工工序卡				产品名称		零件名称		零件图号	
						外径槽		BKD1-3	
工序号	程序编号	材料	毛坯规格	夹具名称		适用设备		车间	
1	0230	45	ϕ40×95	三爪卡盘		TK40－HNC21T		数控车间	
工步号	工步内容	切削用量				刀具		量具	
		$V/(\mathrm{m\cdot min^{-1}})$	$N/(\mathrm{r\cdot min^{-1}})$	$F/(\mathrm{mm\cdot r^{-1}})$	Ap/mm	编号	名称	编号	名称
1	粗加工各外圆及端面	125	800	0.2	2	T0101	外圆粗车刀	1	游标卡尺
2	精加工各外圆及端面	180	1500	0.1	0.5	T0202	外圆精车刀	1	游标卡尺

续表

工步号	工步内容	切削用量				刀具		量具	
		$V/(m \cdot min^{-1})$	$N/(r \cdot min^{-1})$	$F/(mm \cdot r^{-1})$	Ap/mm	编号	名称	编号	名称
3	切槽	120	1000	0.1	3	T0303	切槽刀	1	游标卡尺
4	掉头粗加工φ24 外圆	125	800	0.2	2	T0101	外圆粗车刀	1	游标卡尺
5	掉头精加工φ24 外圆	180	1500	0.1	0.5	T0202	外圆精车刀	1	游标卡尺

安装序号	加工工步安装简图	刀具简图	完成内容
1	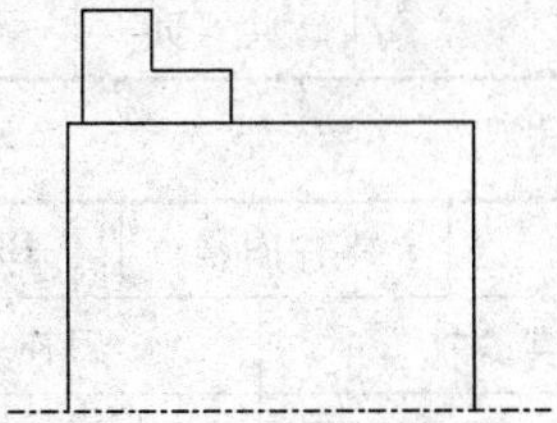	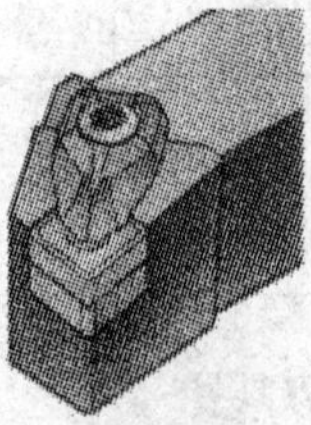	将工件安装在三爪卡盘上
2	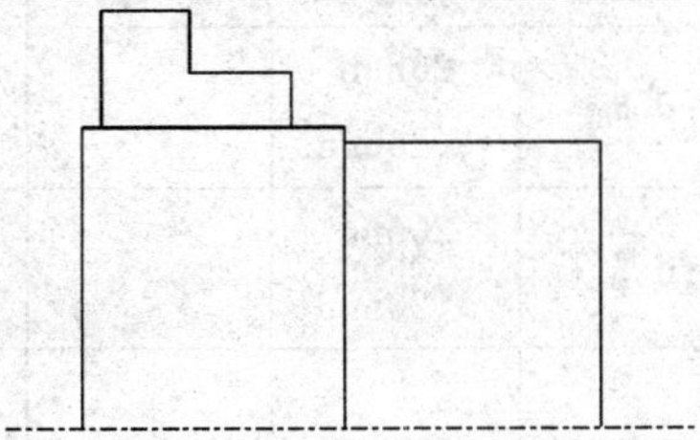		使用 T0101 刀具完成工艺台阶的加工
3	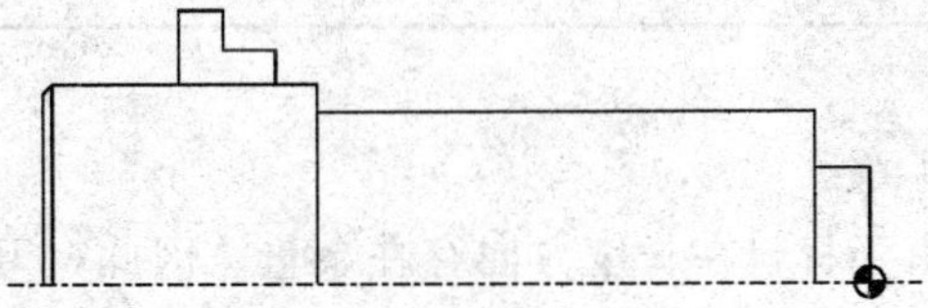		测量 T0101、T0202 刀具的刀具补偿参数，完成粗加工
4	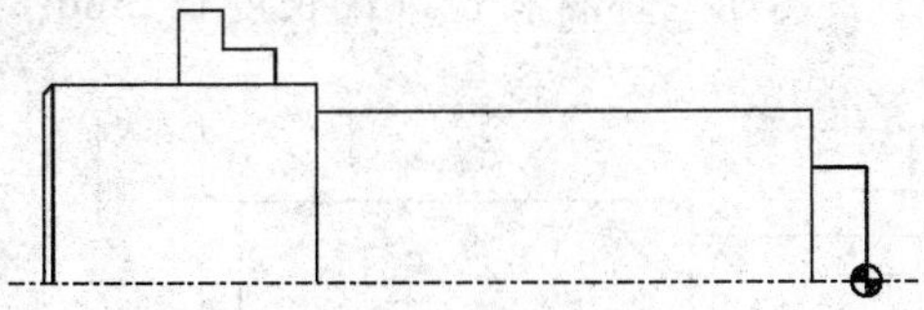	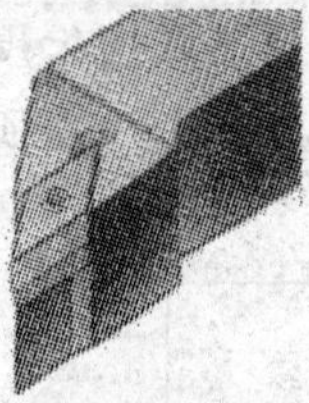	完成精加工
5	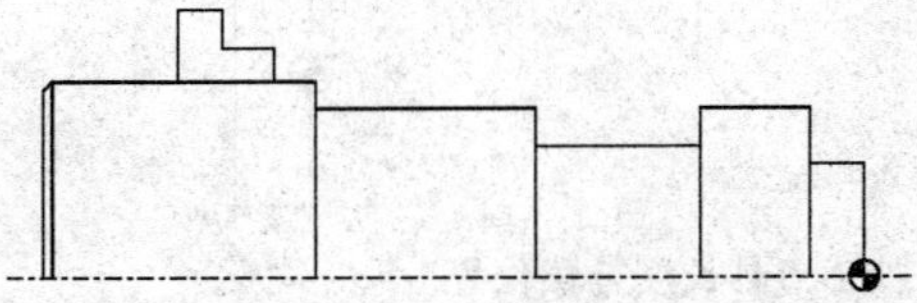		完成精加工

续表

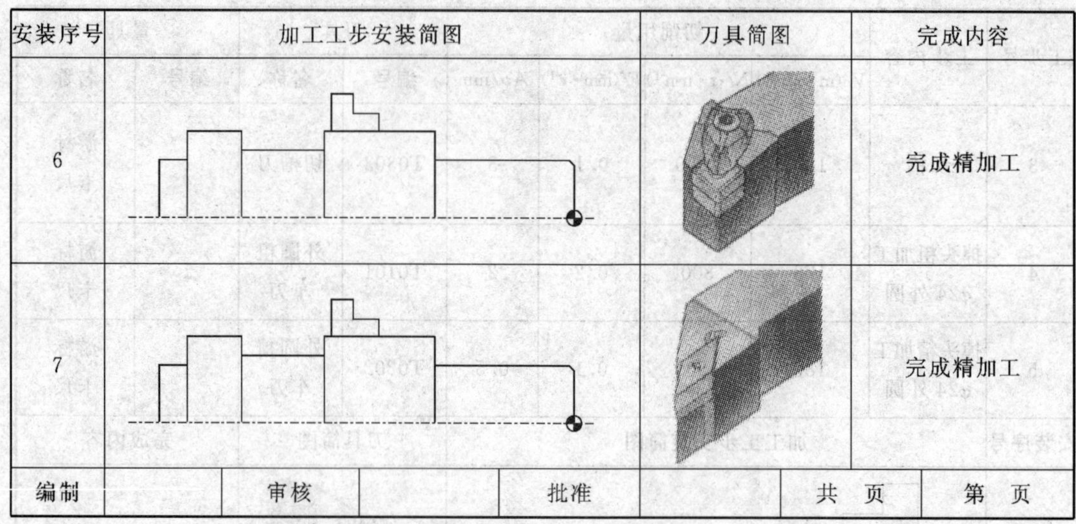

安装序号	加工工步安装简图	刀具简图	完成内容
6			完成精加工
7			完成精加工
编制	审核	批准	共　页　第　页

表 2-8　外径槽加工刀具调整卡

产品名称代号		零件名称	阶梯轴	零件图号	BKD1－3
序号	刀具号	刀具规格	刀具参数		刀补地址	
			刀尖半径	刀杆规格	半径	形状
1	T0101	粗车刀 （刀尖角 55°）	0.8	20mm ×20mm		＃0001
2	T0202	精车刀 （刀尖角 35°）	0.2	20mm ×20mm		＃0002
3	T0303	切槽刀				＃0003
编制		审核		批准	共　页	第　页

4．机床操作

（1）回参及刀具测量等操作详见第 1 章。

（2）掉头加工总长尺寸的保证中，由于材料在长度方向存在余量。因此，刀具试切端面后刀具与理论的工件坐标零点存在一定的距离 L'，如图 2-13 所示。在设置刀具补偿时应将材料余量 L'输入到“试切长度”值中。例如毛坯材料比理论长度长 3mm，在试切长度位置中应输入“3”，如图 2-14 所示。

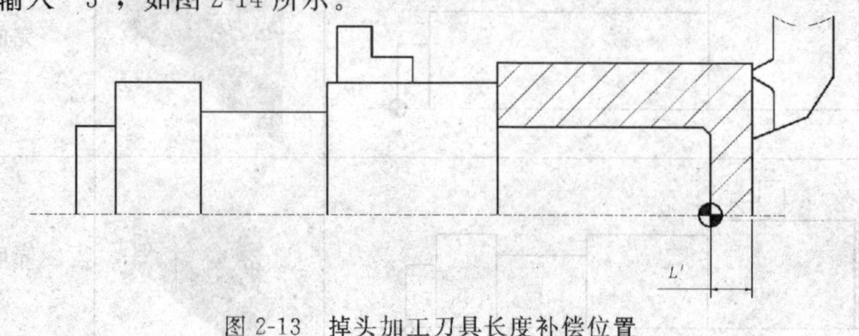

图 2-13　掉头加工刀具长度补偿位置

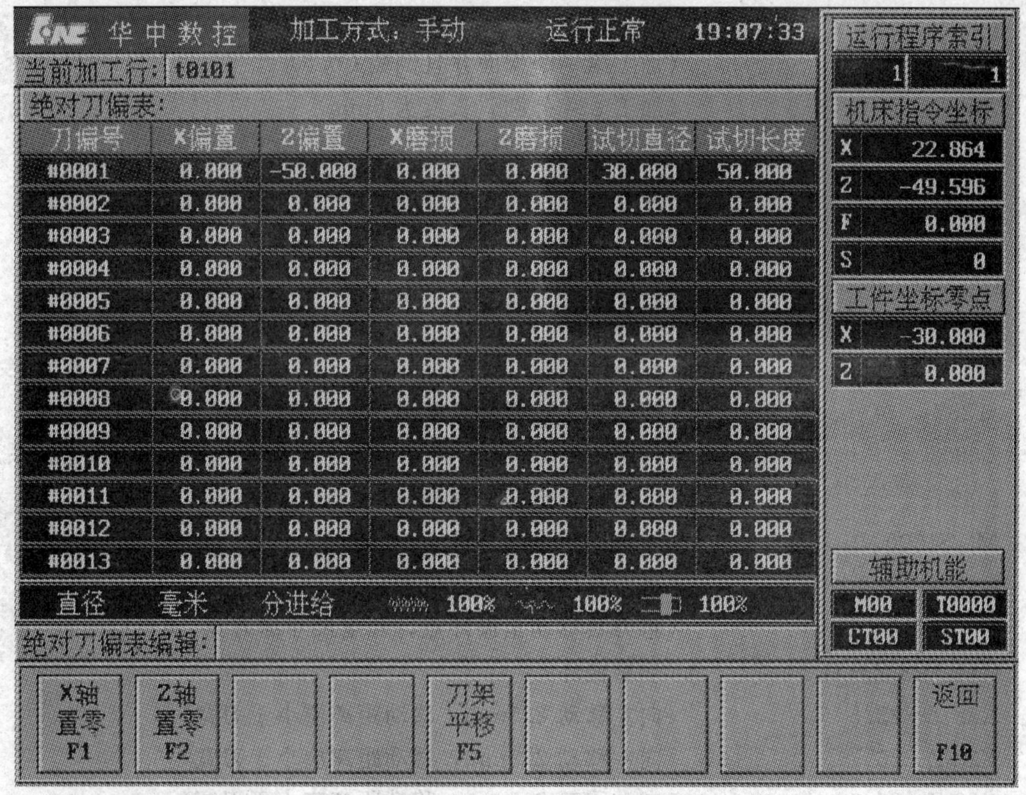

图 2-14 刀具长度补偿

(3) 长度补偿修改结束后，程序段中刀具循环点位置应相应的加大。由原来的 2mm 变为：2+L′=5mm。

(4) 参考程序如下：

```
%230                              (外圆加工)
T0101                             (调用 1 号刀具。建立了以 1 号刀具为基准的工件坐标系)
M42                               (将档位设定在中速档位)
M3 S800                           (主轴正转，每分钟 800 转)
G95 G0 X60 Z100                   (将刀具移动到安全位置)
G0 X40 Z1                         (将刀具移动至循环点)
G71 U2.5 R0.5 P70
Q130 X0.4 Z0.05 F0.2              (粗加工参数设定)
GO X60 Z100
T0202                             (更换精加工刀具)
M3S1500
GO X40 Z2
N70 G0 X0                         (精加工轮廓起始行)
```

```
G1 Z0 F0.1                  (以工进方式接触工件)
X24 C0.5                    (加工第一个端面并且倒棱 C0.5)
Z-6                         (加工 φ24 外圆，长度为 6mm)
X36 C0.5                    (加工第二个倒棱)
Z-65                        (加工 φ36 外圆，长度为 65mm)
N130 X40                    (将刀具退出工件)
G0 X60 Z100                 (返回安全点)
M5                          (主轴停转)
M30                         (程序结束)
%231                        (切槽加工，刀具宽度 B=3mm)
T0303                       (调用 3 号切断刀。建立了以 3 号刀具为基准的工件坐标系)
M42                         (将档位设定在中速档位)
M3 S1000                    (主轴正转，每分钟 1000 转)
G95 G0 X60 Z100             (将刀具移动到安全位置)
G0 X37 Z-21                 (将刀具移动至循环点，长度尺寸加刀宽。6+12+3)
G81 X28 Z-21 F0.1           (切槽循环)
X28 Z-23.5                  (向左移动 2.5mm，移动距离应小于刀宽)
X28 Z-26                    (向左移动 2.5mm，移动距离应小于刀宽)
X28 Z-29.5                  (向左移动 2.5mm，移动距离应小于刀宽)
X28 Z-33                    (向左移动 2.5mm，移动距离应小于刀宽)
X28 Z-35.5                  (向左移动 2.5mm，移动距离应小于刀宽)
X28 Z-36                    (向左移动 0.5mm，到达图纸要求尺寸移动距离应小于刀宽)
G0 X60 Z100                 (返回安全点)
M5                          (主轴停转)
M30                         (程序结束)
%232                        (外圆加工)
T0101                       (调用 1 号刀具。建立了以 1 号刀具为基准的工件坐标系)
M42                         (将档位设定在中速档位)
M3 S800                     (主轴正转，每分钟 800 转)
G95 G0 X60 Z100             (将刀具移动到安全位置)
G0 X40 Z5                   (将刀具移动至循环点)
G71 U2.5 R0.5 P70
Q130 X0.4 Z0.05 F0.2        (粗加工参数设定)
GO X60 Z100
T0202                       (更换精加工刀具)
M3S1500
GO X40 Z2
```

```
N70 G0 X0          (精加工轮廓起始行)
G1 Z0 F0.1         (以工进方式接触工件)
X24 C0.5           (加工第一个端面并且倒棱 C0.5)
Z−30               (加工 φ24 外圆，长度为 30mm)
N130 X40           (将刀具退出工件)
G0 X60 Z100        (返回安全点)
M5                 (主轴停转)
M30                (程序结束)
```

(5) 程序校验及加工同 2.2 节。

5. 加工检测

加工零件配分及检测项目分析如表 2-9 所示。

表 2-9 加工零件配分及检测项目分析

序号	检测项目	技术要求	配分		检测结果		得分	偏差原因分析
			IT	Ra	IT	Ra		
1	长度	6	8					
2		12	8					
3		18	8					
4		60	8					
5		90	8					
6	直径	φ24	10	5				
7		φ24	10	5				
8		φ28	10	5				
9		φ36	10	5				
10	总分	100					得分	

6. 知识点回顾

(1) 华中世纪星系统没有固定的切槽循环指令。本例利用端面循环程序完成切槽加工，可满足切槽的需要。除此之外，可利用 G1 指令进行单段切槽加工。

(2) 端面循环指令格式：G81 X Z F。

X、Z：终点坐标。

F：进给量。

7. 技术交流

切槽加工时，要注意循环起点坐标的位置，基本上可分为由左至右加工和由右至左加工两种方法。在采用由左至右的加工方法时，刀具先移动倒切槽部位的左端，切刀向右排刀到终点后要注意切槽右坐标位置要加上刀具宽度。如前面机床操作中，刀具先移动至 X37，Z−36 点。那么在向右切削时只能加工到 X37，Z−21 的位置，而不是 Z−18。也就是说切槽右端点 Z—18 要加上一个刀具宽度。同理，由右至左加工时起点的位置要加上一个刀具宽度。

2.4 普通三角螺纹加工

能力目标

☆ 螺纹切削练习要求学生归纳出三角螺纹的切削规律，达到各类技术要求。

☆ 能在最短的时间内找到最合适的切削深度，以便提高三角螺纹首次试切的效率。

知识目标

☆掌握单线圆柱三角螺纹的加工方法。

☆螺纹加工程序的编写。

☆掌握螺纹单循环指令。

☆掌握螺纹循环指令。

☆掌握螺纹复合循环指令。

☆了解螺纹循环指令的不同用途。

☆螺纹导入段与导出段对加工的影响。

1. 零件效果图

零件效果图如图 2-15 所示。

图 2-15　零件效果图

2. 分析零件图样

BGD1-4 分析零件图样如图 2-16 所示。

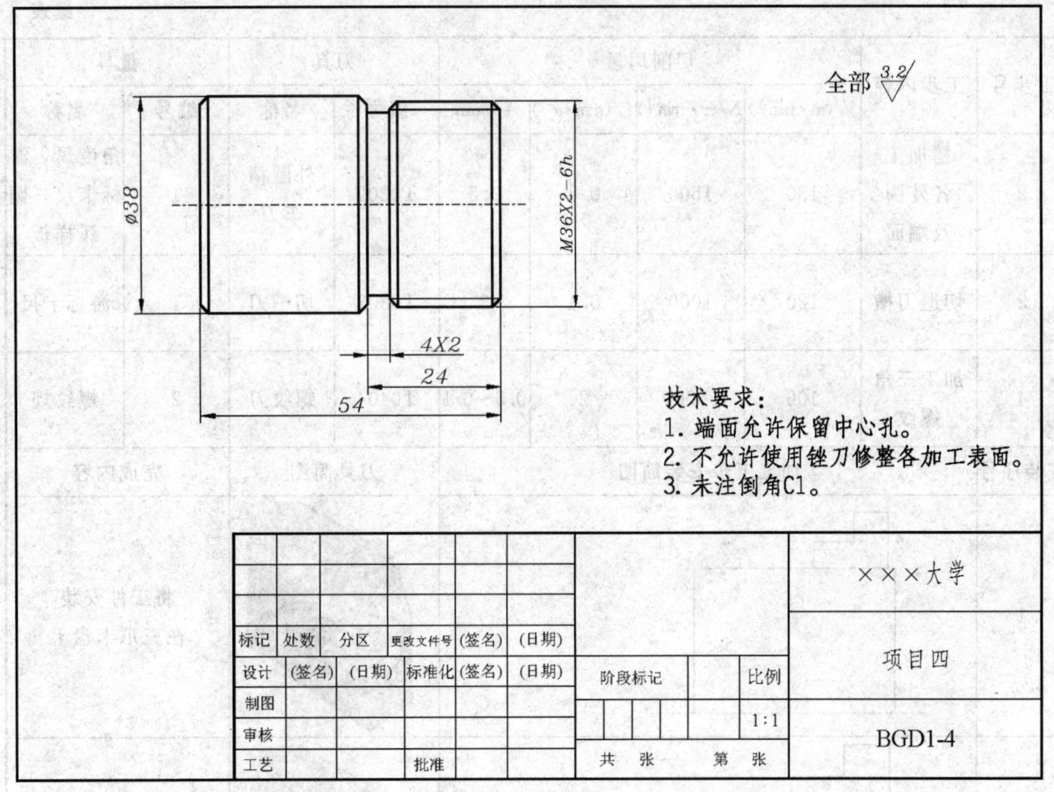

图 2-16 分析零件图样

数控机床中，螺纹加工不同于普通设备的加工方法。由于普通机床加工各类螺旋线的时候刀具移动与主轴旋转多数采用同一动力源。因此，在普通设备丝杠运行中螺纹的螺距是恒定的。而数控设备中主轴的旋转与刀具的移动分别来自不通的动力源。两个移动部件之间存在速度差。所以，在数控机床中加工螺纹是应考虑刀具的起点及终点位置的关系。

3. 编制数控加工工序卡

螺纹轴数控加工工序卡如表 2-10 所示，螺纹轴加工刀具调整卡如表 2-11 所示。

表 2-10 螺纹轴数控加工工序卡

数控加工工序卡				产品名称		零件名称		零件图号	
						螺纹轴		BGD1-4	
工序号	程序编号	材料	毛坯规格	夹具名称		适用设备		车间	
1	0240	45	$\phi40\times70$	三爪卡盘		TK40-HNC21T		数控车间	
工步号	工步内容	切削用量				刀具		量具	
		$V/(\text{m}\cdot\text{min}^{-1})$	$N/(\text{r}\cdot\text{min}^{-1})$	$F/(\text{mm}\cdot\text{r}^{-1})$	Ap/mm	编号	名称	编号	名称
1	粗加工各外圆及端面	125	800	0.2	2	T0101	外圆粗车刀	1	游标卡尺

续表

工步号	工步内容	切削用量				刀具		量具	
		$V/(\mathrm{m\cdot min^{-1}})$	$N/(\mathrm{r\cdot min^{-1}})$	$F/(\mathrm{mm\cdot r^{-1}})$	Ap/mm	编号	名称	编号	名称
2	精加工各外圆及端面	180	1500	0.1	0.5	T0202	外圆精车刀	1	角度尺，游标卡尺，圆弧样板
3	切退刀槽	120	1000	0.1	3	T0303	切槽刀	1	游标卡尺
4	加工三角螺纹	100	600	2	0.5～0.1	T0404	螺纹刀	2	螺纹规

安装序号	加工工步安装简图	刀具简图	完成内容
1	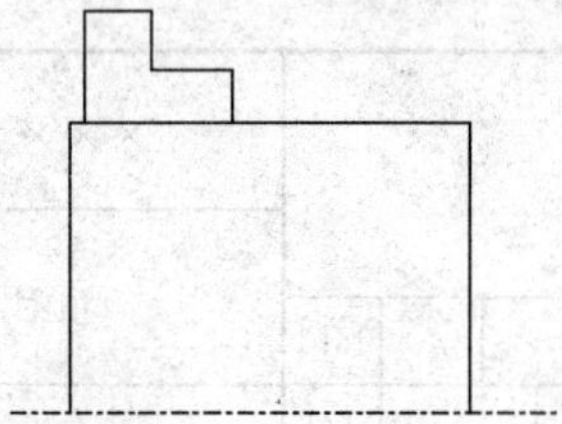		将工件安装在三爪卡盘上
2	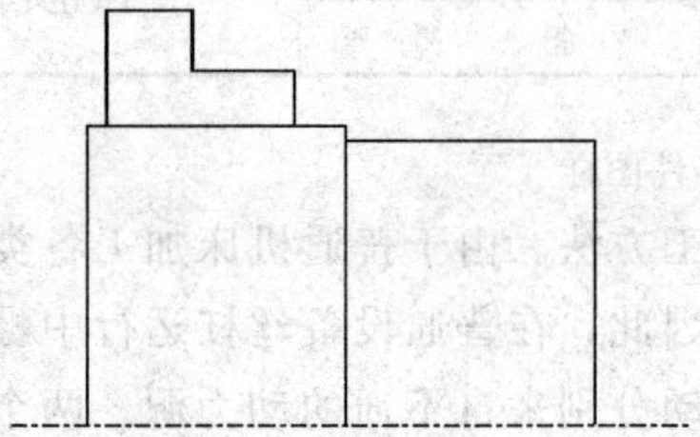		使用 T0101 刀具完成工艺台阶的加工
3	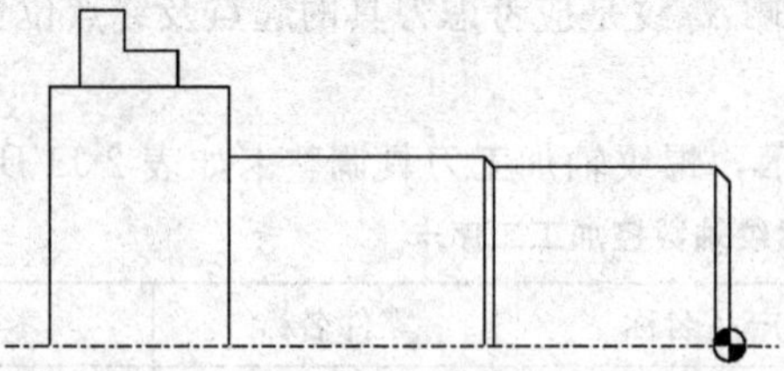	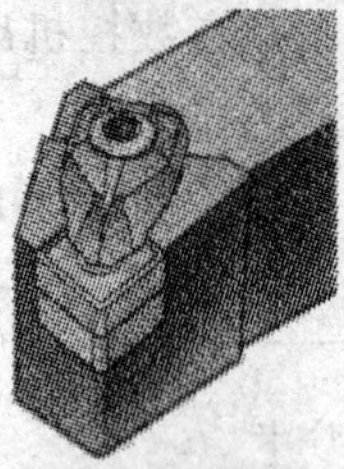	测量 T0101、T0202 刀具的刀具补偿参数，完成粗加工
4	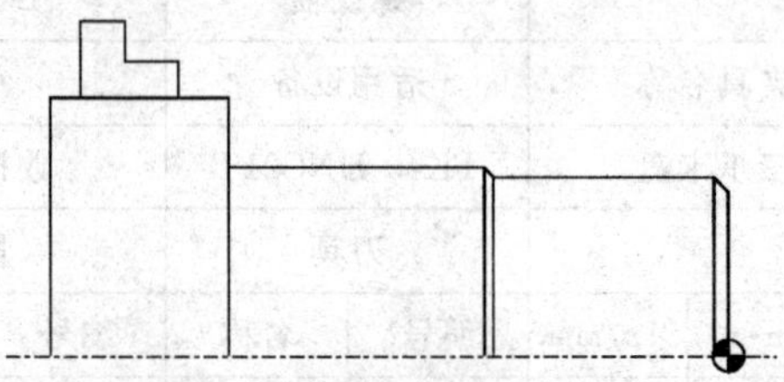		完成精加工

续表

安装序号	加工工步安装简图	刀具简图	完成内容
5	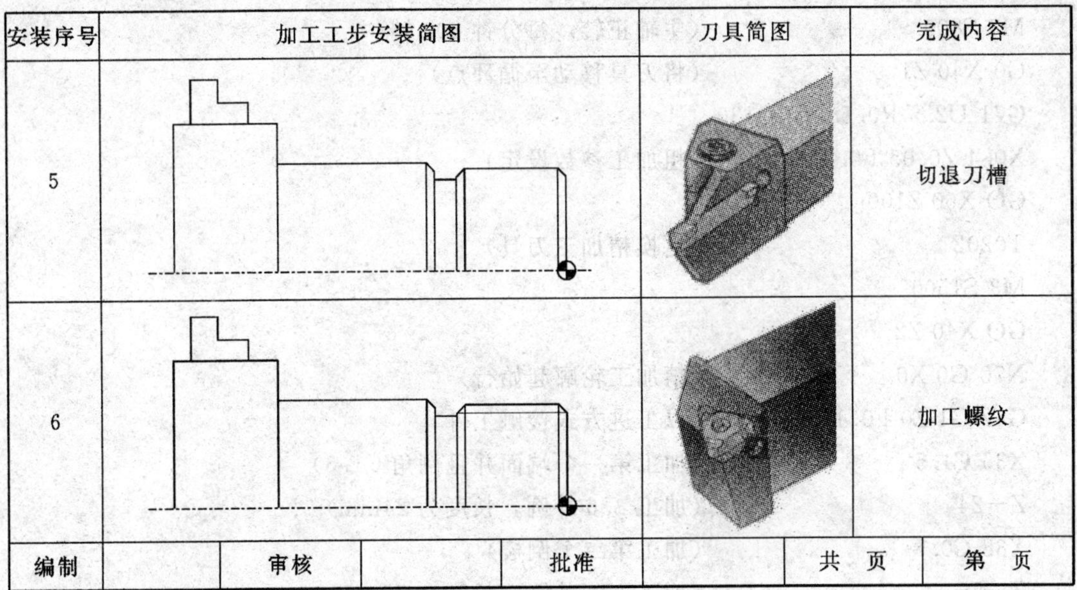		切退刀槽
6			加工螺纹
编制		审核		批准		共　页	第　页

表 2-11　螺纹轴加工刀具调整卡

产品名称代号		零件名称	螺纹轴	零件图号	BGD1-4	
序号	刀具号	刀具规格	刀具参数		刀补地址	
			刀尖规格	刀杆规格	半径	形状
1	T0101	粗车刀 (刀尖角 55°)	0.8	20mm ×20mm	＃0001	＃0001
2	T0202	精车刀 (刀尖角 35°)	0.2	20mm ×20mm	＃0002	＃0002
3	T0303	切槽刀	3	20×20mm	＃0003	＃0003
4	T0404	60°三角螺纹刀	0.4	20×20mm	＃0004	＃0004
编制		审核		批准	共　页	第　页

4. 机床操作

(1) 螺纹刀在刀具测量时有两种情况。一种是带有退刀槽的螺纹，这种螺纹由于加工时前端有导入形成，后端有导出形成，所以螺纹刀在对刀时 Z 方向可以通过目测的方法粗略测量刀具的 Z 轴补偿。而另外一种螺纹带有收尾部分，要求刀具 Z 方向较为准确，这时可通过 Z 轴设定仪辅助测量。

(2) 由于加工螺纹时主轴电机与进给电机配合的时间差，可能导致螺纹螺距出现偏差。因此，加工螺纹时刀具的起点位置最好距离螺纹加工面 3 倍螺距以上为宜。

(3) 参考程序如下：

```
%240                  (外圆加工)
T0101                 (调用 1 号刀具。建立了以 1 号刀具为基准的工件坐标系)
G95 G0 X60 Z100       (将刀具移动到安全位置)
```

```
M42                         (将档位设定在中速档位)
M3 S800                     (主轴正转，每分钟 800 转)
G0 X40 Z1                   (将刀具移动至循环点)
G71 U2.5 R0.5 P70 Q130
X0.4 Z0.05 F0.2             (粗加工参数设定)
GO X60 Z100
T0202                       (更换精加工刀具)
M3 S1500
GO X40 Z2
N70 G0 X0                   (精加工轮廓起始行)
G42 G1 Z0 F0.1              (以工进方式接触工件)
X36 C1.5                    (加工第一个端面并且倒角 C1.5)
Z-24                        (加工 φ36 外圆，长度为 24mm)
X38 C0.5                    (加工第二个倒棱)
Z-55                        (加工 φ38 外圆，长度为 55mm)
N130 G40 X40                (将刀具退出工件)
G0 X60 Z100                 (返回安全点)
T0303                       (调用切断刀具，建立了以 3 号刀具为基准的工件坐标系)
M3 S1000                    (主轴正转，每分钟 1000 转)
G0 X37 Z-23                 (移动至切槽循环点尽量接近工件但不要接触)
G81 X32 Z-23 F0.1           (切槽加工)
X32 Z-24                    (切槽排刀)
G0 X60 Z100                 (返回安全点)
M5                          (主轴停转)
M30                         (程序结束)
```

方法 1：

```
%241
T0404                       (调用切断刀具，建立了以 4 号刀具为基准的工件坐标系)
G95 G0 X60 Z100             (将刀具移动到安全位置)
M42                         (将档位设定在中速档位)
M3 S600                     (主轴正转，每分钟 600 转)
G0 X35.1 Z5                 (移动至螺纹加工第一层起点)
G32 Z-22 F2                 (螺纹加工循环)
G0 X37                      (快退至零件表面以外)
Z5                          (快退至起点，准备第二层加工)
X34.5                       (移动至第二层深度)
G32 Z-22 F2                 (加工第二层)
```

```
G0 X37                    (快退至零件表面以外)
Z5                        (快退至起点，准备第三层加工)
X33.9                     (移动至第三层深度)
G32 Z-22 F2               (加工第三层)
G0 X37                    (快退至零件表面以外)
Z5                        (快退至起点，准备第四层加工)
X33.5                     (移动至第四层深度)
G32 Z-22 F2               (加工第四层)
G0 X37                    (快退至零件表面以外)
Z5                        (快退至起点，准备第五层加工)
X33.4                     (移动至第五层深度)
G32 Z-22 F2               (加工第五层)
G0 X37                    (快退至零件表面以外)
Z5                        (快退至螺纹外侧)
X60 Z100                  (返回安全点)
M5                        (主轴停转)
M30                       (程序结束)
```

方法 2：

```
%242
T0404                     (调用切断刀具，建立了以 4 号刀具为基准的工件坐标系)
G95 G0 X60 Z100           (将刀具移动到安全位置)
M42                       (将档位设定在中速档位)
M3 S600                   (主轴正转，每分钟 600 转)
G0 X37 Z5                 (移动至螺纹加工循环起点)
G82 X35.1 Z-22 F2         (螺纹加工第一层)
X34.5 Z-22                (第二层)
X33.9 Z-22                (第三层)
X33.5 Z-22                (第四层)
X33.4 Z-22                (第五层)
X33.4 Z-22                (精修)
G0 X60 Z100               (返回安全点)
M5                        (主轴停转)
M30                       (程序结束)
```

方法 3：

```
%243
T0404                     (调用切断刀具，建立了以 4 号刀具为基准的工件坐标系)
G95 G0 X60 Z100           (将刀具移动到安全位置)
```

```
M42                       (将档位设定在中速档位)
M3 S600                   (主轴正转，每分钟600转)
G0 X37 Z5                 (移动至螺纹加工循环起点)
G76 C1 A60 X33.4 Z-22 K1.299
U0.01 V0.02 Q0.9 F2       (螺纹循环加工)
G0 X60 Z100               (返回安全点)
M5                        (主轴停转)
M30                       (程序结束)
```

5. 加工检测

加工零件配分及检测项目分析如表 2-12 所示。

表 2-12 加工零件配分及检测项目分析

序号	检测项目	技术要求	配分		检测结果		得分	偏差原因分析
			IT	*Ra*	IT	*Ra*		
1	长度	4	8					
2		24	8					
3		54	8					
4	直径	φ36	12	5				
5		φ32	12	5				
6		φ38	12	5				
7	螺纹	M36×2	20					
8	总分		100					

6. 理论知识回顾

(1) 螺纹切削 G32，可利用其单段性实现排刀加工，主要用于大螺距螺纹的加工，也可利用 G32 的单段性能加工左旋无退刀槽螺纹。

螺纹切削 G32 格式：G32 X Z R E P F。

X、Z：螺纹终点坐标。

R、E：螺纹 Z 方向和 X 方向的退尾量，一般 R 取 2 倍螺距。

P：主轴基准脉冲处距离螺纹切削起点的主轴转角。

F：螺距。

(2) 螺纹切削循环 G82，其进刀方法为直进法加工，主要用于三角螺纹加工。

螺纹切削循环 G82 格式：G82 X Z R E C P F

X、Z：螺纹终点的坐标位置。

R、E：螺纹切削的退尾量。

C：螺纹头数。

P：主轴转角。

F：导程。

(3) 螺纹切削符合循环 G76，其进刀方法为斜进法，主要用于螺距不大的梯形螺纹的加工。

螺纹切削复合循环 G76 格式：G76 C R E A X Z I K U V Q P F。

C：精加工次数。

R、E：螺纹退尾量。

A：刀尖角。

X、Z：螺纹终点坐标。

I：螺纹两端的半径差。

K：螺纹高度。

U：精加工余量。

V：最小切削深度。

Q：第一次加工深度。

P：主轴转角。

F：导程。

7. 技术交流

螺纹加工为成型车削，并且切削进给量大，刀具强度较差。因此，加工中尽量考虑切削条件。根据加工螺纹的规格来确定加工指令。在加工过程中，从粗车加工到精车加工，主轴的转速必须保持一致，否则会出现乱牙现象。并且，在检测合格之前尽量不要松动工件或刀具，防止乱牙的出现。

在加工中应设置足够的升速进刀段和降速退刀段，以消除伺服滞后造成的螺距误差。还要注意一点在采用 G82 指令加工时 Z 坐标的数值在这个循环中虽然都相同但不可省略。

2.5 内孔加工

能力目标

☆ 培养学生对孔类零件的加工能力。

☆ 加工过程中对刀具振动能够进行独立分析并解决孔类零件加工中常见问题。

知识目标

☆内孔加工程序的编写。

☆内孔粗加工循环点的确定。

☆内孔加工参数的确定。

1. 零件效果图

零件效果图如图 2-17 所示。

图 2-17　零件效果图

2. 分析零件图样

分析零件图样如图 2-18 所示。

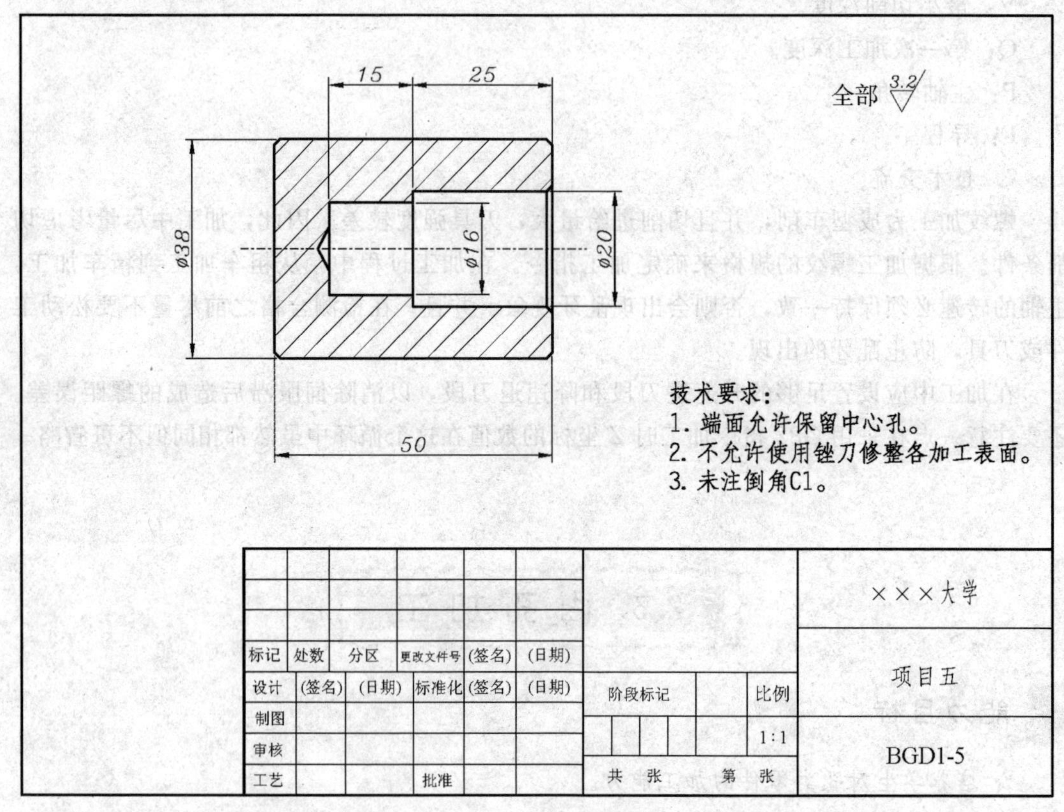

图 2-18　分析零件图样

在内孔加工中刀具刚性较差。因此，选择合理的刀具角度及切削用量是孔类零件加工的重要环节。而华中数控系统由于粗加工循环指令与零件轮廓程序是分别独立的，很容易造成初学者刀具与工件碰撞的问题。所以，刀具切削路径的确定是本章节的重要部分。

3. 编制数控加工工序卡

阶梯孔数控加工工序卡如表 2-13 所示。阶梯孔加工刀具调整卡如表 2-14 所示。

表 2-13　阶梯孔数控加工工序卡

<table>
<tr><td colspan="4" rowspan="2">数控加工工序卡</td><td colspan="2">产品名称</td><td colspan="2">零件名称</td><td colspan="2">零件图号</td></tr>
<tr><td colspan="2"></td><td colspan="2">阶梯孔</td><td colspan="2">BGD1-5</td></tr>
<tr><td>工序号</td><td>程序编号</td><td>材料</td><td>毛坯规格</td><td colspan="2">夹具名称</td><td colspan="2">适用设备</td><td colspan="2">车间</td></tr>
<tr><td>1</td><td>0210</td><td>45</td><td>ϕ40×60</td><td colspan="2">三爪卡盘</td><td colspan="2">TK40-HNC21T</td><td colspan="2">数控车间</td></tr>
<tr><td rowspan="2">工步号</td><td rowspan="2">工步内容</td><td colspan="4">切削用量</td><td colspan="2">刀具</td><td colspan="2">量具</td></tr>
<tr><td>$V/(\mathrm{m\cdot min^{-1}})$</td><td>$N/(\mathrm{r\cdot min^{-1}})$</td><td>$F/(\mathrm{mm\cdot r^{-1}})$</td><td>$Ap$/mm</td><td>编号</td><td>名称</td><td>编号</td><td>名称</td></tr>
<tr><td>1</td><td>钻底孔</td><td>80</td><td>300</td><td>0.3</td><td></td><td></td><td>钻头</td><td>1</td><td>游标卡尺</td></tr>
<tr><td>2</td><td>粗加工各内孔</td><td>125</td><td>800</td><td>0.2</td><td>2</td><td>T0101</td><td>内孔粗车刀</td><td>1</td><td>游标卡尺</td></tr>
<tr><td>3</td><td>精加工各内孔</td><td>150</td><td>1200</td><td>0.1</td><td>0.5</td><td>T0202</td><td>内孔精车刀</td><td>1</td><td>游标卡尺</td></tr>
<tr><td>安装序号</td><td colspan="5">加工工步安装简图</td><td colspan="2">刀具简图</td><td colspan="2">完成内容</td></tr>
<tr><td>1</td><td colspan="5"></td><td colspan="2"></td><td colspan="2">将工件安装在三爪卡盘上</td></tr>
<tr><td>2</td><td colspan="5"></td><td colspan="2"></td><td colspan="2">使用 T0101 刀具完成工艺台阶的加工</td></tr>
<tr><td>3</td><td colspan="5"></td><td colspan="2"></td><td colspan="2">测量 T0101、T0202 刀具的刀具补偿参数，完成粗加工</td></tr>
<tr><td>编制</td><td></td><td>审核</td><td></td><td colspan="2">批准</td><td colspan="2">共　页</td><td colspan="2">第　页</td></tr>
</table>

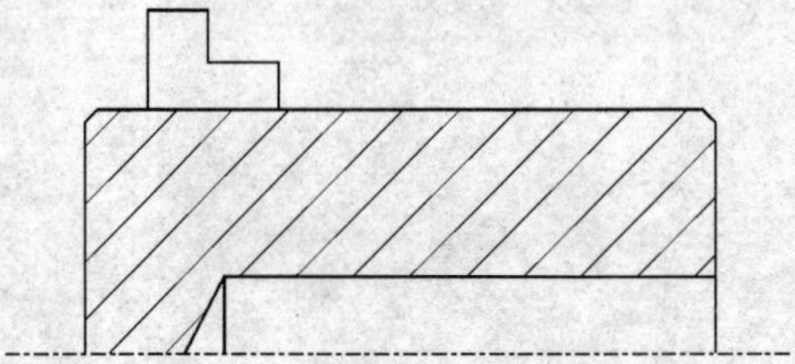

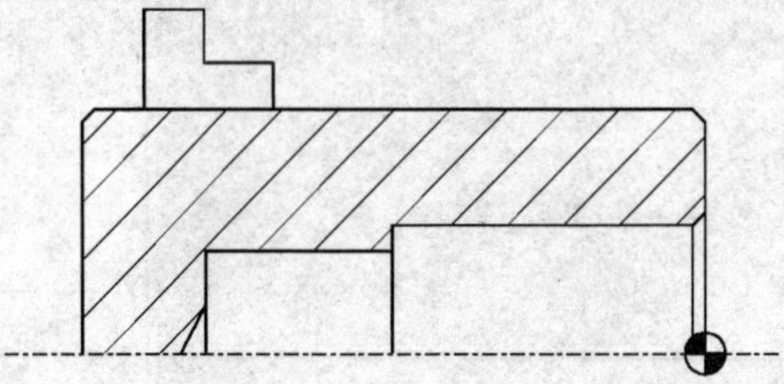

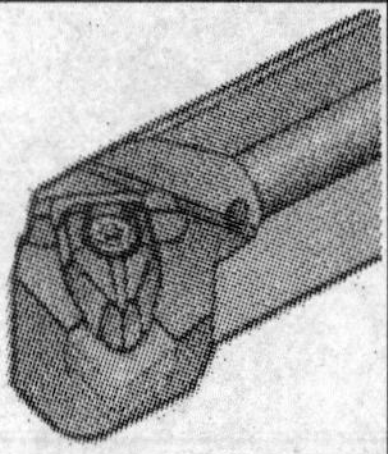

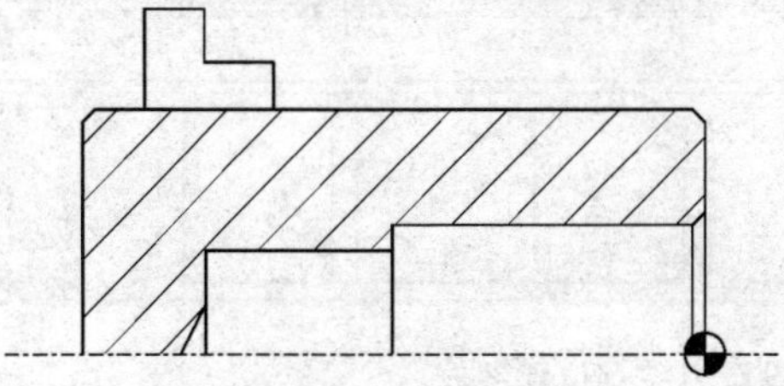

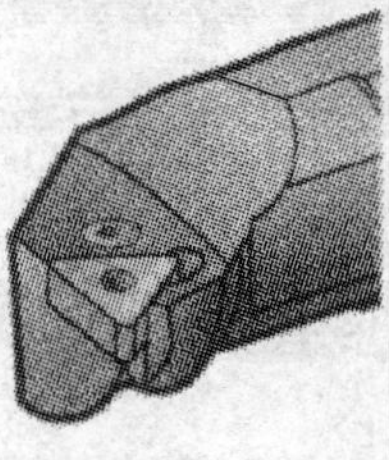

表 2-14　阶梯孔加工刀具调整卡

产品名称代号		零件名称	阶梯轴	零件图号	BGD1-1	
序号	刀具号	刀具规格	刀具参数		刀补地址	
			刀尖半径	刀杆规格	半径	形状
1	T0101	内孔粗车刀	0.8	φ10mm		#0001
2	T0202	内孔精车刀	0.2	φ10mm		#0002
编制		审核		批准	共　页	第　页

4. 机床操作

（1）刀具测量中，由于内孔刀具补偿方向和外圆车刀的补偿方向有所不通。因此，内孔刀具在刀具偏置设定结束后，应设置其刀尖点位置参数（如图 2-19）。其刀位点参数为“2”。

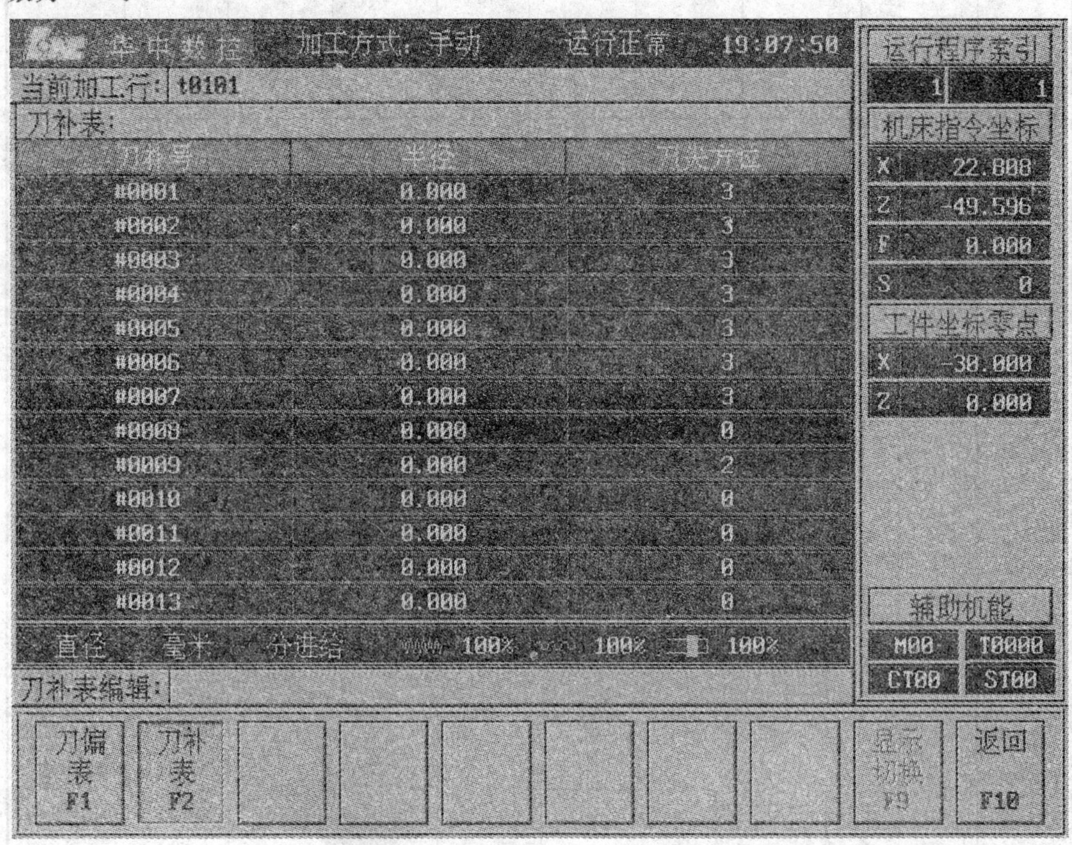

图 2-19　设置刀尖点位置参数

（2）内孔程序在编辑时应注意退刀顺序。华中数控由于循环指令与轮廓指令不属于同一格式段。因此，首件试切时循环指令的跳转会导致刀具加工结束后停留于孔底，而不是返回循环点。所以在编程时应先将刀具“Z”方向退至安全距离后再进行下一步操作。

(3) 参考程序如下：

```
%250
T0101                 (调用 1 号刀具。建立了以 1 号刀具为基准的工件坐标系)
G95 G0 X60 Z100       (将刀具移动到安全位置)
M42                   (将档位设定在中速档位)
M3 S600               (主轴正转，每分钟 600 转)
G0 X12 Z1             (移动至内孔加工循环起点)
G71 U1.5 R0.5 P70 Q130
X-0.4 Z0.05 F0.2      (粗加工参数设定)
GO Z100               (刀具先从孔底推出)
X60
T0202                 (更换精加工刀具)
M3 S1200
GO X12 Z1
N70 G0 X22.5          (精加工轮廓起始行)
G41 G1 Z1 F0.1        (以工进方式接触工件)
X20 C1                (加工端面并倒角 1mm)
Z-25                  (加工 φ20 内孔，长度 25mm)
X16 C0.5              (倒棱 0.5mm)
Z-40                  (加工 φ16 内孔，长度 15mm)
N130 G40 X12          (退刀)
G0 Z1                 (将刀具退出工件)
X60 Z100              (返回安全位置)
M5                    (主轴停转)
M30                   (程序结束)
```

5. 加工检测

加工零件配分及检测项目分析如表 2-15 所示。

表 2-15　加工零件配分及检测项目分析

序号	检测项目	技术要求	配分		检测结果		得分	偏差原因分析
			IT	*Ra*	IT	*Ra*		
1	长度	15	20					
2		25	20					
3	直径	$\phi16$	20	10				
4		$\phi20$	20	10				
5	总分	100						

6. 理论知识回顾

内孔加工指令同外圆加工类似，但指令中参数略有调整。

内孔循环指令格式：G71 U R P Q X Z F

U：切削深度，也就是工艺学中的背吃刀量 α。

R：退刀量。

P、Q：程序的开始段段号和结束段段号。

X、Z：加工余量，X 的值为负值。

F：进给量。

7. 技术交流

内孔加工循环同外圆加工循环类似。但加工内孔时要特别注意，其他系统在循环程序结束后，都会回到循环点。而华中系统是将轮廓形状 P～Q 段设定为精加工，这样在精加工结束后刀具不会回到循环点。在加工结束后直接返回安全点会出现碰撞现象。因此，精加工结束后先将刀具移出工件表面，再返回安全点，如 N140～N150 段。

2.6 内径槽加工

能力目标

☆ 培养学生加工内沟槽零件的能力。

☆ 该类零件检测的能力。

知识目标

☆ 切槽循环指令的格式。

☆ 切槽循环点的建立。

☆ 内孔零件加工退刀。

☆ 刀宽对程序的影响。

1. 零件效果图

零件效果图如图 2-20 所示。

图 2-20 零件效果图

2. 分析零件图样

分析零件图样如图 2-21 所示。

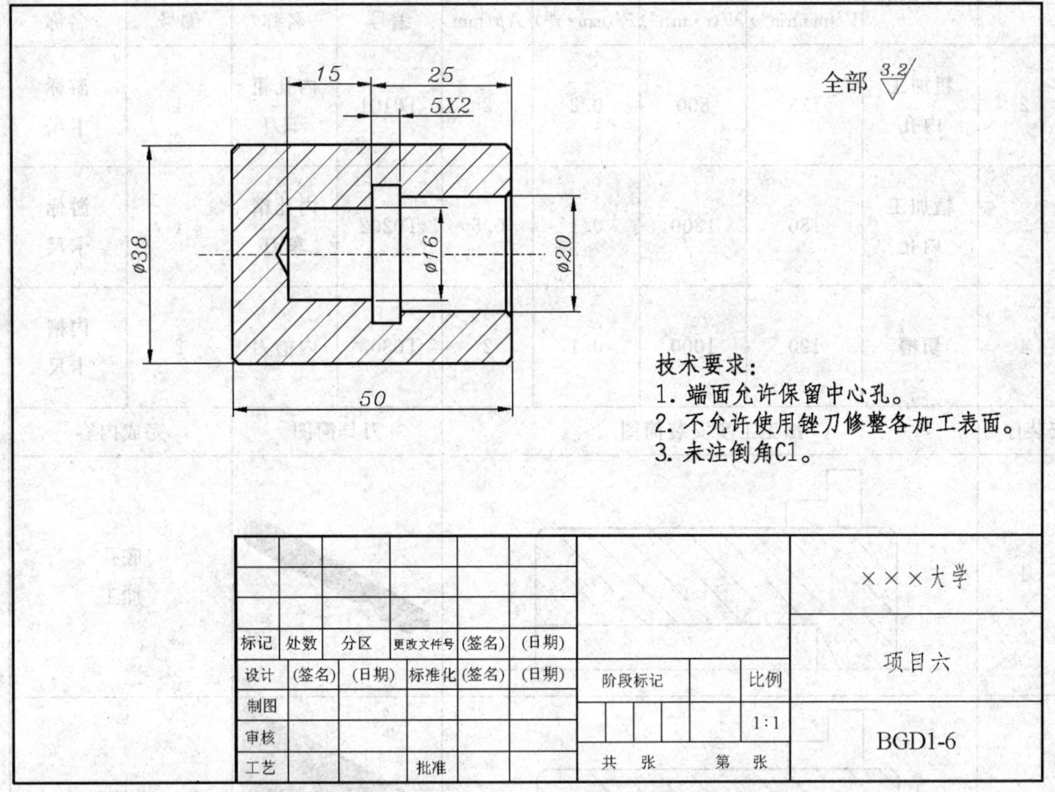

图 2-21 分析零件图样

内沟槽零件加工由于难以观察和测量给加工带来很多不变，在本次练习项目中，着重熟悉内沟槽的编程方法及检测方法。

3. 编制数控加工工序卡

内沟槽数控加工工序卡如表 2-16 所示。内沟槽加工刀具调整卡如表 2-17 所示。

表 2-16 内沟槽数控加工工序卡

数控加工工序卡				产品名称			零件名称		零件图号	
							内沟槽		BGD1-6	
工序号	程序编号	材料	毛坯规格	夹具名称			适用设备		车间	
1	0260	45	ϕ40×60	三爪卡盘			TK40-HNC21T		数控车间	
工步号	工步内容	切削用量					刀具		量具	
		$V/(\mathrm{m \cdot min^{-1}})$	$N/(\mathrm{r \cdot min^{-1}})$	$F/(\mathrm{mm \cdot r^{-1}})$	Ap/mm		编号	名称	编号	名称
1	底孔加工	80	300	0.3				钻头	1	游标卡尺

续表

工步号	工步内容	切削用量				刀具		量具	
		$V/(m\cdot min^{-1})$	$N/(r\cdot min^{-1})$	$F/(mm\cdot r^{-1})$	Ap/mm	编号	名称	编号	名称
2	粗加工内孔	125	800	0.2	2	T0101	内孔粗车刀	1	游标卡尺
3	精加工内孔	180	1200	0.1	0.5	T0202	内孔精车刀	1	游标卡尺
4	切槽	120	1000	0.1	2	T0303	内槽刀	2	内槽卡尺
安装序号	加工工步安装简图					刀具简图		完成内容	
1								底孔加工	
2								粗加工内孔	
3								精加工内孔	
4								完成切槽加工	
编制		审核		批准			共 页		第 页

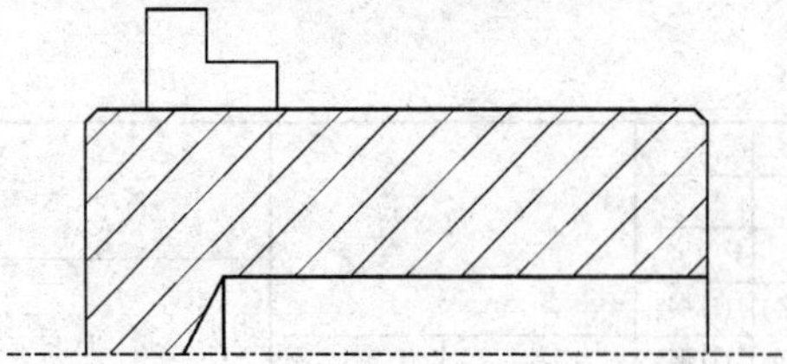

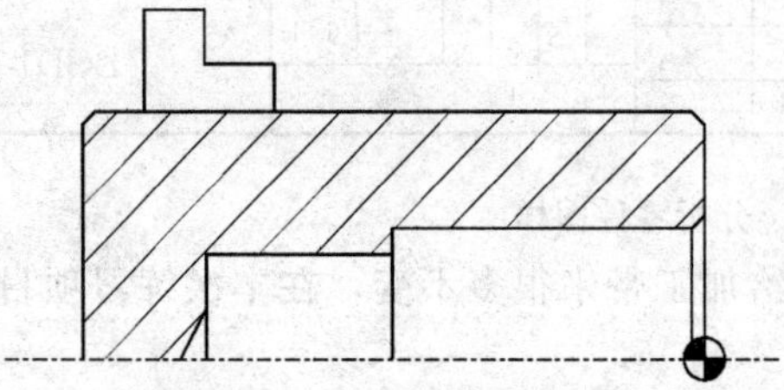

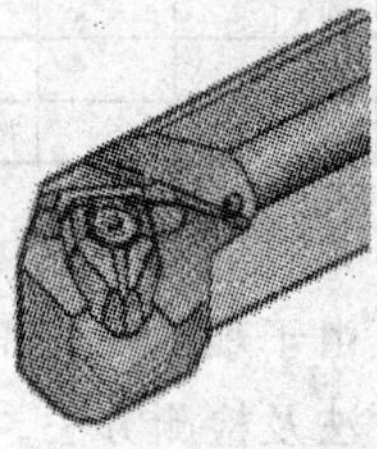

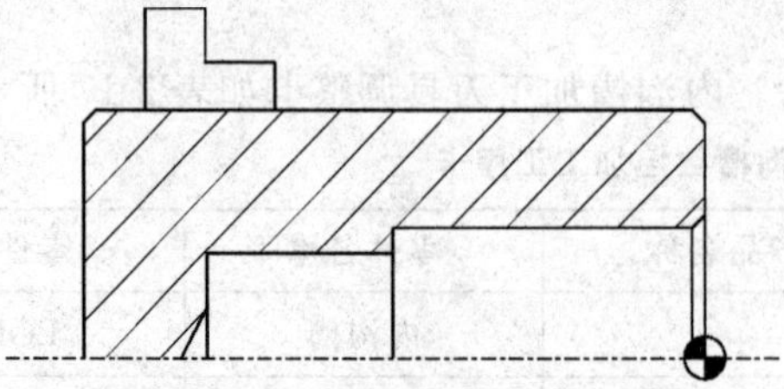

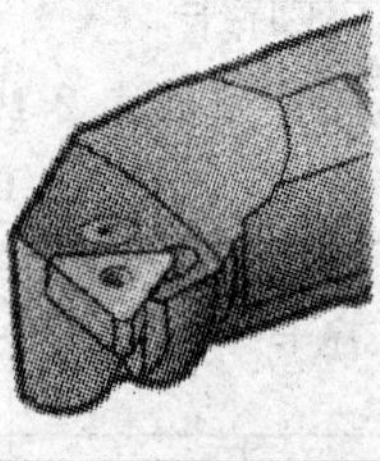

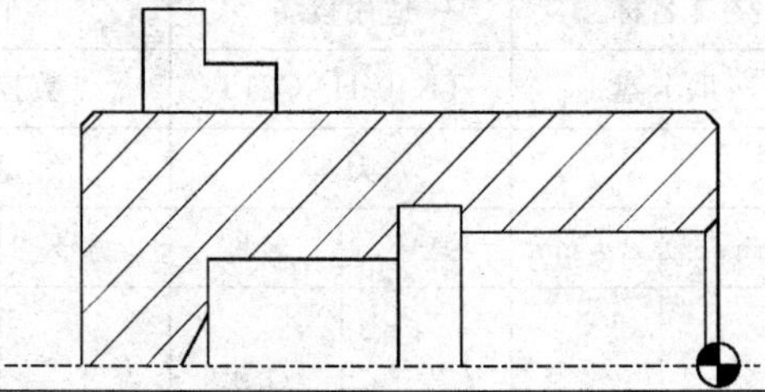

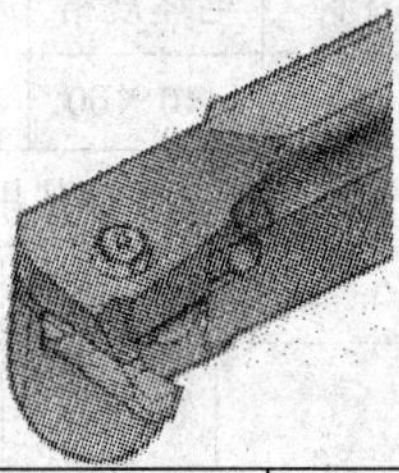

表 2-17　内沟槽加工刀具调整卡

产品名称代号		零件名称	内沟槽	零件图号	BGD1-6	
序号	刀具号	刀具规格	刀具参数		刀补地址	
			刀尖半径	刀杆规格	半径/刀宽	形状
1	T0101	内孔粗车刀	0.8	ϕ10mm		#0001
2	T0202	内孔精车刀	0.2	ϕ10mm		#0002
3	T0303	内沟槽刀	0.2	ϕ10mm	2mm	#0003
编制		审核		批准	共　页	第　页

4. 机床操作

(1) 具体操作同 2.5 节项目。

(2) 参考程序如下：

(内孔加工程序同“%250”，这里不再重复。)

```
%260
T0303                  (调用 3 号刀具。建立了以 3 号刀具为基准的工件坐标系)
G95 G0 X60 Z100        (将刀具移动到安全位置)
M42                    (将档位设定在中速档位)
M3 S1000               (主轴正转，每分钟 600 转)
G0 X18 Z1              (移动至内孔外沿)
Z-22                   (移动至内径槽循环起点)
G81 X24 Z-22 F0.1      (切槽循环)
X24 Z-25               (切槽排刀)
G0 Z1                  (推出内孔)
X60 Z100               (返回安全点)
M5                     (主轴停转)
M30                    (程序结束)
```

5. 加工检测

加工零件配分及检测项目分析如表 2-18 所示。

表 2-18　加工零件配分及检测项目分析

序号	检测项目	技术要求	配分		检测结果		得分	偏差原因分析
			IT	*Ra*	IT	*Ra*		
1	长度	15	15					
2		25	15					
3	直径	φ16	15	10				
4		φ20	15	10				
5	沟槽	5×2	20					
7	总分	100						

6. 理论知识回顾

内径槽加工循环同外径切槽加工类似，可采用 G81、G1 的加工指令。

内径槽加工指令格式：G81 X Z F。

X、Z：终点坐标。

F：进给量。

7. 技术交流

内孔切槽加工同内孔加工相同，在加工结束后要注意退到工件以外，以防发生碰撞的危险。

2.7　普通内螺纹加工

能力目标

☆ 掌握内螺纹刀具特性。

☆ 合理选择螺纹切削层厚度的能力。

知识目标

☆内螺纹加工准备。

☆内螺纹参数设定。

☆华中系统内孔类零件推刀注意事项。

1. 零件效果图

零件效果图如图 2-22 所示。

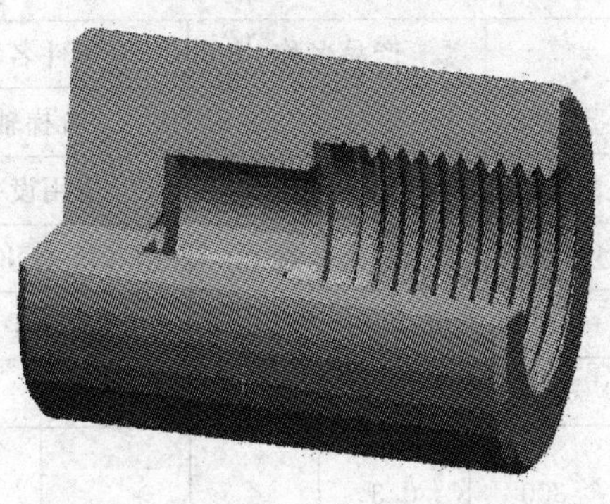

图 2-22　零件效果图

2. 分析零件图样

分析零件图样如图 2-23 所示。

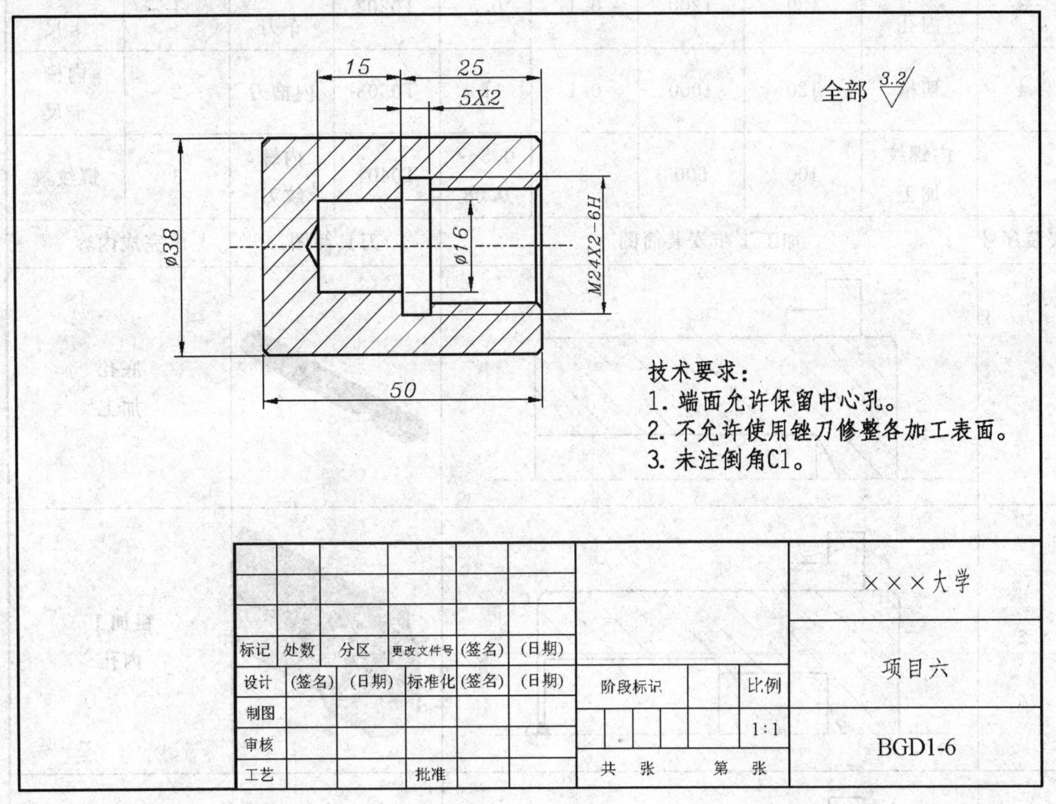

图 2-23　分析零件图样

内螺纹加工中，刀具伸出长度大、刀具直径小，使得整个加工系统性能降低。因此，内螺纹加工时应该注意每次切深的选择。

3. 编制数控加工工序卡

内螺纹数控加工工序卡如表 2-19 所示，内螺纹加工刀具调整卡如表 2-20 所示。

表 2-19　内螺纹数控加工工序卡

<table>
<tr><td colspan="4" rowspan="2">数控加工工序卡</td><td colspan="2">产品名称</td><td colspan="2">零件名称</td><td colspan="2">零件图号</td></tr>
<tr><td colspan="2"></td><td colspan="2">阶梯轴</td><td colspan="2">BGD1-1</td></tr>
<tr><td>工序号</td><td>程序编号</td><td>材料</td><td>毛坯规格</td><td colspan="2">夹具名称</td><td colspan="2">适用设备</td><td colspan="2">车间</td></tr>
<tr><td>1</td><td>0270</td><td>45</td><td>$\phi40\times60$</td><td colspan="2">三爪卡盘</td><td colspan="2">TK40-HNC21T</td><td colspan="2">数控车间</td></tr>
<tr><td rowspan="2">工步号</td><td rowspan="2">工步内容</td><td colspan="4">切削用量</td><td colspan="2">刀具</td><td colspan="2">量具</td></tr>
<tr><td>$V/(\mathrm{m\cdot min^{-1}})$</td><td>$N/(\mathrm{r\cdot min^{-1}})$</td><td>$F/(\mathrm{mm\cdot r^{-1}})$</td><td>$Ap/\mathrm{mm}$</td><td>编号</td><td>名称</td><td>编号</td><td>名称</td></tr>
<tr><td>1</td><td>底孔加工</td><td>80</td><td>300</td><td>0.3</td><td></td><td></td><td>钻头</td><td>1</td><td>游标卡尺</td></tr>
<tr><td>2</td><td>粗加工内孔</td><td>125</td><td>800</td><td>0.2</td><td>2</td><td>T0101</td><td>内孔粗车刀</td><td>1</td><td>游标卡尺</td></tr>
<tr><td>3</td><td>精加工内孔</td><td>180</td><td>1200</td><td>0.1</td><td>0.5</td><td>T0202</td><td>内孔精车刀</td><td>1</td><td>游标卡尺</td></tr>
<tr><td>4</td><td>切槽</td><td>120</td><td>1000</td><td>0.1</td><td>2</td><td>T0303</td><td>内槽刀</td><td>2</td><td>内槽卡尺</td></tr>
<tr><td>5</td><td>内螺纹加工</td><td>100</td><td>600</td><td>2</td><td>0.5～0.08</td><td>T0404</td><td>内螺纹刀</td><td>3</td><td>螺纹规</td></tr>
<tr><td>安装序号</td><td colspan="5">加工工步安装简图</td><td colspan="2">刀具简图</td><td colspan="2">完成内容</td></tr>
<tr><td>1</td><td colspan="5"></td><td colspan="2"></td><td colspan="2">底孔加工</td></tr>
<tr><td>2</td><td colspan="5"></td><td colspan="2"></td><td colspan="2">粗加工内孔</td></tr>
<tr><td>3</td><td colspan="5"></td><td colspan="2"></td><td colspan="2">精加工内孔</td></tr>
</table>

续表

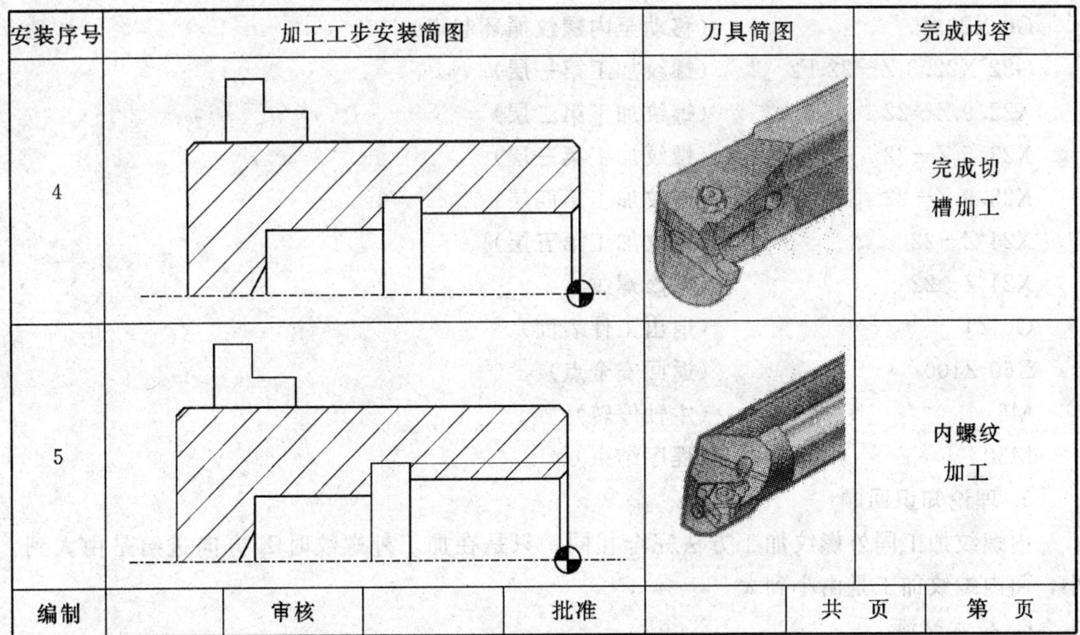

安装序号	加工工步安装简图	刀具简图	完成内容
4			完成切槽加工
5			内螺纹加工
编制		审核		批准		共 页	第 页

表 2-20 内螺纹加工刀具调整卡

产品名称代号		零件名称		阶梯轴	零件图号		BGD1-6
序号	刀具号	刀具规格	刀具参数		刀补地址		
			刀尖半径	刀杆规格	半径/刀宽	形状	
1	T0101	内孔粗车刀	0.8	ϕ10mm		#0001	
2	T0202	内孔精车刀	0.2	ϕ10mm		#0002	
3	T0303	内沟槽刀	0.2	ϕ10mm	2mm	#0003	
4	T0404	内螺纹刀		ϕ10mm		#0004	
编制		审核		批准		共 页	第 页

4. 机床操作

（1）其他操作同 2.6 节。

（2）参考程序如下：

（内孔、切槽加工程序同%250、%260，这里不再重复。）

```
%270
T0404                  （调用 4 号刀具。建立了以 4 号刀具为基准的工件坐标系）
G95 G0 X60 Z100        （将刀具移动到安全位置）
M42                    （将档位设定在中速档位）
```

```
M3 S600              (主轴正转，每分钟 600 转)
G0 X20 Z5            (移动至内螺纹循环起点)
G82 X22.3 Z-22 F2    (螺纹加工第一层)
X22.9 Z-22           (螺纹加工第二层)
X23.5 Z-22           (螺纹加工第三层)
X23.9 Z-22           (螺纹加工第四层)
X24 Z-22             (螺纹加工第五层)
X24 Z-22             (精修螺纹)
G0 Z1                (退出工件表面)
X60 Z100             (返回安全点)
M5                   (主轴停转)
M30                  (程序结束)
```

5. 理论知识回顾

内螺纹加工同外螺纹加工方法完全相同，只是在加工外螺纹时 X 方向进给是由大到小，而内螺纹加工是由小到大。

6. 技术交流

内螺纹加工由于刀具受到直径的限制，容易变形和发生震动。在加工时进刀深度和转速不易过大，在加工完成后同加工内孔一样要先退到工件外侧再返回安全点。

第3章 提高篇

3.1 轴类零件径向尺寸的获得方法

能力目标

☆复习轴向尺寸的前提下，掌握零件径向尺寸的保证方法。
☆利用试切法完成零件首件试切的工作。

知识目标

☆轴类零件调头加工程序编写。
☆左右两端接刀位置的处理。
☆粗精加工换刀程序的编辑。

1．零件效果图

零件效果图如图 3-1 所示。

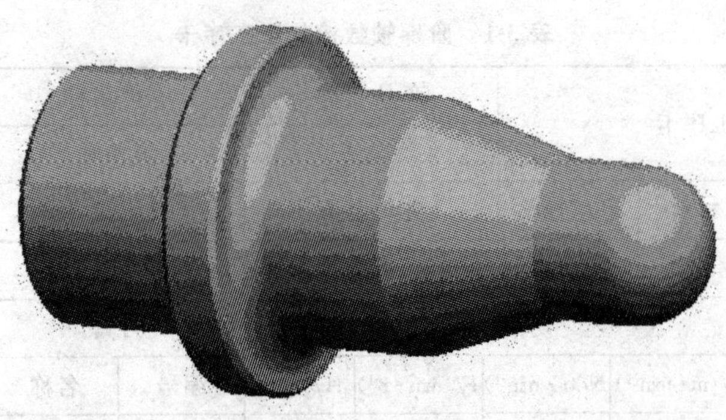

图 3-1　零件效果图

2．分析零件图样

分析零件图样如图 3-2 所示。

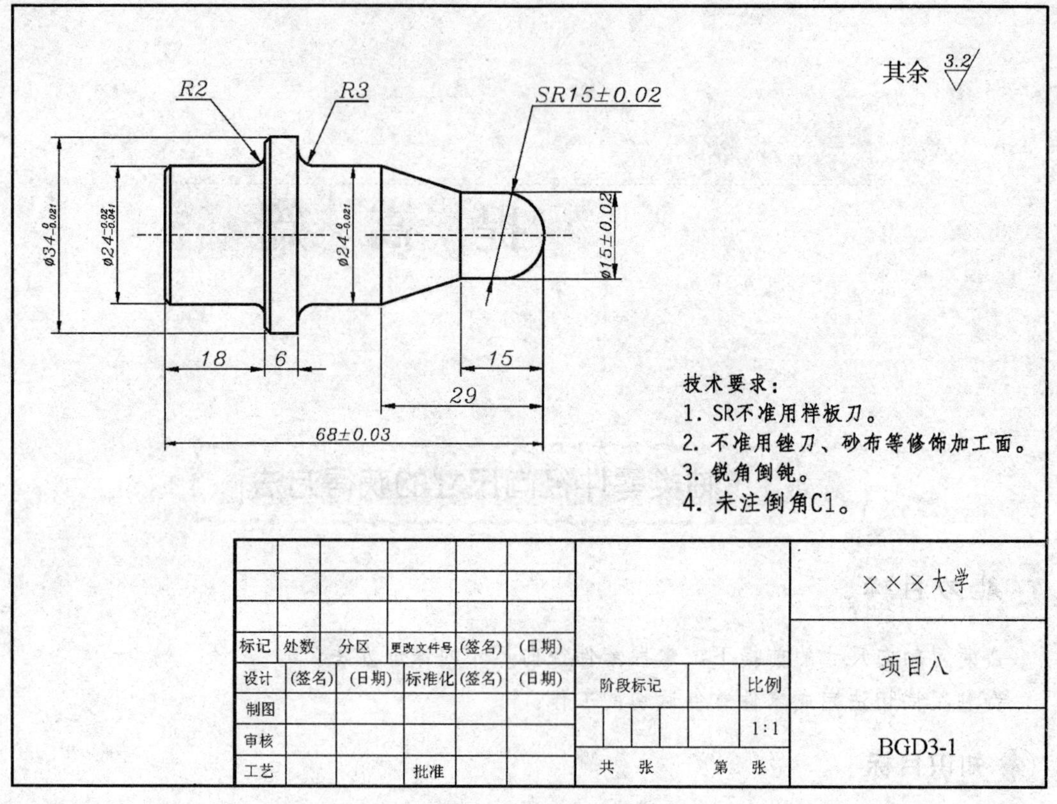

图 3-2　分析零件图样

一般的轴类零件由于需要和对应的其他零件装配，组成能够实现一定功能的部件。因此，零件中具有装配关系的部位必须满足相应的国家标准。本次的练习项目需要完成同一零件中不同公差等级的加工和试切。

3. 编制数控加工工序卡

阶梯轴数控加工工序卡如表 3-1 所示。阶梯轴加工刀具调整卡如表 3-2 所示。

表 3-1　阶梯轴数控加工工序卡

数控加工工序卡				产品名称		零件名称		零件图号	
						阶梯轴		BKD3-1	
工序号	程序编号	材料	毛坯规格	夹具名称		适用设备		车间	
1	0310	45	ϕ35×70	三爪卡盘		TK40-HNC21T		数控车间	
工步号	工步内容	切削用量				刀具		量具	
		$V/(\mathrm{m\cdot min^{-1}})$	$N/(\mathrm{r\cdot min^{-1}})$	$F/(\mathrm{mm\cdot r^{-1}})$	Ap/mm	编号	名称	编号	名称
1	粗加工左侧阶梯轴部分	125	800	0.2	2	T0101	外圆粗车刀	1	游标卡尺

续表

工步号	工步内容	切削用量				刀具		量具	
		$V/(m\cdot min^{-1})$	$N/(r\cdot min^{-1})$	$F/(mm\cdot r^{-1})$	Ap/mm	编号	名称	编号	名称
2	精加工左侧阶梯轴部分	180	1500	0.1	0.5	T0202	外圆精车刀	2	外径千分尺
3	粗加工右侧半球面部分	125	800	0.2	2	T0101	外圆粗车刀	1	游标卡尺
4	精加工右侧半球面部分	180	1500	0.1	0.5	T0202	外圆精车刀	2	外径千分尺
安装序号	加工工步安装简图					刀具简图		完成内容	
1								将工件安装在三爪卡盘上	
2								使用T0101刀具完成工艺台阶的加工	
3								测量T0101、T0202刀具的刀具补偿参数，完成粗加工	
4								完成左侧精加工	

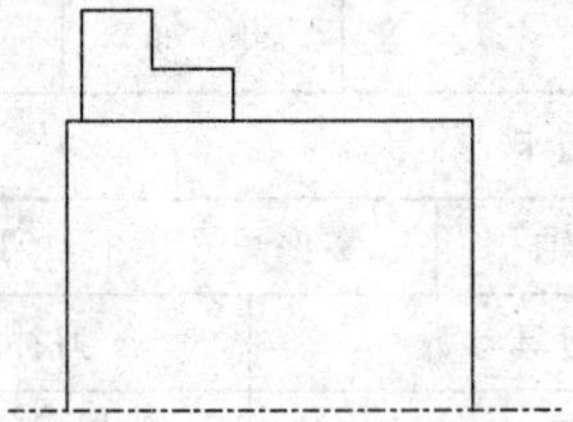

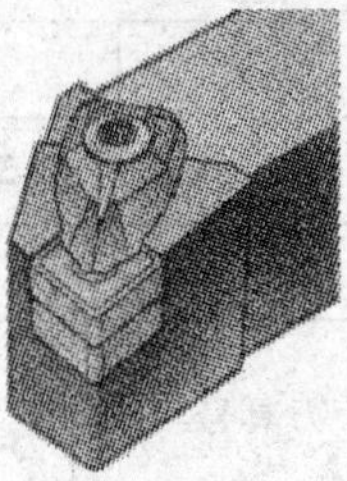

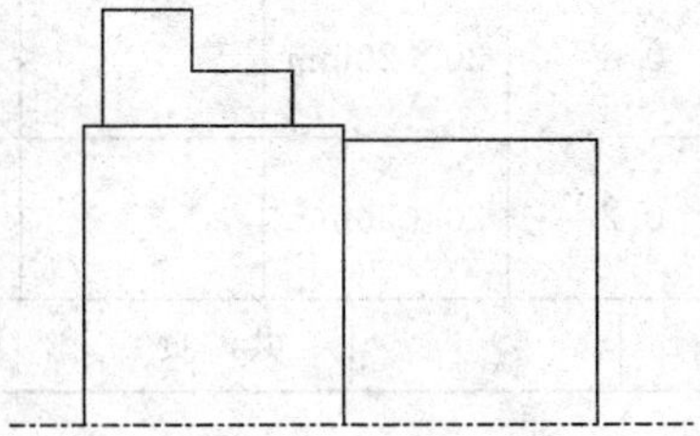

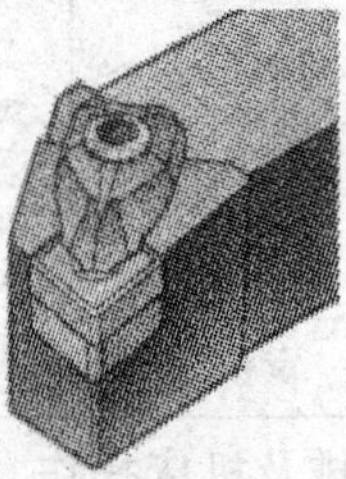

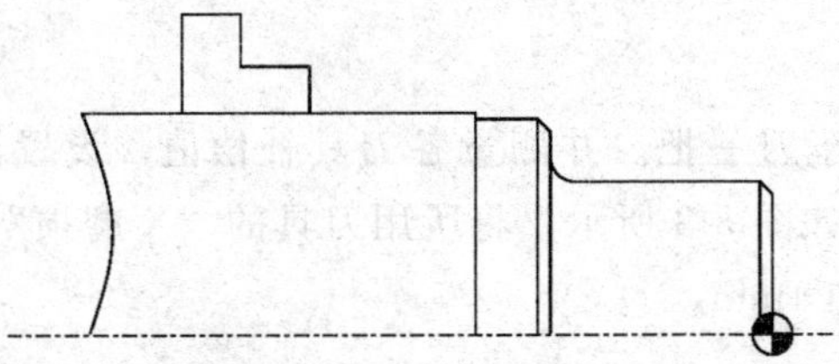

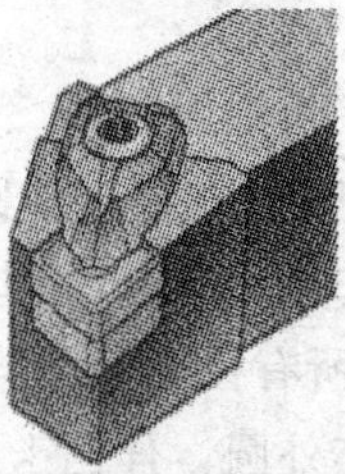

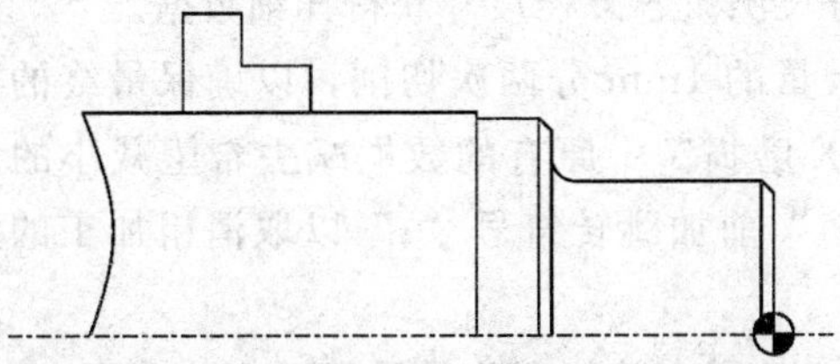

续表

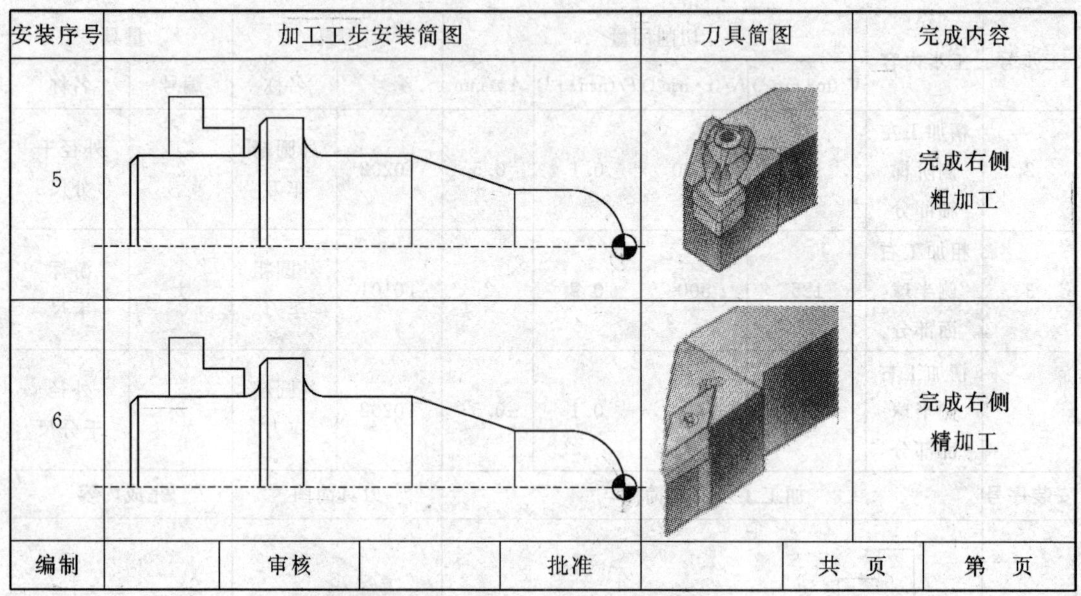

安装序号	加工工步安装简图	刀具简图	完成内容
5			完成右侧粗加工
6			完成右侧精加工

编制		审核		批准		共　页	第　页

表 3-2　阶梯轴加工刀具调整卡

产品名称代号			零件名称	阶梯轴	零件图号	BKD3-1	
序号	刀具号	刀具规格	刀具参数		刀补地址		
			刀尖半径	刀杆规格	半径	形状	
1	T0101	粗车刀（刀尖角 55°）	0.8	20×20mm		＃0001	
2	T0202	精车刀（刀尖角 35°）	0.2	20×20mm		＃0002	
编制		审核		批准		共　页	第　页

4. 工艺过程安排及机床操作

（1）操作步骤。

①准备 ϕ40×70 长铝棒一根。

②90°外圆粗车刀一把，90°外圆精车刀一把。并测量各刀具补偿值，设置试切余量。进入数控系统中，选择刀具补偿偏置表如图 3-3 所示，将所用刀具的“X 磨损”均设置为 1，使加工后的零件所有径向尺寸均增加 1mm。

③装夹 ϕ35 毛坯外圆，伸出卡盘 35mm。

④粗加工 ϕ34、ϕ24 外圆。使用千分尺测量各外径尺寸获得详细数据。

⑤精加工 ϕ34、ϕ24 外圆，将试切余量的 1mm 分两次切削，以确保最终的加工精度。根据测量尺寸修改“X 磨损”值，用“X 磨损”中原有的数据减去希望减小的外径尺寸，进行加工。但在外圆粗加工循环点“G71”前加跳转符号“;”以取消粗加工的空刀行程。反复两次得到要求尺寸。

⑥拆下工件，利用铜片掉头装夹 ϕ24 外圆，并使台阶尽量靠近卡盘端面。

⑦粗加工 ϕ15、ϕ24、R15 圆弧和锥度。

⑧精加工 ϕ15、ϕ24、R15 圆弧和锥度到图纸要求尺寸。

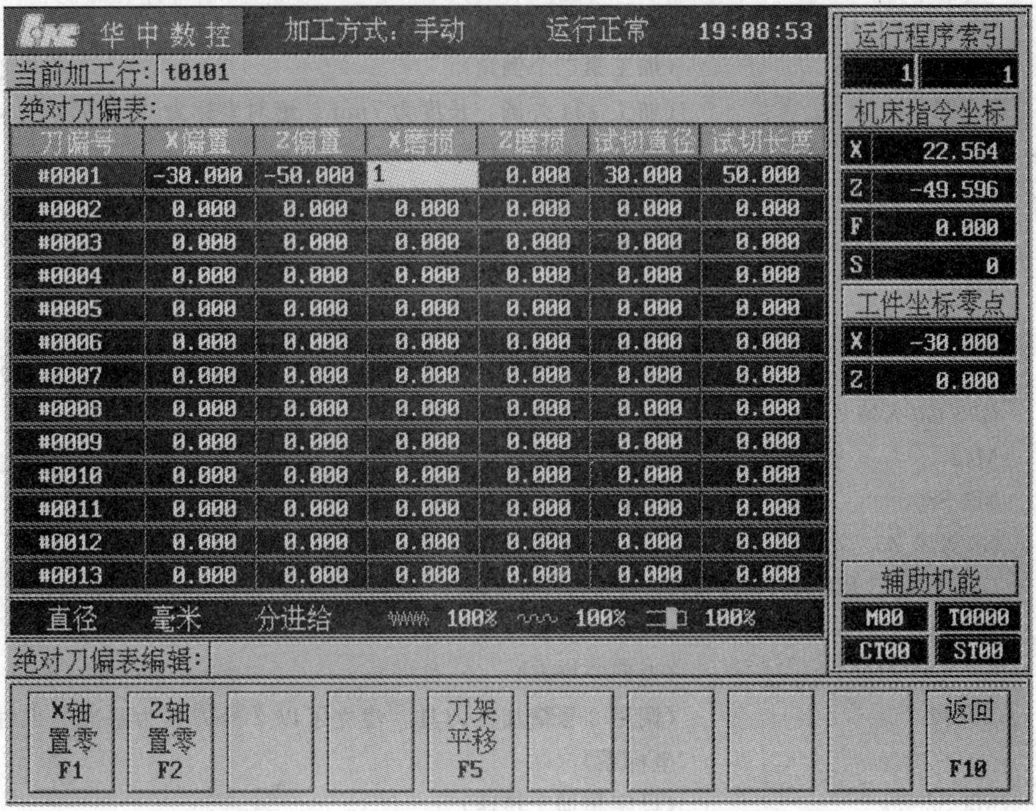

华中数控　加工方式：手动　运行正常　19:08:53

当前加工行：t0101

绝对刀偏表：

刀偏号	X偏置	Z偏置	X磨损	Z磨损	试切直径	试切长度
#0001	-30.000	-50.000	1	0.000	30.000	50.000
#0002	0.000	0.000	0.000	0.000	0.000	0.000
#0003	0.000	0.000	0.000	0.000	0.000	0.000
#0004	0.000	0.000	0.000	0.000	0.000	0.000
#0005	0.000	0.000	0.000	0.000	0.000	0.000
#0006	0.000	0.000	0.000	0.000	0.000	0.000
#0007	0.000	0.000	0.000	0.000	0.000	0.000
#0008	0.000	0.000	0.000	0.000	0.000	0.000
#0009	0.000	0.000	0.000	0.000	0.000	0.000
#0010	0.000	0.000	0.000	0.000	0.000	0.000
#0011	0.000	0.000	0.000	0.000	0.000	0.000
#0012	0.000	0.000	0.000	0.000	0.000	0.000
#0013	0.000	0.000	0.000	0.000	0.000	0.000

直径　毫米　分进给　100%　100%　100%

绝对刀偏表编辑：

运行程序索引：1　1

机床指令坐标：X 22.564　Z -49.596　F 0.000　S 0

工件坐标零点：X -30.000　Z 0.000

辅助机能：M00　T0000　CT00　ST00

X轴置零 F1　Z轴置零 F2　刀架平移 F5　返回 F10

图 3-3　刀具试切余量设置

(2) 参考程序如下：

```
%310 (工序 3、4)
T0101                       (调用 1 号刀具。建立了以 1 号刀具为基准的工件坐标系)
G95 G0 X60 Z100             (将刀具移动到安全位置)
M42                         (将档位设定在中速档位)
M3 S800                     (主轴正转，每分钟 800 转)
G0 X40 Z1                   (将刀具移动至循环点)
G71 U2. 5 R0. 5 P110
Q180 X0.4 Z0.05 F0.2        (粗加工参数设定)
G0 X60 Z100                 (返回安全点)
T0202                       (调用 2 号刀具。建立了以 2 号刀具为基准的工件坐标系)
M3 S2000                    (调整精加工转速为 2000 转/分钟)
G0 X40 Z1                   (返回加工循环点)
G0 X-0. 5                   (精加工轮廓起始行)
G42 G1 Z0 F0. 1             (以工进方式接触工件)
```

```
X24 C1                    (加工第一个端面并且倒角 C1)
Z-16                      (加工 φ24 外圆，长度为 16mm)
G2 X28 Z-18 R2            (圆角加工)
G1 X34 C0. 5              (加工第二个倒角)
Z-25                      (加工 φ34 外圆，长度为 7mm。绝对坐标为"-25")
G40 G1 X40                (将刀具退出工件)
G0 X60 Z100               (返回安全点)
M5                        (主轴停转)
M30                       (程序结束)
%311                      (工序 7、8)
T0101                     (调用 1 号刀具。建立了以 1 号刀具为基准的工件坐标系)
G95 G0 X60 Z100           (将刀具移动到安全位置)
M42                       (将档位设定在中速档位)
M3 S800                   (主轴正转，每分钟 800 转)
G0 X40 Z3                 (将刀具移动至循环点)
G71 U2. 5 R0. 5 P110 Q190
X0. 4 Z0. 05 F0. 2        (粗加工参数设定)
G0 X60 Z100               (返回安全点)
T0202                     (调用 2 号精加工刀具。建立了以 2 号刀具为基准的工件
                          坐标系)
M3 S2000                  (设定精加工转速)
G0 X40 Z1                 (返回加工循环点)
G0 X-0. 5                 (精加工轮廓起始行)
G42 G1 Z0 F0. 1           (以工进方式接触工件)
G3 X15 Z-7. 5 R7. 5       (加工圆弧)
G1 Z-15                   (加工 φ15 外圆，长度为 7.5mm)
X24 Z-29                  (加工锥度)
Z-41                      (加工 φ24 外圆，长度为 41mm)
G2 X30 Z-44 R3            (加工 R3 倒圆角)
G1 X34 C0. 5              (倒棱加工)
G40 X40                   (退出工件表面)
G0 X60 Z100               (返回安全点)
M5                        (主轴停转)
M30                       (程序结束)
```

5. 加工检测

加工零件配分及检测项目分析如表 3-3 所示。

表 3-3　加工零件配分及检测项目分析

序号	检测项目	技术要求	配分		检测结果		得分	偏差原因分析
			IT	*R*a	IT	*R*a		
1	长度	6	5					
2		15	5					
3		18	5					
4		29	5					
5		68±0.08	8					
6	直径	$\varphi15\pm0.02$	10	4				
7		$\varphi24_{-0.041}^{-0.02}$	10	4				
8		$\varphi34_{-0.02110\ 4}^{0}-10$	10	4				
9	圆弧	*R*2	8					
10		*R*3	8					
11		$S\varphi15\pm0.02$	10	4				
12	总分	100 分						

6. 理论知识回顾

(1) 一般的轴类零件在加工第二端时都会有余量残留，这段余量的加工靠设定工件坐标系来完成。一般设定工件坐标系时，利用加工刀具切削工件端面，在“Z 轴偏置”中输入“0”。确定工件的零点即在零件的右断面上。而掉头后由于存在余量，使得刀具不能与工件零点重合，其间距为加工余量。所以只需要在“Z 轴偏置”中输入余量，系统会自动确定工件的零点。但在调头加工的程序中要注意加工循环点为安全距离 1mm＋余量。

(2) 零件加工要将粗精加工分开，在程序 G71 后面加入返回安全点、换刀、提速和返回循环点的段落便可以实现。

7. 技术交流

调头加工后，在左右刀具重合的位置会出现毛刺。为避免此类现象，一般将刀具路径编辑一段重叠部分。如本例题中，交点为 $\phi34$ 外圆于 $R3$ 圆弧的交点。在程序％310 中将 $\phi34$ 外圆加工至 25mm 长，使两边有路径重叠来避免毛刺的出现。

3.2　跨象限圆弧的切削方法

能力目标

☆了解数控加工中凹陷部位刀具过切、欠切等现象，掌握此类现象的解决方法及参数设置的方法。

知识目标

☆过象限圆弧的加工指令的编辑。

☆工件公差的保证方法。

☆端面清根加工程序。

☆过切、欠切圆弧的参数处理。

☆基点计算。

☆锥度计算方法。

☆刀具中心高度的调整。

1. 零件效果图

零件效果图如图 3-4 所示。

图 3-4　零件效果图

2. 分析零件图样

分析零件图样如图 3-5 所示。

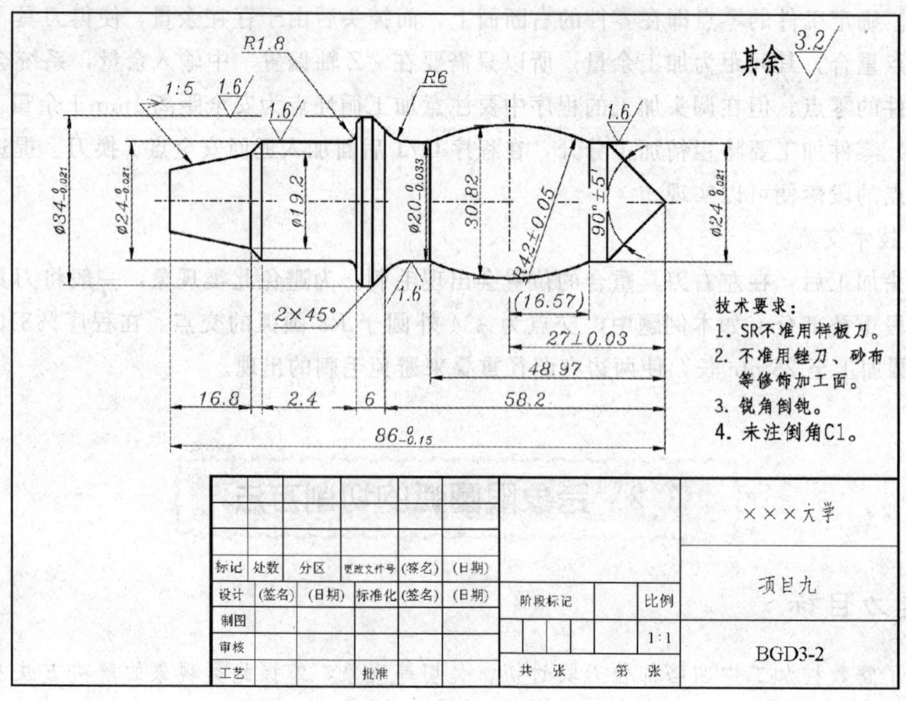

图 3-5　分析零件图样

该零件左侧为 1∶5 锥度，加工时应进行正确的刀具圆角补偿。右侧端面为尖点刀具高度应调整准确。圆弧段有凹陷部分，因此应采用具备凹陷切削能力的循环切削指令。

3. 编制数控加工工序卡

凹陷类零件数控加工工序卡如表 3-4 所示。凹陷类零件加工刀具调整卡如表 3-5 所示。

表 3-4　凹陷类零件数控加工工序卡

<table>
<tr><td colspan="4" rowspan="2">数控加工工序卡</td><td colspan="2">产品名称</td><td colspan="2">零件名称</td><td colspan="2">零件图号</td></tr>
<tr><td colspan="2"></td><td colspan="2">锥轴</td><td colspan="2">BGD3-2</td></tr>
<tr><td>工序号</td><td>程序编号</td><td>材料</td><td>毛坯规格</td><td colspan="2">夹具名称</td><td colspan="2">适用设备</td><td colspan="2">车间</td></tr>
<tr><td>1</td><td>0320</td><td>45</td><td>$\phi40\times90$</td><td colspan="2">三爪卡盘</td><td colspan="2">TK40-HNC21T</td><td colspan="2">数控车间</td></tr>
<tr><td rowspan="2">工步号</td><td rowspan="2">工步内容</td><td colspan="4">切削用量</td><td colspan="2">刀具</td><td colspan="2">量具</td></tr>
<tr><td>$V/(m\cdot min^{-1})$</td><td>$N/(r\cdot min^{-1})$</td><td>$F/(mm\cdot r^{-1})$</td><td>Ap/mm</td><td>编号</td><td>名称</td><td>编号</td><td>名称</td></tr>
<tr><td>1</td><td>粗加左侧圆锥及阶梯部分</td><td>125</td><td>800</td><td>0.2</td><td>2</td><td>T0101</td><td>外圆粗车刀</td><td>1</td><td>游标卡尺</td></tr>
<tr><td>2</td><td>粗加左侧圆锥及阶梯部分</td><td>180</td><td>1500</td><td>0.1</td><td>0.5</td><td>T0202</td><td>外圆精车刀</td><td>2、3</td><td>千分尺万能角度尺</td></tr>
<tr><td>3</td><td>粗加右侧圆弧及锥度部分</td><td>125</td><td>800</td><td>0.2</td><td>2</td><td>T0201</td><td>外圆粗车刀</td><td>1</td><td>游标卡尺</td></tr>
<tr><td>4</td><td>粗加右侧圆弧及锥度部分</td><td>180</td><td>1500</td><td>0.1</td><td>0.5</td><td>T0202</td><td>外圆精车刀</td><td>2、3</td><td>千分尺万能角度尺</td></tr>
<tr><td>安装序号</td><td colspan="5">加工工步安装简图</td><td colspan="2">刀具简图</td><td colspan="2">完成内容</td></tr>
<tr><td>1</td><td colspan="5"></td><td colspan="2"></td><td colspan="2">将工件安装在三爪卡盘上</td></tr>
<tr><td>2</td><td colspan="5"></td><td colspan="2"></td><td colspan="2">使用 T0101 刀具完成工艺台阶的加工</td></tr>
</table>

续表

安装序号	加工工步安装简图	刀具简图	完成内容
3			测量 T0101、T0202 刀具的刀具补偿参数，完成粗加工
4			完成精加工
5			粗加右侧圆弧及锥度部分
6			精加右测圆弧及锥度部分
编制	审核	批准	共　页　第　页

表 3-5　凹陷类零件加工刀具调整卡

产品名称代号		零件名称	阶梯轴	零件图号		BGD3-2
序号	刀具号	刀具规格	刀具参数		刀补地址	
			刀尖半径	刀杆规格	半径	形状
1	T0101	粗车刀（刀尖角 45°）	0.8	20×20mm		＃0001
2	T0202	精车刀（刀尖角 35°）	0.2	20×20mm		＃0002
编制	审核	批准		共　页		第　页

4. 工艺过程安排及机床操作

(1) 准备 ϕ40×90 长铝棒一根。

(2) 90°外圆粗车刀（35°刀尖角）一把，90°外圆精车刀（35°刀尖角）一把。

(3) 装夹 ϕ40 毛坯外圆，伸出卡盘 48mm。

(4) 粗加工 1∶5 锥度、ϕ24 外圆、ϕ34 外圆。粗加试切余量设置方法同 3.1 节。

(5) 调用精加工刀具精加工 1∶5 锥度、ϕ24 外圆、ϕ34 外圆到要求尺寸。精加工刀具半径补偿见 2.2 节。

(6) 拆下工件，利用铜片掉头装夹 ϕ24 外圆，并使台阶尽量靠近卡盘端面。

(7) 粗加工圆锥、ϕ24 外圆、R42 圆弧和 ϕ20 外圆。

(8) 调用精加工刀具精加工圆锥、ϕ24 外圆、R42 圆弧和 ϕ20 外圆到图纸要求尺寸。

(9) 参考程序如下：

```
%320                          （工序 4、5）
T0101                         （调用 1 号刀具。建立了以 1 号刀具为基准的工件坐标系）
G95 G0 X60 Z100               （将刀具移动到安全位置）
M42                           （将档位设定在中速档位）
M3 S800                       （主轴正转，每分钟 800 转）
G0 X40 Z1                     （将刀具移动至循环点）
G71 U2.5 R0.5 P110 Q200 X
0.4 Z0.05 F0.2                （粗加工参数设定）
G0 X60 Z100                   （返回安全点）
T0202                         （调用 2 号精加工刀具。建立了以 2 号刀具为基准的工件坐标系）
M3 S2000                      （设定精加工转速）
G0 X40 Z1                     （返回加工循环点）
G0 X-0.5                      （精加工轮廓起始行）
G42 G1 Z0 F0.1                （采用右补偿方式，以工进方式接触工件）
X12.48 C0.3                   （加工第一个端面并且倒角 C0.3）
X19.2 Z-16.8                  （加工 1∶5 锥度）
X23.99 Z-19.2                 （倒角）
Z-37.2                        （加工 φ24 外圆）
G2 X27.6 Z-39 R1.8            （加工圆弧 R1.8）
G1 X33.99 C0.5                （倒棱 C0.5）
Z-45                          （加工 φ34 外圆）
G40 X40                       （退出工件表面）
G0 X60 Z100                   （返回安全点）
M5                            （主轴停转）
M30                           （程序结束）
%321                          （调头加工工序 7，8）
```

```
T0101                       (调用1号刀具。建立了以1号刀具为基准的工件坐标系)
G95 G0 X60 Z100             (将刀具移动到安全位置)
M42                         (将档位设定在中速档位)
M3 S800                     (主轴正转，每分钟800转)
G0 X40 Z4                   (将刀具移动至循环点)
G71 U2.5 R0.5 P110 Q190 X
0.4 Z0.05 F0.2              (粗加工参数设定)
G0 X60 Z100                 (返回安全点)
T0202                       (调用2号精加工刀具。建立了以2号刀具为基准的工件坐标系)
M3 S2000                    (设定精加工转速)
G0 X40 Z1                   (返回加工循环点)
G0 X-0.5                    (精加工轮廓起始行)
G1 Z0 F0.1                  (以工进方式接触工件)
X23.99 Z-12                 (加工锥度)
Z-15.83                     (加工φ24外圆)
G3 X19.98 Z-48.97 R42       (加工R42圆弧)
G1 Z-53.4                   (加工φ20外圆)
G2 X28.8 Z-58.21 R6         (加工R6圆弧)
G1 X33.99 Z-60.8            (加工倒角)
G40 G1 X40                  (退出工件表面)
G0 X60 Z100                 (返回安全点)
M5                          (主轴停转)
M30                         (程序结束)
```

5. 加工检测

加工零件配分及检测项目分析如表 3-6 所示。

表 3-6 加工零件配分及检测项目分析

序号	检测项目	技术要求	配分		检测结果		得分	偏差原因分析
			IT	*Ra*	IT	*Ra*		
1	长度	2.4	2					
2		6	2					
3		16.8	2					
4		29	2					
5		27±0.03	5					
6		48.97	2					
7		258	2					
8		8	103	4				

续表

序号	检测项目	技术要求	配分		检测结果		得分	偏差原因分析
			IT	*R*a	IT	*R*a		
9	直径	19.2	3					
10		10	$\phi 20^{0}_{-0.033}$	5	3			
11		11	$\phi 24^{0}_{-0.021}\times 2$	10	6			
12		30.82	4					
13		13	$\phi 34^{0}_{-0.0215\ 3}$					
14	圆弧	R1.8	6					
15		R6	6					
16		R24±0.05	5	3				
17	锥度	1：5	7	3				
18		90°±5′	7	3				
19	总分		100				得分	

6. 理论知识回顾

（1）过象限圆弧的加工在华中世纪星系统中采用G71指令格式，刀具可采用35°刀尖角加工。为防止过切应采用合理的补偿方式。

（2）不同用途的外形采用不同公差，在编程时要通过计算编辑每个外形尺寸的中间数值，以确保加工后的尺寸符合要求。

7. 技术交流

由于刀具都存在刀尖圆角，当刀具运行到X0点时实际表面在刀尖圆角的作用下还存在一定的尖点。编程时可将刀具向X负方向多移动一个刀尖半径可切除多余残留。如%320中N110段所示。

3.3 锥度、三角螺纹和球体加工练习

能力目标

☆获得外圆、螺纹、切槽等零件几何要素的精度加工能力。

知识目标

☆常用锥度的计算和加工。

☆三角螺纹加工起点、终点设置。

☆球面加工。

☆利用 G01 指令加工槽类零件的注意事项。

1. 零件效果图

零件效果图如图 3-6 所示。

图 3-6　零件效果图

2. 分析零件图样

分析零件图样如图 3-7 所示。

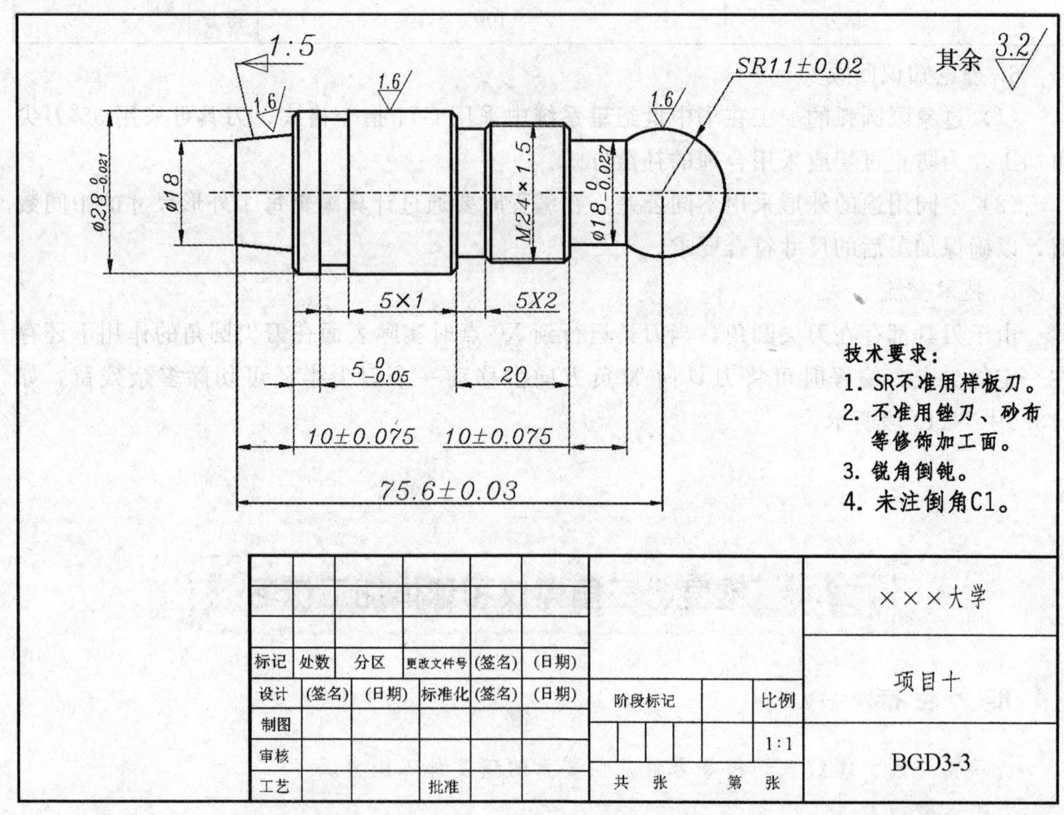

图 3-7　分析零件图样

该零件包含了轮廓加工、锥度、圆弧，在这些项目的练习中应注意使用数控机床的刀具半径补偿功能，以确保准确的角度及圆弧半径。除此之外，还包括了槽类加工及螺纹加工。这次的切槽加工加入了切槽轴向位置精度的要素。因此，加工该切槽时应注意试切法在槽类零件中的应用。而螺纹加工应注意前导入量和后导出量的设计，并加深螺纹切削时切削深度参数的设置方法。

3. 编制数控加工工序卡

螺纹轴数控加工工序卡如表 3-7 所示，螺纹轴加工刀具调整卡如表 3-8 所示。

表 3-7　螺纹轴数控加工工序卡

数控加工工序卡				产品名称		零件名称		零件图号	
						螺纹轴		BGD3-3	
工序号	程序编号	材料	毛坯规格	夹具名称		适用设备		车间	
1	0330	45	$\phi30\times90$	三爪卡盘		TK40-HNC21T		数控车间	
工步号	工步内容	切削用量				刀具		量具	
		$V/(\mathrm{m\cdot min^{-1}})$	$N/(\mathrm{r\cdot min^{-1}})$	$F/(\mathrm{mm\cdot r^{-1}})$	Ap/mm	编号	名称	编号	名称
1	粗加左侧圆锥及阶梯部分	125	800	0.2	2	T0101	外圆粗车刀	1	游标卡尺
2	精加左侧圆锥及阶梯部分	180	2000	0.1	0.5	T0202	外圆精车刀	2、3	千分尺 万能角度尺
3	粗切沟槽	150	1000	0.1	3	T0303	切槽刀	4	公法线千分尺
4	精切沟槽	150	1000	0.1	3	T0303	切槽刀	4	公法线千分尺
5	粗加右侧圆弧及螺纹轴部分	125	800	0.2	2	T0101	外圆粗车刀	1	游标卡尺
6	精加右侧圆弧及螺纹轴部分	180	2000	0.1	0.5	T0202	外圆精车刀	2、3	千分尺 万能角度尺 半径规
7	加工螺纹	100	600	1.5	0.5～0.1	T0404	螺纹车刀	6	螺纹规
安装序号	加工工步安装简图					刀具简图		完成内容	
1								将工件安装在三爪卡盘上	

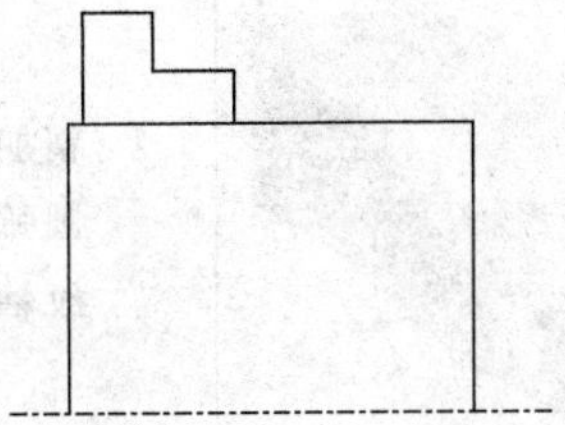

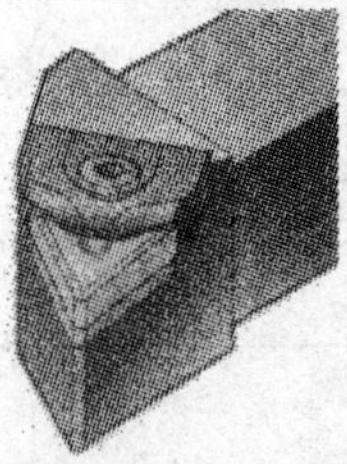

续表

安装序号	加工工步安装简图	刀具简图	完成内容
2	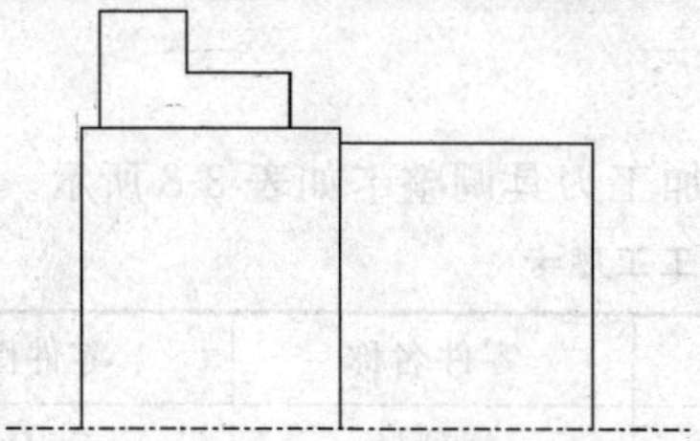	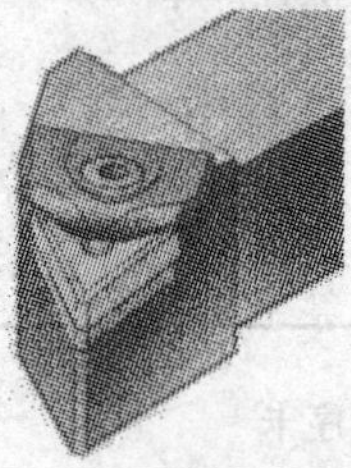	使用 T0101 刀具完成工艺台阶的加工
3	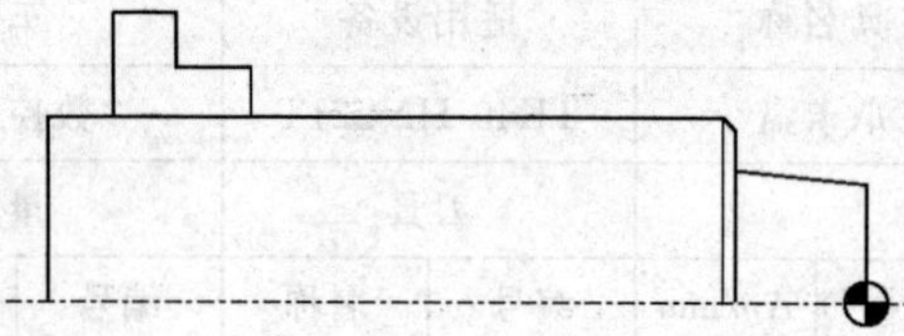	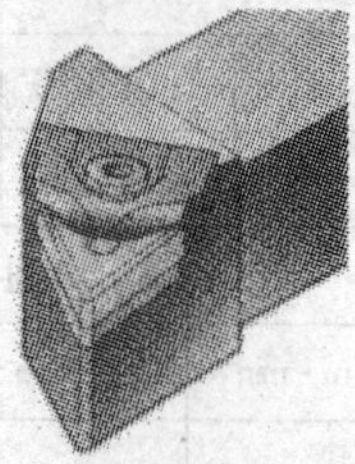	测量 T0101、T0202 刀具的刀具补偿参数，完成粗加工
4	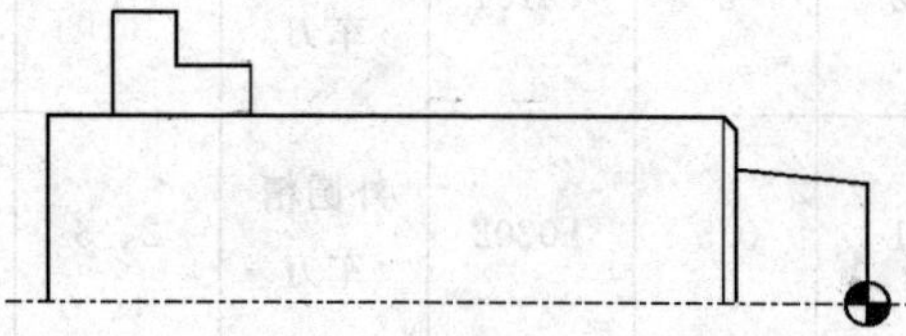		完成精加工
5	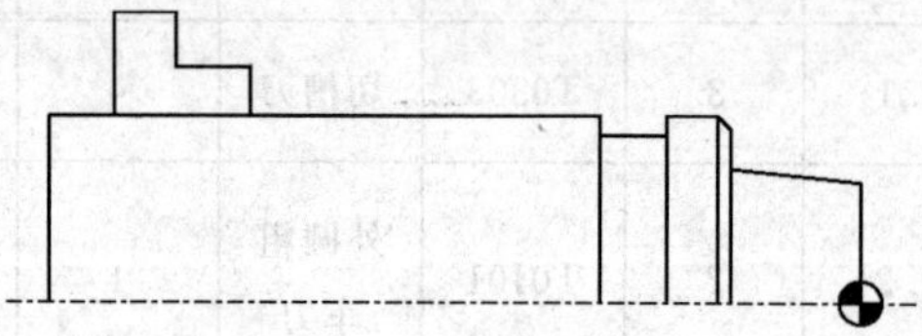		沟槽的粗精加工
6	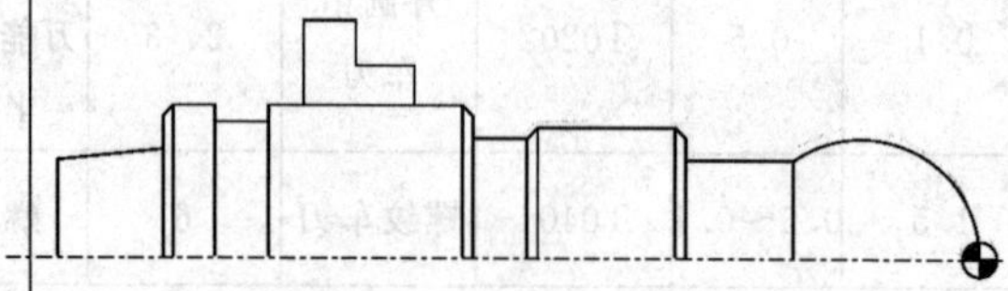	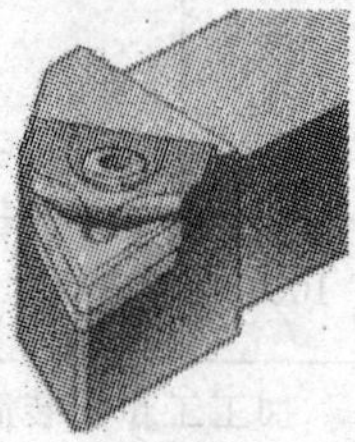	粗加右侧圆弧及螺纹轴部分
7	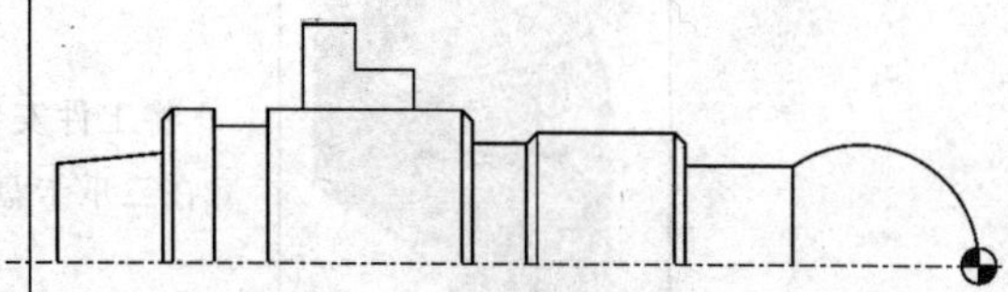		精加右侧圆弧及螺纹轴部分

续表

安装序号	加工工步安装简图	刀具简图	完成内容
8	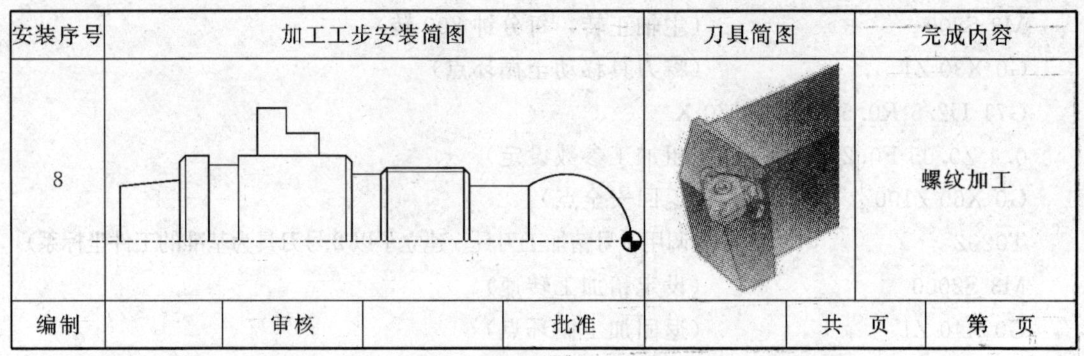		螺纹加工
编制	审核	批准	共　页　第　页

表 3-8　螺纹轴加工刀具调整卡

产品名称代号		零件名称	螺纹轴	零件图号	BGD3-3	
序号	刀具号	刀具规格	刀具参数		刀补地址	
			刀尖半径	刀杆规格	半径	形状
1	T0101	粗车刀（刀尖角 55°）	0.8	20×20mm		＃0001
2	T0202	精车刀（刀尖角 35°）	0.2	20×20mm		＃0002
3	T0303	切槽刀	0.2	20×20mm	3	＃0003
4	T0404	螺纹刀	0.4	20×20mm		＃0004
编制	审核	批准		共　页	第　页	

4. 工艺过程安排及机床操作

(1) 准备 $\phi30\times90$ 长铝棒一根。

(2) 90°外圆粗车刀（35°刀尖角）一把，90°外圆精车刀（35°刀尖角）一把。切槽刀一把，刀宽 3mm。60°三角螺纹车刀一把。

(3) 装夹 $\phi30$ 毛坯外圆，伸出卡盘 65mm。

(4) 粗、精加工 $\phi28$ 外圆和 1∶5 锥度到要求尺寸。

(5) 加工 5×1 切槽

(6) 拆下工件，利用铜片掉头装夹 $\phi28$ 外圆，并使工件伸出 50mm 左右。

(7) 利用已加工好的 $\phi28$ 外圆找正工件。

(8) 粗加工 $\phi18$ 外圆、SR11 球面、$\phi24$ 螺纹外表面和退刀槽。

(9) 精加工 $\phi18$ 外圆、SR11 球面、$\phi24$ 螺纹外表面和退刀槽到图纸要求尺寸。

(10) 参考程序如下：

```
%330                  （锥度、外圆加工，工序 4、5）
T0101                 （调用 1 号刀具。建立了以 1 号刀具为基准的工件坐标系）
G95 G0 X60 Z100       （将刀具移动到安全位置）
```

```
M42                       (将档位设定在中速档位)
M3 S800                   (主轴正转，每分钟 800 转)
G0 X30 Z1                 (将刀具移动至循环点)
G71 U2.5 R0.5 P110 Q170 X
0.4 Z0.05 F0.2            (粗加工参数设定)
G0 X60 Z100               (返回安全点)
T0202                     (调用 2 号精加工刀具。建立了以 2 号刀具为基准的工件坐标系)
M3 S2000                  (设定精加工转速)
G0 X40 Z1                 (返回加工循环点)
G0 X-0.5                  (精加工轮廓起始行)
G42 G1 Z0 F0.1            (以工进方式接触工件)
X18 C0.3                  (加工第一个端面并且倒棱 0.3mm)
X20 Z-10                  (加工 1:5 锥度)
X28 C0.5                  (倒角 0.5mm)
Z-60                      (加工 φ28 外圆，并给掉头加工找正预留余量)
G40 X30                   (将刀具退出工件)
G0 X60 Z100               (返回安全点)
M5                        (主轴停转)
M30                       (程序结束)
%331                      (切槽加工，工序 6)
T0303                     (调用 3 号刀具。建立了以 3 号刀具为基准的工件坐标系)
G95 G0 X60 Z100           (将刀具移动到安全位置)
M42                       (将档位设定在中速档位)
M3 S1000                  (主轴正转，每分钟 1000 转)
G0 X30 Z-18               (将刀具移动至切槽起点)
G01 X26 F0.1              (切槽深度 1mm)
Z-20                      (加工槽宽 5mm)
X29                       (将刀具退出工件)
G0 X60 Z100               (返回安全点)
M5                        (主轴停转)
M30                       (程序结束)
%332                      (掉头加工，工序 9、10)
T0101                     (调用 1 号刀具。建立了以 1 号刀具为基准的工件坐标系)
G95 G0 X60 Z100           (将刀具移动到安全位置)
M42                       (将档位设定在中速档位)
M3 S800                   (主轴正转，每分钟 800 转)
G0 X30 Z3                 (将刀具移动至循环点)
```

```
G71 U2.5 R0.5 P110 Q210 X0.4
Z0.05 F0.2                   (粗加工参数设定)
G0 X60 Z100                  (返回安全点)
T0202                        (调用 2 号精加工刀具。建立了以 2 号刀具为基准的工件
                             坐标系)
M3 S2000                     (设定精加工转速)
G0 X40 Z1                    (返回加工循环点)
G0 X-0.5                     (精加工轮廓起始行)
G42 G1 Z0 F0.1               (以工进方式接触工件)
X0                           (移动至圆弧起点)
G3 X17.98 Z-17.3 R11         (加工球面 SR11)
G1 Z-27.31                   (加工 φ18 外圆)
X23.85 C1.5                  (倒角 1.5mm)
Z-41.31                      (加工螺纹表面)
X20 Z-42.32                  (倒角)
Z-47.32                      (加工退刀槽)
X28 C1                       (倒角)
G40 X40                      (将刀具退出工件)
G0 X60 Z100                  (返回安全点)
M5                           (主轴停转)
M30                          (程序结束)
%333                         (螺纹加工)
T0404                        (调用 4 号刀具。建立了以 4 号刀具为基准的工件坐标系)
G95 G0 X60 Z100              (将刀具移动到安全位置)
M42                          (将档位设定在中速档位)
M3 S600                      (主轴正转，每分钟 600 转)
G0 X25 Z-22                  (将刀具移动至循环点)
G82 X23.2 Z-43 F1.5          (加工螺纹第一层)
X22.6 Z-43                   (加工螺纹第二层)
X22.2 Z-43                   (加工螺纹第三层)
X22.04 Z-43                  (加工螺纹第四层)
G0 X60 Z100                  (返回安全点)
M5                           (主轴停转)
M30                          (程序结束)
```

5. 加工检测

加工零件配分及检测项目分析如表 3-9 所示。

表 3-9 加工零件配分及检测项目分析

序号	检测项目	技术要求	配分		检测结果		得分	偏差原因分析
			IT	Ra	IT	Ra		
1	长度	5×1	3					
2		5×2	3					
3		$5_{-0.05}^{0}$	4					
4		10±0.075×2	12					
5		75.6±0.03	6					
6		20	5					
7	直径	$\phi 18$	5					
8		$\phi 18_{-0.027}^{0}$	5					
9		$\phi 28_{-0.021}^{0}\times 2$	10	6				
10		$\varphi 24$	3	1				
11	锥度	1：5	53					
12	圆弧	*SR*11±0.02	4	2				
13	螺纹	*M*24×1.5	15	5				
14	总分	100					得分	

6. 理论知识回顾

(1) 锥度的计算和斜度计算经常混淆，锥度是直径和长度的比值，而斜度是半径和长度的比值。锥度计算公式：锥度比值＝（圆锥大径－圆锥小径）/两直径间距。如本例中大径的计算：1∶5＝（圆锥大径－18)∶10。求解圆锥大径为 20。

(2) 在螺纹加工轨迹中应设置足够的升速进刀段和降速退刀段，以消除伺服滞后造成的螺距误差，一般为两倍的螺距。

(3) 华中系统中，纵向切削循环指令可完成球面的分层加工，具体格式见 2.1 节所示。

(4) 华中系统中没有固定的槽类切削指令，为减少编程时间可利用 G81 指令代替。在较浅较窄的切槽中可利用 G01 指令完成切槽加工。

7. 技术交流

在轴类加工中，一般两端都有形位公差要求。在加工时，要预留工艺面。如本例中，加工 $\phi 28$ 直径时要在原长度尺寸基础上多切出工艺面。

3.4　薄壁零件加工练习

能力目标

☆通过本次练习项目，达到独立解决薄壁零件安装、加紧及加工等问题的能力，并完成对平底盲孔的加工方法的练习等。

知识目标

☆薄壁零件切削参数选择原则。

☆倒角与线段连接点报警信息的处理。

☆内孔孔底面的加工方法。

1. 零件效果图

零件效果图如图 3-8 所示。

图 3-8　零件效果图

2. 分析零件图样

分析零件图样如图 3-9 所示。

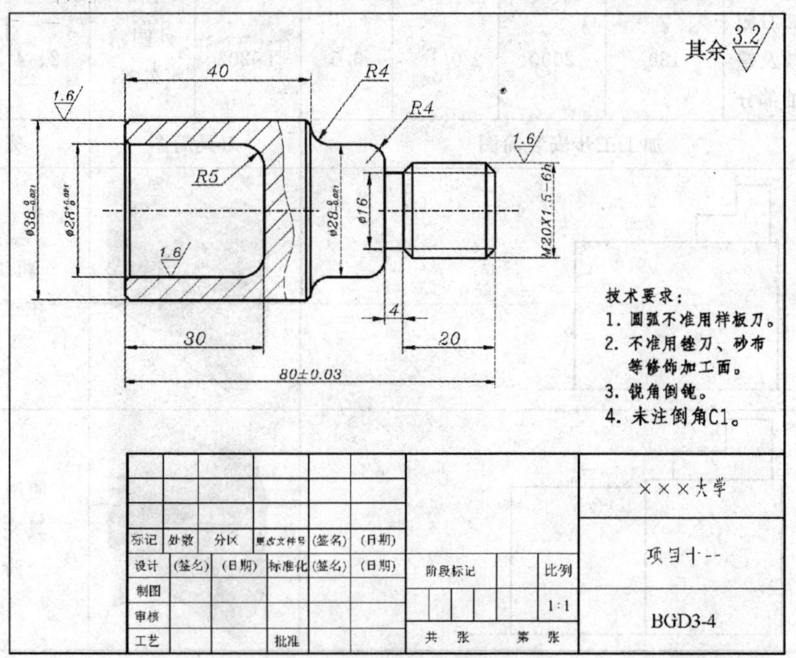

图 3-9　分析零件图样

该练习项目中，零件结构以薄壁套为主。并且内孔底部为平底零件，所以加工过程中应注意加紧力度及镗孔流程等工艺步骤。

3. 编制数控加工工序卡

薄壁螺纹套数控加工工序卡如表 3-10 所法。薄壁零件加工刀具调整卡如表 3-11 所示。

表 3-10　薄壁螺纹套数控加工工序卡

<table>
<tr><td colspan="4" rowspan="2">数控加工工序卡</td><td colspan="2">产品名称</td><td colspan="2">零件名称</td><td colspan="2">零件图号</td></tr>
<tr><td colspan="2"></td><td colspan="2">薄壁螺纹套</td><td colspan="2">BGD3-4</td></tr>
<tr><td>工序号</td><td>程序编号</td><td>材料</td><td>毛坯规格</td><td colspan="2">夹具名称</td><td colspan="2">适用设备</td><td colspan="2">车间</td></tr>
<tr><td>1</td><td>0340</td><td>45</td><td>$\phi40\times85$</td><td colspan="2">三爪卡盘</td><td colspan="2">TK40-HNC21T</td><td colspan="2">数控车间</td></tr>
<tr><td rowspan="2">工步号</td><td rowspan="2">工步内容</td><td colspan="4">切削用量</td><td colspan="2">刀具</td><td colspan="2">量具</td></tr>
<tr><td>$V/(\mathrm{m\cdot min^{-1}})$</td><td>$N/(\mathrm{r\cdot min^{-1}})$</td><td>$F/(\mathrm{mm\cdot r^{-1}})$</td><td>$Ap/\mathrm{mm}$</td><td>编号</td><td>名称</td><td>编号</td><td>名称</td></tr>
<tr><td>1</td><td>粗加左侧外圆部分</td><td>125</td><td>800</td><td>0.2</td><td>2</td><td>T0101</td><td>外圆粗车刀</td><td>1</td><td>游标卡尺</td></tr>
<tr><td>2</td><td>精加左侧外圆部分</td><td>180</td><td>2000</td><td>0.1</td><td>0.5</td><td>T0202</td><td>外圆精车刀</td><td>2</td><td>千分尺</td></tr>
<tr><td>3</td><td>粗精加工内孔</td><td>120</td><td>1000</td><td>0.1</td><td>1</td><td>T0303</td><td>内孔车刀</td><td>3</td><td>内径百分表</td></tr>
<tr><td>4</td><td>粗加右侧外圆及螺纹轴部分</td><td>125</td><td>800</td><td>0.2</td><td>2</td><td>T0101</td><td>外圆粗车刀</td><td>1</td><td>游标卡尺</td></tr>
<tr><td>5</td><td>精加右侧外圆及螺纹轴部分</td><td>180</td><td>2000</td><td>0.1</td><td>0.5</td><td>T0202</td><td>外圆精车刀</td><td>2、4</td><td>千分尺半径规</td></tr>
<tr><td>安装序号</td><td colspan="5">加工工步安装简图</td><td colspan="2">刀具简图</td><td colspan="2">完成内容</td></tr>
<tr><td>1</td><td colspan="5"></td><td colspan="2"></td><td colspan="2">将工件安装在三爪卡盘上</td></tr>
<tr><td>2</td><td colspan="5"></td><td colspan="2"></td><td colspan="2">使用 T0101 刀具完成工艺台阶的加工</td></tr>
</table>

续表

安装序号	加工工步安装简图	刀具简图	完成内容
3			测量 T0101、T0202 刀具的刀具补偿参数，完成粗加工
4			完成精加工
5			内孔粗精加工
6			粗加右侧圆弧及螺纹轴部分
7			精加右侧圆弧及螺纹轴部分
8			螺纹加工
编制	审核	批准	共 页 第 页

表 3-11 薄壁零件加工刀具调整卡

产品名称代号		零件名称	薄壁零件	零件图号	BGD1-1	
序号	刀具号	刀具规格	刀具参数		刀补地址	
			刀尖半径	刀杆规格	半径	形状
1	T0101	粗车刀 (刀尖角 45°)	0.8	20×20mm		#0001
2	T0202	精车刀 (刀尖角 35°)	0.2	20×20mm		#0002
3	T0303	镗孔刀	0.2	φ12mm		#0003
4	T0404	螺蚊刀	0.4	20×20mm		#0004
编制		审核		批准		共 页 第 页

4. 工艺过程安排及机床操作

(1) 准备 ϕ40×83 长铝棒一根。

(2) 90°外圆粗车刀一把，90°外圆精车刀一把。切槽刀一把（刀宽 3mm)。盲孔镗刀一把。

(3) 装夹 ϕ40 毛坯外圆，伸出卡盘 60mm。

(4) 粗加工 ϕ38 外圆。

(5) 精加工 ϕ38 外圆到要求尺寸。

(6) 粗加工 ϕ28 内孔。

(7) 精加工 ϕ28 内孔到要求尺寸。

(8) 拆下工件，利用铜片掉头装夹 ϕ38 外圆，伸出 45mm 长。

(9) 粗加工 ϕ20、ϕ28、R4 圆弧。

(10) 精加工 ϕ20、ϕ28、R4 圆弧到图纸要求尺寸。

(11) 加工 M20×1.5 螺纹。

(12) 参考程序如下：

```
%340                        (加工 φ38 外圆，工序 4、5)
T0101                       (调用 1 号刀具。建立了以 1 号刀具为基准的工件坐标系)
G95 G0 X60 Z100             (将刀具移动到安全位置)
M42                         (将档位设定在中速档位)
M3 S800                     (主轴正转，每分钟 800 转)
G0 X40 Z1                   (将刀具移动至循环点)
G71 U2.5 R0.5 P110 Q150 X
0.4 Z0.05 F0.2              (粗加工参数设定)
G0 X60 Z100                 (返回安全点)
```

```
T0202                 (调用 2 号精加工刀具。建立了以 2 号刀具为基准的工件
                      坐标系)
M3 S2000              (设定精加工转速)
G0 X40 Z1             (返回加工循环点)
G0 X20                (精加工轮廓起始行)
G42 G1 Z0 F0.1        (以工进方式接触工件)
X38 C1                (加工第一个端面并且倒角 C1)
Z-45                  (加工 φ38 外圆，长度为 45mm)
G40 X40               (将刀具退出工件)
G0 X60 Z100           (返回安全点)
M5                    (主轴停转)
M30                   (程序结束)
%341                  (加工 φ28 内孔，工序 6、7)
T0303                 (调用 3 号刀具。建立了以 3 号刀具为基准的工件坐标系)
G95 G0 X60 Z100       (将刀具移动到安全位置)
M42                   (将档位设定在中速档位)
M3 S600               (主轴正转，每分钟 600 转)
G0 X0 Z1              (将刀具移动至循环点)
G71 U2.5 R0.5 P70 Q120 X
-0.4 Z0.05 F0.2       (粗加工参数设定)
G0 X31                (精加工轮廓起始行)
G42 G1 Z0 F0.1        (以工进方式接触工件)
X28 C1                (加工第一个端面并且倒角 C1)
Z-25                  (加工 φ28 外圆，长度为 25mm)
G3 X18 Z-29.93 R5     (加工圆弧 R5)
G1 X0                 (加工孔底)
Z1                    (将刀具退出工件)
G0 X60 Z100           (返回安全点)
M5                    (主轴停转)
M30                   (程序结束)
%342                  (调头加工螺纹外圆、圆角)
T0101                 (调用 1 号刀具。建立了以 1 号刀具为基准的工件坐标系)
G95 G0 X60 Z100       (将刀具移动到安全位置)
M42                   (将档位设定在中速档位)
M3 S800               (主轴正转，每分钟 800 转)
G0 X40 Z3             (将刀具移动至循环点)
G71 U2.5 R0.5 P110 Q190
```

```
X0.4 Z0.05 F0.2        (粗加工参数设定)
G0 X60 Z100            (返回安全点)
T0202                  (调用 2 号精加工刀具。建立了以 2 号刀具为基准的工件
                        坐标系)
M3 S2000               (设定精加工转速)
G0 X40 Z1              (返回加工循环点)
G0 X－0.5              (精加工轮廓起始行)
G42 G1 Z0 F0.1         (以工进方式接触工件)
X19.85 C2              (加工第一个端面并且倒角 C2)
Z－24                  (螺纹外圆，长度为 24mm)
G3 X28 Z－28 R4        (加工圆弧 R4)
G1 Z－36               (加工 φ28 外圆)
G2 X36 Z－40 R4        (加工圆角 R4)
G1 X37.98 C0.8         (加工倒角)
G40 X40                (将刀具退出工件)
G0 X60 Z100            (返回安全点)
M5                     (主轴停转)
M30                    (程序结束)
%343                   (切槽加工)
T0404                  (调用 4 号刀具。建立了以 4 号刀具为基准的工件坐标系)
G95 G0 X60 Z100        (将刀具移动到安全位置)
M42                    (将档位设定在中速档位)
M3 S600                (主轴正转，每分钟 600 转)
G0 X21 Z－23           (将刀具移动至循环点)
G1 X16 F0.1            (切槽加工)
Z－24                  (宽度 4mm)
X21                    (退刀)
G0 X60 Z100            (返回安全点)
M5                     (主轴停转)
M30                    (程序结束)
%344                   (螺纹加工)
T0505                  (调用 5 号刀具。建立了以 5 号刀具为基准的工件坐标系)
G95 G0 X60 Z100        (将刀具移动到安全位置)
M42                    (将档位设定在中速档位)
M3 S800                (主轴正转，每分钟 800 转)
G0 X21 Z5              (将刀具移动至循环点)
G82 X19.2 Z－22 F1.5   (加工螺纹第一层)
```

X18.6 Z−22　　　　　　（加工螺纹第二层）
X18.2 Z−22　　　　　　（加工螺纹第三层）
X18.04 Z−22　　　　　（加工螺纹第四层）
G0 X60 Z100　　　　　（返回安全点）
M5　　　　　　　　　　（主轴停转）
M30　　　　　　　　　（程序结束）

5. 加工检测

加工零件配分及检测项目分析如表 3-12 所示。

表 3-12　加工零件配分及检测项目分析

序号	检测项目	技术要求	配分		检测结果		得分	偏差原因分析
			IT	*Ra*	IT	*Ra*		
1	长度	4	3					
2		20	5					
3		30	5					
4		40	5					
5		80±0.03	8					
6	直径	$\phi16$	8					
7		$\phi28_{0}^{+0.021}$	10	2				
8		$\phi28_{-0.021}^{0}$	10	2				
9		$\phi20$	5					
10		$\phi38_{-0.021}^{0}$	10	2				
11	圆弧	*R*4×2	4	1				
12	*R*5	4	1					
13	螺纹	*M*20×1.5	10	5				
14	总分	100						

6. 理论知识回顾

(1) 螺纹加工深度可按螺距计算，一般为螺距的 1.3 倍。如本例加工 M20×1.5 螺纹，切削深度为 1.3×1.5＝1.95mm，可加工至 X18.04。

(2) 倒角时如果倒角的起点和终点不可与 45°斜线连接否则会出现系统报警。

(3) 内孔孔底面平面加工刀具的起点应在 X0 位置，刀具的直径要小于内孔半径，以防刀具与工件接触。

7. 技术交流

内孔加工时除了要考虑刀具在直径方向的干涉外，还要考虑盲孔刀具与孔底的干涉。由于孔底为 118°加工的毛坯，为防止刀具切削量过大，循环点应取在 X0 的位置。而加工内孔时端面已加工完成。因此，轮廓的起点比内孔稍大即可。

3.5 梯形槽、凹陷圆弧的加工练习

能力目标

☆通过本次练习，达到熟练使用切槽刀的目的，完成梯形槽的加工。并完成巩固前阶段的各项训练项目的目的。

知识目标

☆梯形槽的加工指令。

☆凹陷圆弧在粗加工指令中的参数设置。

☆程序编写。

☆综合零件的掌握要点。

1. 零件效果图

零件效果图如图 3-10 所示。

图 3-10 零件效果图

2. 分析零件图样

分析零件图样如图 3-11 所示。

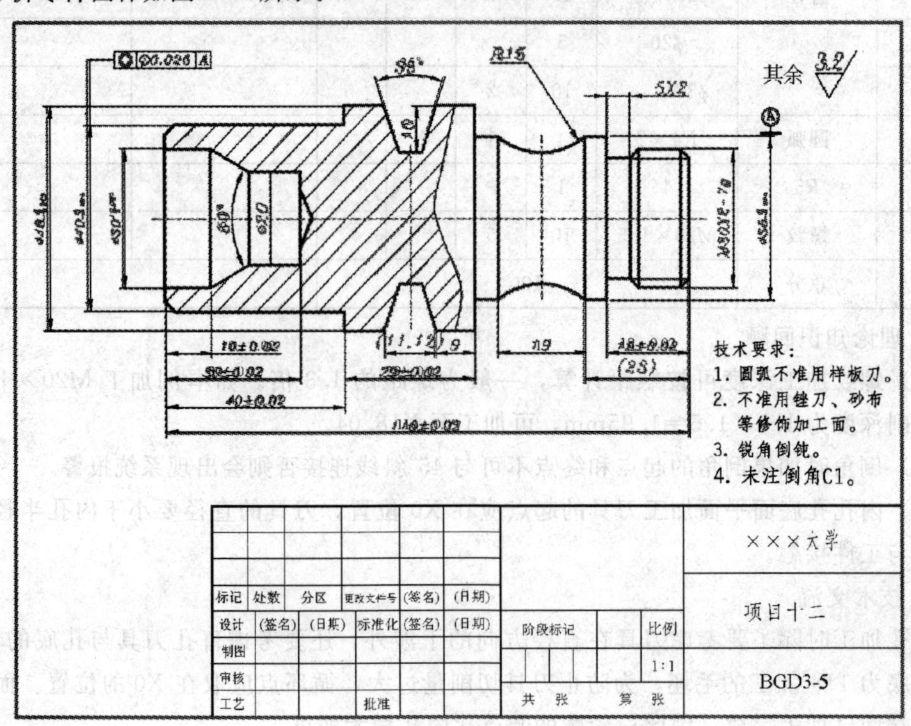

图 3-11 分析零件图样

本次训练项目主要完成梯形槽的加工，在复习前阶段训练项目的基础上完成切刀的特殊用法。

3. 编制数控加工工序卡

传动轴数控加工工序卡如表 3-13 所示。传动轴加工刀具调整卡如表 3-14 所示。

表 3-13　传动轴数控加工工序卡

数控加工工序卡				产品名称		零件名称		零件图号	
						传动轴		BGD3-5	
工序号	程序编号	材料	毛坯规格	夹具名称		适用设备		车间	
1	0350	45	ϕ50×120	三爪卡盘		TK40-HNC21T		数控车间	
工步号	工步内容	切削用量				刀具		量具	
		$V/(\mathrm{m\cdot min^{-1}})$	$N/(\mathrm{r\cdot min^{-1}})$	$F/(\mathrm{mm\cdot r^{-1}})$	Ap/mm	编号	名称	编号	名称
1	粗加左侧外圆部分	125	800	0.2	2	T0101	外圆粗车刀	1	游标卡尺
2	精加左侧外圆部分	180	2000	0.1	0.5	T0202	外圆精车刀	2	千分尺
3	粗精加工内孔	120	1000	0.1	1	T0303	内孔车刀	3	内径百分表
4	粗加右侧外圆及螺纹轴部分	125	800	0.2	2	T0101	外圆粗车刀	1	游标卡尺
5	精加右侧外圆及螺纹轴部分	180	2000	0.1	0.5	T0202	外圆精车刀	2、4	千分尺半径规
6	切梯形槽	100	1000	0.1	3	T0404	切槽刀	5	万能角度尺
7	加工螺纹	100	600	1.5	0.5～0.1	T0505	螺纹车刀	6	螺纹规
安装序号	加工工步安装简图					刀具简图		完成内容	
1								将工件安装在三爪卡盘上	

续表

安装序号	加工工步安装简图	刀具简图	完成内容
2			使用 T0101 刀具完成工艺台阶的加工
3			测量 T0101、T0202 刀具的刀具补偿参数，完成粗加工
4			完成精加工
5			内孔粗精加工
6			粗加右侧圆弧及螺纹轴部分
7			精加右侧圆弧及螺纹轴部分

续表

安装序号	加工工步安装简图	刀具简图	完成内容
8			螺纹加工
9			梯形槽加工
编制	审核	批准	共 页 第 页

表 3-14 传动轴加工刀具调整卡

产品名称代号		零件名称	阶梯轴	零件图号	BGD3-5	
序号	刀具号	刀具规格	刀具参数		刀补地址	
			刀尖半径	刀杆规格	半径	形状
1	T0101	粗车刀（刀尖角 55°）	0.8	20×20mm		#0001
2	T0202	精车刀（刀尖角 35°）	0.2	20×20mm		#0002
3	T0303	镗孔刀	0.2	ϕ12mm		#0003
4	T0404	切槽刀	0.2	20×20mm		#0004
5	T0202	螺纹刀	0.4	20×20mm		#0005
编制	审核		批准		共 页	第 页

4. 工艺过程安排及机床操作

（1）准备 ϕ50×120 长铝棒一根。

（2）90°外圆粗车刀（35°刀尖角）一把，90°外圆精车刀（35°刀尖角）一把，内孔刀一把，切槽刀一把，60°螺纹刀一把。

（3）装夹 ϕ50 毛坯外圆，伸出卡盘 55mm。

（4）粗加工 ϕ40、ϕ48 外圆。

（5）精加工 ϕ40、ϕ48 外圆到要求尺寸。

（6）粗加工 ϕ30 内孔。

(7) 精加工 $\phi30$ 内孔到图纸要求尺寸。

(8) 拆下工件，利用铜片掉头装夹 $\phi24$ 外圆，并使台阶尽量靠近卡盘端面。打中心孔，顶尖顶紧工件。

(9) 粗加工 $\phi30$、$\phi35$、$R15$ 圆弧和退刀槽。

(10) 精加工 $\phi30$、$\phi35$、$R15$ 圆弧和退刀槽到图纸要求尺寸。

(11) 切梯形槽。

(12) 加工端面，保证总长。

(13) 参考程序如下：

```
%350                        (加工 φ40、φ48 外圆)
T0101                       (调用 1 号刀具。建立了以 1 号刀具为基准的工件坐标系)
G95 G0 X60 Z100             (将刀具移动到安全位置)
M42                         (将档位设定在中速档位)
M3 S800                     (主轴正转，每分钟 800 转)
G0 X50 Z1                   (将刀具移动至循环点)
G71 U2.5 R0.5 P70 Q150 X
0.4 Z0.05 F0.2              (粗加工参数设定)
G0 X60 Z100                 (返回安全点)
T0202                       (调用 2 号精加工刀具。建立了以 2 号刀具为基准的工件坐标系)
M3 S2000                    (设定精加工转速)
G0 X40 Z3                   (返回加工循环点)
G0 X30                      (精加工轮廓起始行)
G42G1 Z0 F0.1               (以工进方式接触工件)
X39.99 C1                   (加工第一个端面并且倒角 C1)
Z-40                        (加工 φ40 外圆，长度为 40mm)
X47.99 C0.5                 (倒棱 C0.5)
Z-53                        (加工 φ48 外圆)
G40 X50                     (将刀具退出工件)
G0 X60 Z100                 (返回安全点)
M5                          (主轴停转)
M30                         (程序结束)
%351                        (加工 φ30、φ20 内孔)
T0303                       (调用 3 号刀具。建立了以 3 号刀具为基准的工件坐标系)
G95 G0 X60 Z100             (将刀具移动到安全位置)
M42                         (将档位设定在中速档位)
M3 S800                     (主轴正转，每分钟 800 转)
G0 X40 Z1                   (将刀具移动至循环点)
G71 U2.5 R0.5 P70 Q130 X
```

```
-0.4 Z0.05 F0.2              (粗加工参数设定)
G0 X30                       (精加工轮廓起始行)
G42 G1 Z0 F0.1               (以工进方式接触工件)
X30.01 C0.5                  (加工第一个端面并且倒棱 C0.5)
Z-10                         (加工 φ30 内孔，长度为 10mm)
X20 Z-18.66                  (加工内孔锥度)
Z-30                         (加工 φ20 内孔)
X15                          (车平内孔端面)
Z1                           (退出工件内孔)
X40                          (将刀具退出工件)
G0 X60 Z100                  (返回安全点)
M5                           (主轴停转)
M30                          (程序结束)
%352                         (加工螺纹外圆、φ35 外圆和 R15 圆弧)
T0101                        (调用 1 号刀具。建立了以 1 号刀具为基准的工件坐标系)
G95 G0 X60 Z100              (将刀具移动到安全位置)
M42                          (将档位设定在中速档位)
M3 S800                      (主轴正转，每分钟 800 转)
G0 X40 Z5                    (将刀具移动至循环点)
G71 U2.5 R0.5 P110 Q220
X0.4 F0.2                    (粗加工参数设定)
G0 X60 Z100                  (返回安全点)
T0202                        (调用 2 号精加工刀具。建立了以 2 号刀具为基准的工件坐标系)
M3 S2000                     (设定精加工转速)
G0 X40 Z1                    (返回加工循环点)
G0 X25                       (精加工轮廓起始行)
G42 G1 Z0 F0.1               (以工进方式接触工件)
X29.85 C2                    (加工第一个端面并且倒角 C1)
Z-11                         (加工 φ30 螺纹外圆，长度为 11mm)
X26 Z-13                     (倒角)
X34.99 C0.3                  (倒角 C0.3)
Z-23                         (加工 φ35 外圆)
G3 X34.99 Z-42 R15           (加工 R15 圆弧)
G1 Z-47                      (加工 φ35 外圆)
X17.99 C0.3                  (加工轴肩，倒棱)
Z-67                         (加工 φ48 外圆)
G40 X50                      (将刀具退出工件)
```

```
G0 X60 Z100             (返回安全点)
M5                      (主轴停转)
M30                     (程序结束)
%353                    (梯形槽加工，刀具宽度 3mm)
T0404                   (调用 4 号刀具。建立了以 4 号刀具为基准的工件坐标系)
G95 G0 X60 Z100         (将刀具移动到安全位置)
M42                     (将档位设定在中速档位)
M3 S600                 (主轴正转，每分钟 600 转)
G0 X49 Z-63             (将刀具移动至梯形槽中间位置)
G1 X29 F0.1             (槽底留 1mm 余量)
G0 X49                  (推出工件表面)
Z-59.5                  (移动至梯形槽右侧面，留 0.5mm 余量)
G1 X48                  (接近工件)
X29 Z-62.43 F0.1        (加工梯形槽右侧面)
G0 X49                  (退出工件表面)
Z-66.62                 (移动至左侧面起点)
G1 X48 F0.1             (接近工件)
X29 Z-63.58             (加工梯形槽左侧面)
G0 X49                  (退出工件表面)
Z-56                    (移动至梯形槽右侧面起点)
X48                     (接近工件)
G1 X28 Z-62.06 F0.1     (精加工梯形槽右侧面)
Z-63.95                 (精加工槽底)
G0 X49                  (退出工件表面)
Z-67.12                 (移动至梯形槽左侧面起点)
G1 X48 F0.1             (接近工件)
X28 Z-67.12             (加工梯形槽左侧面)
G0 X49                  (退出工件表面)
G0 X60 Z100             (返回安全点)
M5                      (主轴停转)
M30                     (程序结束)
%354                    (螺纹加工)
T0505                   (调用 5 号刀具。建立了以 5 号刀具为基准的工件坐标系)
G95 G0 X60 Z100         (将刀具移动到安全位置)
M42                     (将档位设定在中速档位)
M3 S600                 (主轴正转，每分钟 600 转)
G0 X31 Z6               (将刀具移动至循环点)
```

```
G82 X29.1 Z-16 F2        (螺纹加工循环第一层)
X28.5 Z-16               (加工第二层)
X27.9 Z-16               (加工第三层)
X27.5 Z-16               (加工第四层)
X27.4 Z-16               (加工第五层)
G0 X60 Z100              (返回安全点)
M5                       (主轴停转)
M30                      (程序结束)
%355                     (加工端面)
T0101                    (调用 1 号刀具。建立了以 1 号刀具为基准的工件坐标系)
G95 G0 X60 Z100          (将刀具移动到安全位置)
M42                      (将档位设定在中速档位)
M3 S800                  (主轴正转，每分钟 800 转)
G0 X30 Z1                (将刀具移动至螺纹端)
G1 Z0 F0.1               (接近工件表面)
X-0.5                    (加工端面)
Z1                       (退出工件表面)
G0 X60 Z100              (返回安全点)
M5                       (主轴停转)
M30                      (程序结束)
```

5. 加工检测

加工零件配分及检测项目分析如表 3-15 所示。

表 3-15　加工零件配分及检测项目分析

序号	检测项目	技术要求	配分		检测结果		得分	偏差原因分析
			IT	Ra	IT	Ra		
1	长度	5×2	1					
2		9	1					
3		10	1					
4		18±0.02	3					
5		19	1					
6		10±0.02	3					
7		29±0.02	3					
8		30±0.02	3					
9		40±0.02	3					
10		116±0.03	3					

续表

序号	检测项目	技术要求	配分		检测结果		得分	偏差原因分析
			IT	Ra	IT	Ra		
11	直径	$\phi 20$	3	1				
12		$\phi 30_{0}^{+0.021}$	8	2				
13		$\phi 30$	3	1				
14		$\phi 35_{-0.025}^{0}$	8	2				
15		$\phi 40_{-0.025}^{0}$	8	2				
16		$\phi 48_{-0.021}^{0}$	8	2				
17	圆弧	$R15$	2	1				
18	角度	35°	2	1				
19		60°	2	1				
20	螺纹	$M30\times2.$	10	5				
21	同轴度	0.02	6					
22	总分	100						

6. 理论知识回顾

(1) 加工不规则的槽类零件时，先计算好切削余量。华中系统没有提供梯形槽的加工循环指令，粗加工可利用 G81 加工指令也可用 G01 加工指令去余量。最后利用 G01 指令按照轮廓精加工。

(2) 凹陷的圆弧槽在粗加工时，Z 方向余量应设置为“0”。防止右侧面过切。

7. 技术交流

在梯形槽加工过程中刀具应由回转体外部向内进刀。无论粗加工还是精加工，都不能将切刀由回转体内侧向外侧拉刀。这样会使刀具工作角度发生变化，使加工表面达不到应有的切削效果。

3.6 外凸曲线及连续槽的加工练习

能力目标

☆通过突出曲线的加工，锻炼操作者对毛坯去除顺序的理解能力，正确分析切削环境的能力，正确选择工序基准的能力。

知识目标

☆外凸圆弧加工中对刀具的影响。

☆连续沟槽加工中尺寸链的计算。

☆工序基准的选择。

☆薄壁零件的加紧方法。

1. 零件效果图

零件效果图如图 3-12 所示。

图 3-12 零件效果图

2. 分析零件图样

分析零件图样如图 3-13 所示。

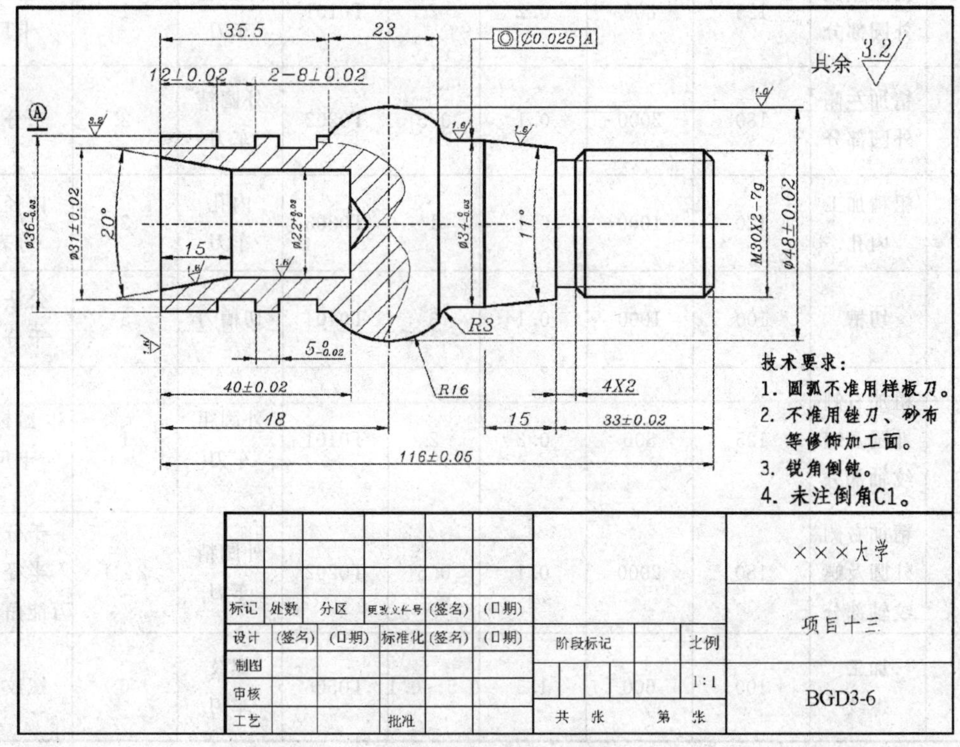

图 3-13 分析零件图样

该练习项目中，由于存在外凸球面，在加工时毛坯如不做适当处理会使加工的刀具接触面积增大。因而造成刀具的破损，所以在加工该类零件时应对毛坯做一定的处理。加工均布沟槽时，由于尺寸为连续标注，所以在工序尺寸的确定中，应进行相应的尺寸计算。

3. 编制数控加工工序卡

外凸曲线轴数控加工工序卡如表 3-16 所示。外凸曲线轴数控加工刀具调整卡如表 3-17 所示。

表 3-16　外凸曲线轴数控加工工序卡

<table>
<tr><td colspan="4" rowspan="2">数控加工工序卡</td><td colspan="2">产品名称</td><td colspan="2">零件名称</td><td colspan="2">零件图号</td></tr>
<tr><td colspan="2"></td><td colspan="2">外凸曲线轴</td><td colspan="2">BGD3-6</td></tr>
<tr><td>工序号</td><td>程序编号</td><td>材料</td><td>毛坯规格</td><td colspan="2">夹具名称</td><td colspan="2">适用设备</td><td colspan="2">车间</td></tr>
<tr><td>1</td><td>0360</td><td>45</td><td>ϕ50×120</td><td colspan="2">三爪卡盘</td><td colspan="2">TK40-HNC21T</td><td colspan="2">数控车间</td></tr>
<tr><td rowspan="2">工步号</td><td rowspan="2">工步内容</td><td colspan="4">切削用量</td><td colspan="2">刀具</td><td colspan="2">量具</td></tr>
<tr><td>$V/(\mathrm{m\cdot min^{-1}})$</td><td>$N/(\mathrm{r\cdot min^{-1}})$</td><td>$F/(\mathrm{mm\cdot r^{-1}})$</td><td>$Ap/\mathrm{mm}$</td><td>编号</td><td>名称</td><td>编号</td><td>名称</td></tr>
<tr><td>1</td><td>加工工艺台阶</td><td>125</td><td>800</td><td>0.2</td><td>2</td><td>T0101</td><td>外圆粗车刀</td><td>1</td><td>游标卡尺</td></tr>
<tr><td>2</td><td>粗加左侧外圆部分</td><td>125</td><td>800</td><td>0.2</td><td>2</td><td>T0101</td><td>外圆粗车刀</td><td>1</td><td>游标卡尺</td></tr>
<tr><td>3</td><td>精加左侧外圆部分</td><td>180</td><td>2000</td><td>0.1</td><td>0.5</td><td>T0202</td><td>外圆精车刀</td><td>2</td><td>千分尺</td></tr>
<tr><td>4</td><td>粗精加工内孔</td><td>120</td><td>1000</td><td>0.1</td><td>1</td><td>T0303</td><td>内孔车刀</td><td>3</td><td>内径百分表</td></tr>
<tr><td>5</td><td>切槽</td><td>100</td><td>1000</td><td>0.1</td><td>3</td><td>T0404</td><td>切槽刀</td><td>5</td><td>公法线千分尺</td></tr>
<tr><td>6</td><td>粗加右侧外圆及螺纹轴部分</td><td>125</td><td>800</td><td>0.2</td><td>2</td><td>T0101</td><td>外圆粗车刀</td><td>1</td><td>游标卡尺</td></tr>
<tr><td>7</td><td>精加右侧外圆及螺纹轴部分</td><td>180</td><td>2000</td><td>0.1</td><td>0.5</td><td>T0202</td><td>外圆精车刀</td><td>2、4</td><td>千分尺
半径规
万能角度尺</td></tr>
<tr><td>8</td><td>加工螺纹</td><td>100</td><td>600</td><td>1.5</td><td>0.5～0.1</td><td>T0505</td><td>螺纹车刀</td><td>6</td><td>螺纹规</td></tr>
</table>

续表

安装序号	加工工步安装简图	刀具简图	完成内容
1			将工件安装在三爪卡盘上
2			使用 T0101 刀具完成工艺台阶的加工
3			测量 T0101、T0202 刀具的刀具补偿参数，完成粗加工
4			粗加工内孔测
5			完成精加工
6			内孔精加工

续表

安装序号	加工工步安装简图	刀具简图	完成内容
7	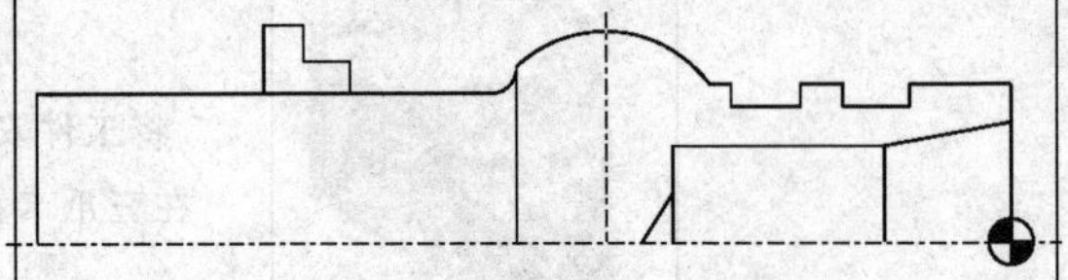	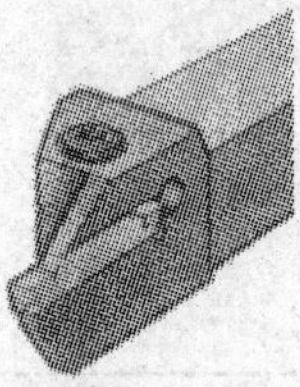	切槽加工
8	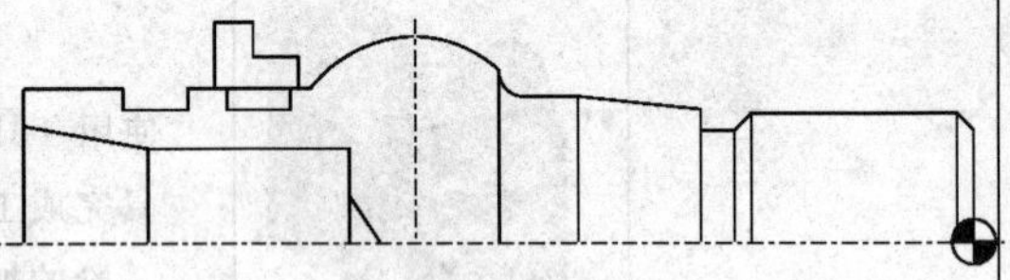	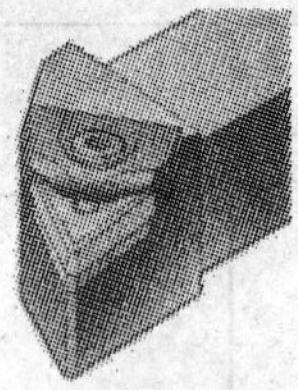	粗加右侧圆弧及螺纹轴部分
9	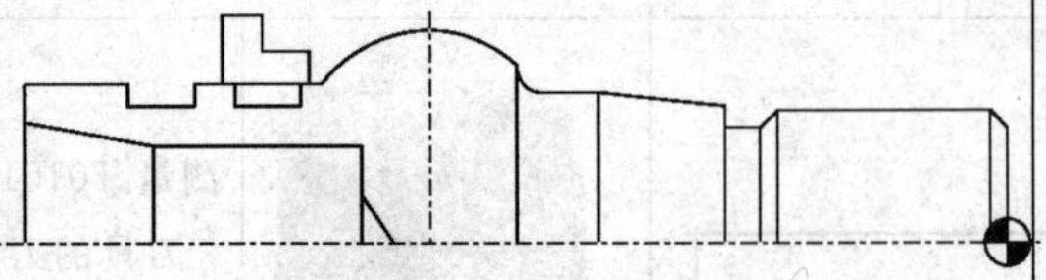	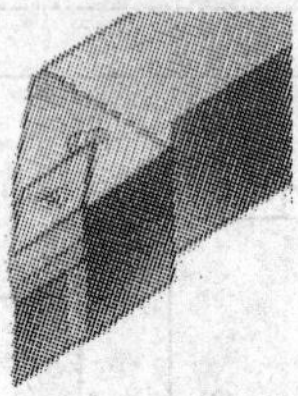	精加右侧圆弧及螺纹轴部分
10	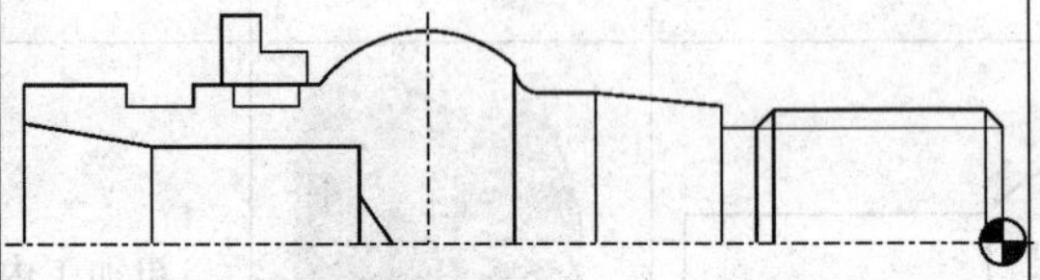	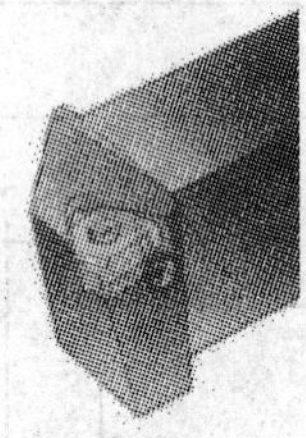	螺纹加工
编制	审核	批准	共 页　第 页

表 3-17　外凸曲线轴加工刀具调整卡

产品名称代号		零件名称	外凸曲线轴	零件图号	BGD3-6
序号	刀具号	刀具规格	刀具参数		刀补地址	
			刀尖半径	刀杆规格	半径	形状
1	T0101	粗车刀（刀尖角 45°）	0.8	20×20mm		＃0001
2	T0202	精车刀（刀尖角 35°）	0.2	20×20mm		＃0002
3	T0303	镗孔刀	0.2	ϕ12mm		＃0003
4	T0404	切槽刀	0.2	20×20mm		＃0004
5	T0505	螺纹刀	0.4	20×20mm		＃0005
编制		审核	批准		共 页	第 页

4. 工艺过程安排及机床操作

(1) 准备 ϕ50×120 长铝棒一根。

(2) 90°外圆粗车刀（35°刀尖角）一把，90°外圆精车刀（35°刀尖角）一把，切刀（刀宽 3mm）一把，内空刀一把，60°螺纹刀一把。

(3) 装夹 ϕ50 毛坯外圆，伸出卡盘 70mm。

(4) 粗加工 R16 圆弧，并加工 ϕ34 外圆至 ϕ36，作为工艺面。

(5) 拆下工件，利用铜片掉头装夹 ϕ36 外圆，使工件伸出 60mm 长。

(6) 粗加工 ϕ36 外圆、R16 圆弧。

(7) 精加工 ϕ36 外圆、R16 圆弧至图纸要求尺寸。

(8) 用 ϕ20 钻头钻孔，并粗加工 ϕ22 内孔和 20°内锥。

(9) 精加工内空、内锥至图纸要求尺寸。

(10) 切槽加工。

(11) 取下工件，利用开口套筒装夹 ϕ36 外圆。螺纹端打中心孔，用顶尖顶紧。

(12) 粗加工螺纹表面、外锥和 ϕ34 外圆。

(13) 精加工螺纹表面、外锥和 ϕ34 外圆至图纸要求尺寸。

(14) 端面加工，保证总长。

(15) 参考程序如下：

```
%360                        (粗加工工艺面)
T0101                       (调用 1 号刀具。建立了以 1 号刀具为基准的工件坐标系)
G95 G0 X60 Z100             (将刀具移动到安全位置)
M42                         (将档位设定在中速档位)
M3 S800                     (主轴正转，每分钟 800 转)
G0 X51 Z1                   (将刀具移动至循环点)
G71 U2.5 R0.5 P70 Q120
X0.4 F0.2                   (粗加工参数设定)
G0 X30                      (精加工轮廓起始行)
G42 G1 Z0 F0.1              (以工进方式接触工件)
X36 C0.5                    (加工第一个端面并且倒角 C0.5)
Z-56                        (加工 φ36 外圆，长度为 55mm)
G3 X50 Z-68 R17             (加工 R16 外圆，预留 1mm 余量)
G40 G1 X51                  (退出工件表面)
G0 X60 Z100                 (返回安全点)
M5                          (主轴停转)
M30                         (程序结束)
%361                        (调头加工 φ36 外圆、R16 圆弧)
T0101                       (调用 1 号刀具。建立了以 1 号刀具为基准的工件坐标系)
G95 G0 X60 Z100             (将刀具移动到安全位置)
```

```
M42                            (将档位设定在中速档位)
M3 S800                        (主轴正转，每分钟 800 转)
G0 X50 Z1                      (将刀具移动至循环点)
G71 U2.5 R0.5 P110 Q170
X0.4 Z0.05 F0.2                (粗加工参数设定)
G0 X60 Z100                    (返回安全点)
T0202                          (调用 2 号精加工刀具。建立了以 2 号刀具为基准的工件
                               坐标系)
M3 S2000                       (设定精加工转速)
G0 X50 Z1                      (返回加工循环点)
G0 X26                         (精加工轮廓起始行)
G42 G1 Z0 F0.1                 (以工进方式接触工件)
X35.99 C0.5                    (加工第一个端面并且倒角 C0.5)
Z-35.5                         (加工 φ36 外圆，长度为 35.5mm)
G3 X40.13 Z-58.5 R16           (加工 R16 圆弧)
G1 X38 Z-59.5                  (加工斜线，防治接刀后产生毛刺)
G40 X50                        (将刀具退出工件)
G0 X60 Z100                    (返回安全点)
M5                             (主轴停转)
M30                            (程序结束)
%362                           (切槽加工)
T0404                          (调用 4 号刀具。建立了以 4 号刀具为基准的工件坐标系)
G95 G0 X60 Z100                (将刀具移动到安全位置)
M42                            (将档位设定在中速档位)
M3 S800                        (主轴正转，每分钟 800 转)
G0 X37 Z-14.7                  (将刀具移动至切槽起点)
G1 X36 F0.1                    (以工进方式移动至倒角起点)
X35.4 Z-15                     (倒角 C0.3mm)
X31                            (切进槽底)
Z-20                           (加工槽宽)
X35.4                          (加工槽左端面)
X36 Z-20.3                     (倒角 C0.3mm)
X37                            (退出工件表面)
G0 Z-27.69                     (快速移动至第二切槽位置)
G1 X36 F0.1                    (工进接近切槽起点)
X35.4 Z-27.99                  (倒角 C0.3)
X31                            (切进槽底)
```

```
Z-33                    (加工槽宽)
X35.4                   (加工槽左端面)
X36 Z-33.3              (倒角 C0.3)
G0 X37                  (将刀具退出工件)
G0 X60 Z100             (返回安全点)
M5                      (主轴停转)
M30                     (程序结束)
%363                    (内孔加工)
T0303                   (调用3号刀具。建立了以3号刀具为基准的工件坐标系)
G95 G0 X60 Z100         (将刀具移动到安全位置)
M42                     (将档位设定在中速档位)
M3 S600                 (主轴正转,每分钟600转)
G0 X10 Z1               (将刀具移动至循环点)
G71 U2.5 R0.5 P70 Q120 X
-0.4 Z0.05 F0.2         (粗加工参数设定)
G0 X29                  (精加工轮廓起始行)
G41 G1 Z0 F0.1          (以工进方式接触工件)
X27.29 C0.2             (加工第一个端面并且倒棱 C0.2)
X22.01 Z-15             (加工内锥)
Z-40                    (加工内孔长度为25mm)
G40 X10                 (加工孔底)
G0 Z2                   (退出工件)
G0 X60 Z100             (返回安全点)
M5                      (主轴停转)
M30                     (程序结束)
%364                    (调头加工外锥、螺纹外圆)
T0101                   (调用1号刀具。建立了以1号刀具为基准的工件坐标系)
G95 G0 X60 Z100         (将刀具移动到安全位置)
M42                     (将档位设定在中速档位)
M3 S800                 (主轴正转,每分钟800转)
G0 X42 Z5               (将刀具移动至循环点)
G71 U2.5 R0.5 P110 Q210
X0.4 Z0.05 F0.2         (粗加工参数设定)
G0 X60 Z100             (返回安全点)
T0202                   (调用2号精加工刀具。建立了以2号刀具为基准的工件
                        坐标系)
M3 S2000                (设定精加工转速)
```

```
G0 X40 Z1              （返回加工循环点）
G0 X35                 （精加工轮廓起始行）
G1 Z0 F0.1             （以工进方式接触工件）
X29.85 C2              （加工第一个端面并且倒角 C2）
Z－27                  （加工 φ30 螺纹外圆，长度为 37mm）
X36 Z－29              （倒角）
Z－33                  （加工退刀槽）
X31 C0.3               （倒角 C0.3）
X33.99 Z－48           （加工锥度）
Z－54.5                （加工 φ34 外圆）
G2 X40.13 Z－57.5 R3   （倒圆角）
G40 G1 X42             （将刀具退出工件）
G0 X60 Z100            （返回安全点）
M5                     （主轴停转）
M30                    （程序结束）
%365                   （螺纹加工）
T0505                  （调用 5 号刀具。建立了以 5 号刀具为基准的工件坐标系）
G95 G0 X60 Z100        （将刀具移动到安全位置）
M42                    （将档位设定在中速档位）
M3 S800                （主轴正转，每分钟 800 转）
G0 X31 Z6              （将刀具移动至循环点）
G82 X29.1 Z－16 F2     （螺纹加工循环第一层）
X28.5 Z－16            （加工第二层）
X27.9 Z－16            （加工第三层）
X27.5 Z－16            （加工第四层）
X27.4 Z－16            （加工第五层）
G0 X60 Z100            （返回安全点）
M5                     （主轴停转）
M30                    （程序结束）
%366                   （端面加工）
T0101                  （调用 1 号刀具。建立了以 1 号刀具为基准的工件坐标系）
G95 G0 X60 Z100        （将刀具移动到安全位置）
M42                    （将档位设定在中速档位）
M3 S800                （主轴正转，每分钟 800 转）
G0 X30 Z1              （将刀具移动至螺纹端）
G1 Z0 F0.1             （接近工件表面）
X－0.5                 （加工端面）
```

Z1　　　　　　　　　　（退出工件表面）
G0 X60 Z100　　　　　（返回安全点）
M5　　　　　　　　　　（主轴停转）
M30　　　　　　　　　（程序结束）

5. 加工检测

加工零件配分及检测项目分析如表 3-18 所示。

表 3-18　加工零件配分及检测项目分析

序号	检测项目	技术要求	配分		检测结果		得分	偏差原因分析
			IT	*Ra*	IT	*Ra*		
1	长度	35.5	2					
2		23	2					
3		12±0.02	3					
4		8±0.02×2	6					
5		15	2					
6		2×2	2					
7		$5_{-0.02}^{0}$	4					
8		40±0.02	3					
9		48	2					
10		15	2					
11		33±0.02	3					
12		116±0.03	4					
13	直径	$\phi22^{+0.03}_{0}$	6	2				
14		ϕ31±0.02	6	2				
15		$\phi34^{0}_{-0.03}$	6	2				
16		ϕ30	2					
17		$\phi36^{0}_{-0.03}$	6	2				
18		ϕ48±0.02	6	2				
19	圆弧	*R*3	1	1				
20		*R*16	1	1				
21	角度	20°	2					
22		11°	2					
23	螺纹	*M*30×2	8	4				
24	同轴度	0.02	4					
25	总分		100					

6. 理论知识回顾

(1) 跨象限圆弧在加工时如果不在另一端进行粗加工，35°刀具接触面积过大会出现崩碎现象。在加工时尽量完成工序 4 后再进行圆弧的加工。

(2) 由于薄壁零件容易产生震动，切槽加工要在装夹可靠的前提下进行。如：一夹一顶的装夹方式。

7. 技术交流

(1) *R*16 圆弧加工时，结束点为接刀点。在该点进行 45°斜线加工，调头后和 *R*3 圆弧重叠相交，去除毛刺。

(2) 该工件内孔部位为薄壁零件，转速不易过快，以降低震动的可能。

3.7 综合练习

能力目标

☆将本章多数练习项目组合，巩固加深对各个加工要素的理解，提高加工速度。

知识目标

☆60°三角螺纹加工。

☆梯形槽加工。

☆交点计算。

☆锥度槽加工。

☆圆弧加工。

☆内孔参数设置。

1. 零件效果图

零件效果图如图 3-14 所示。

图 3-14　零件效果图

2. 分析零件图样

分析零件图样如图 3-15 所示。

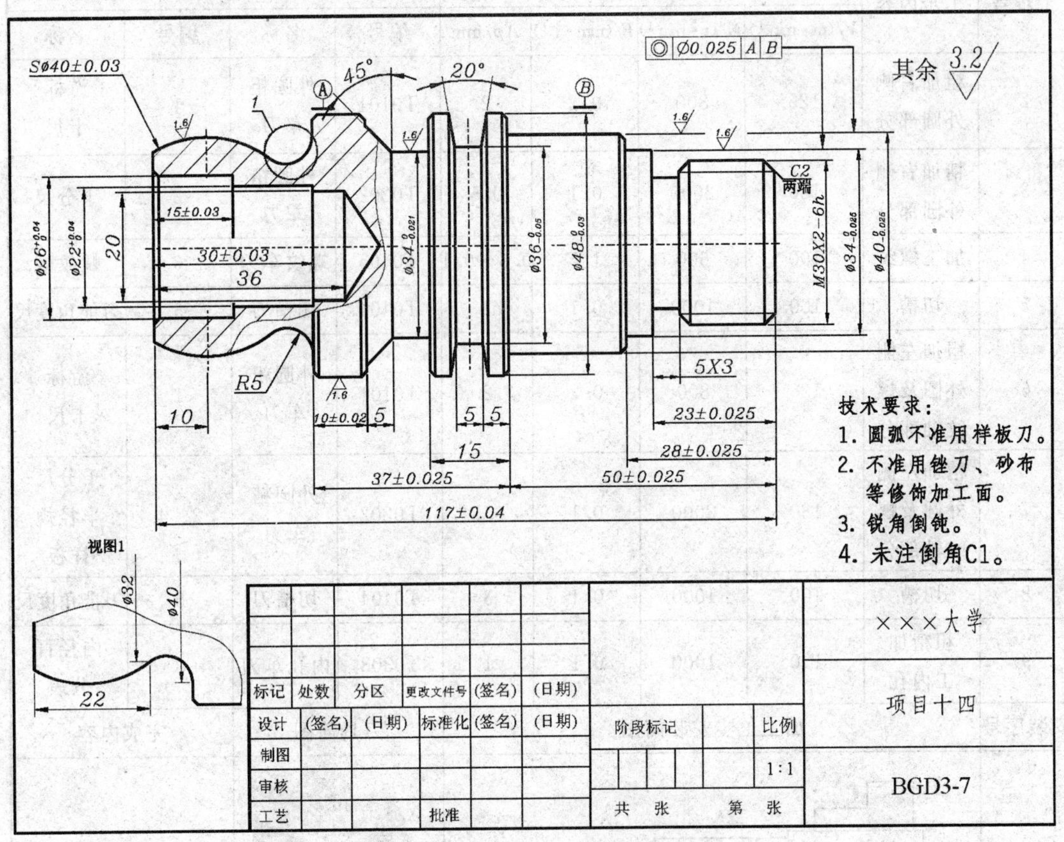

图 3-15　分析零件图样

该训练项目包含了本章大部分的练习项目，通过该练习项目，巩固本章的学习内容。

3. 编制数控加工工序卡

组合件数控加工工序卡如表 3-19 所示。组合件加工刀具调整卡如表 3-20 所示。

表 3-19　组合件数控加工工序卡

数控加工工序卡				产品名称		零件名称		零件图号	
						组合件		BGD3-7	
工序号	程序编号	材料	毛坯规格	夹具名称		适用设备		车间	
1	0370	45	ϕ50×120	三爪卡盘		TK40-HNC21T		数控车间	
工步号	工步内容	切削用量				刀具		量具	
		$V/(m \cdot min^{-1})$	$N/(r \cdot min^{-1})$	$F/(mm \cdot r^{-1})$	Ap/mm	编号	名称	编号	名称
1	加工工艺台阶	125	800	0.2	2	T0101	外圆粗车刀	1	游标卡尺

续表

工步号	工步内容	切削用量				刀具		量具	
		$V/(\mathrm{m \cdot min^{-1}})$	$N/(\mathrm{r \cdot min^{-1}})$	$F/(\mathrm{mm \cdot r^{-1}})$	Ap/mm	编号	名称	编号	名称
2	粗加右侧外圆部分	125	800	0.2	2	T0101	外圆粗车刀	1	游标卡尺
3	精加右侧外圆部分	180	2000	0.1	0.5	T0202	外圆精车刀	2	千分尺
4	加工螺纹	100	600	1.5	0.5～0.1	T0505	螺纹车刀	6	螺纹规
5	切槽	100	1000	0.1	3	T0404	切槽刀	5	万能角度尺
6	粗加左侧外圆及螺纹轴部分	125	800	0.2	2	T0101	外圆粗车刀	1	游标卡尺
7	精加左侧外圆及螺纹轴部分	180	2000	0.1	0.5	T0202	外圆精车刀	2、4	千分尺 半径规 样板
8	切槽	100	1000	0.1	3	T0404	切槽刀	5	万能角度尺
9	粗精加工内孔	120	1000	0.1	1	T0303	内孔车刀	3	内径百分表

安装序号	加工工步安装简图	刀具简图	完成内容
1			将工件安装在三爪卡盘上
2			使用 T0101 刀具完成工艺台阶的加工
3			测量 T0101、T0202 刀具的刀具补偿参数，完成粗加工

续表

安装序号	加工工步安装简图	刀具简图	完成内容
4			完成精加工
5			螺纹加工
6			切槽加工
7			完成粗加工
8			完成精加工
9			切槽加工

续表

安装序号	加工工步安装简图	刀具简图	完成内容
10	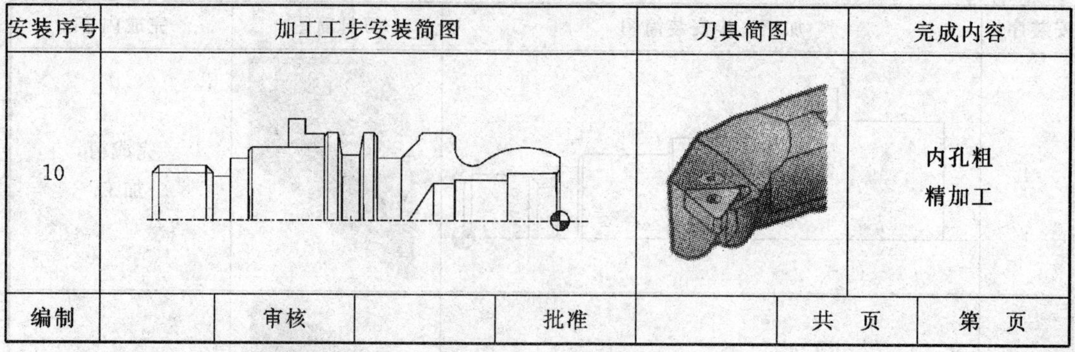		内孔粗 精加工
编制	审核	批准	共 页 第 页

表 3-20 组合件加工刀具调整卡

产品名称代号		零件名称	组合件	零件图号	BGD3-7	
序号	刀具号	刀具规格	刀具参数		刀补地址	
			刀尖半径	刀杆规格	半径	形状
1	T0101	粗车刀 （刀尖角 45°）	0.8	20×20mm		＃0001
2	T0202	精车刀 （刀尖角 35°）	0.2	20×20mm		＃0002
3	T0303	镗孔刀	0.2	ϕ12mm		＃0003
4	T0404	切槽刀	0.2	20×20mm		＃0004
5	T0505	螺纹刀	0.4	20×20mm		＃0005
编制	审核		批准		共 页	第 页

4. 工艺过程安排及机床操作

（1）准备 ϕ50×120 长铝棒一根。

（2）90°外圆粗车刀（35°刀尖角）一把，90°外圆精车刀（35°刀尖角）一把。切刀一把（刀宽 3mm），内孔刀一把，60°三角螺纹刀一把。

（3）装夹 ϕ50 毛坯外圆，伸出卡盘 75mm，另一端用顶尖顶紧。

（4）粗加工 ϕ48、ϕ40 和 ϕ34 外圆和螺纹外圆。

（5）精加工 ϕ48、ϕ40 和 ϕ34 外圆和螺纹外圆到要求尺寸。

（6）切削 20°梯形槽和退刀槽。

（7）拆下工件，利用铜片掉头装夹 ϕ40 外圆，并使台阶尽量靠近卡盘端面。

（8）粗加工 ϕ48 外圆、$S\phi$40、R5 圆弧和 45°锥度。

（9）精加工 ϕ48 外圆、$S\phi$40、R5 圆弧和 45°锥度到图纸要求尺寸。

（10）加工 ϕ26、ϕ22 内孔。

（11）参考程序如下：

```
%370          （加工 φ48、φ40 和 φ34 外圆）
T0101         （调用 1 号刀具。建立了以 1 号刀具为基准的工件坐标系）
```

```
G95 G0 X60 Z100              (将刀具移动到安全位置)
M42                          (将档位设定在中速档位)
M3 S800                      (主轴正转，每分钟 800 转)
G0 X40 Z1                    (将刀具移动至循环点)
G71 U2.5 R0.5 P70 Q150
X0.4 Z0.05 F0.2              (粗加工参数设定)
G0 X60 Z100                  (返回安全点)
T0202                        (调用 2 号精加工刀具。建立了以 2 号刀具为基准的工件
                             坐标系)
M3 S2000                     (设定精加工转速)
G0 X40 Z1                    (返回加工循环点)
G42 G0 X35                   (精加工轮廓起始行)
G1 Z0 F0.1                   (以工进方式接触工件)
X29.85 C2                    (加工第一个端面并且倒角 C2)
Z-23                         (加工 φ30 外圆，长度为 23mm)
X33.99 C0.3                  (倒棱 C0.3)
Z-28                         (加工 φ34 外圆)
X39.99 C1                    (倒棱 C1)
Z-50                         (加工 φ40 外圆)
X47.99 C1                    (倒角 C1)
Z-70                         (加工 φ48 外圆)
G40 X50                      (退出工件)
X40                          (将刀具退出工件)
G0 X60 Z100                  (返回安全点)
M5                           (主轴停转)
M30                          (程序结束)
%371                         (切槽加工)
T0303                        (调用 3 号刀具。建立了以 3 号刀具为基准的工件坐标系)
G95 G0 X60 Z100              (将刀具移动到安全位置)
M42                          (将档位设定在中速档位)
M3 S600                      (主轴正转，每分钟 600 转)
G0 X31 Z-16                  (将刀具移动至切槽位置)
G1 X30 F0.1                  (工进移动至工件)
X26 Z-21                     (倒角)
X24                          (切槽)
Z-23                         (加工槽底)
X34                          (加工退刀槽侧壁)
G0 X49                       (移动刀具至工件外侧)
```

Z－60	（移动至 20°梯形槽位置）
G1 X37 F0.1	（粗切梯形槽）
G0 X49	（退出工件表面）
Z－56.91	（右端面起点）
G1 X48 F0.1	（工进方式接近工件）
X35.975 Z－58	（加工梯形槽右端面）
Z－60	（加工梯形槽槽底）
G0 X49	（退出工件表面）
Z－61.09	（左端面起点）
G1 X48 F0.1	（工进方式接近工件）
X35.975 Z－60	（加工梯形槽左端面）
G0 X49	（退出工件）
G0 X60 Z100	（返回安全点）
M5	（主轴停转）
M30	（程序结束）
%372	（螺纹加工）
T0404	（调用 4 号刀具。建立了以 4 号刀具为基准的工件坐标系）
G95 G0 X60 Z100	（将刀具移动到安全位置）
M42	（将档位设定在中速档位）
M3 S800	（主轴正转，每分钟 800 转）
G0 X31 Z6	（将刀具移动至循环点）
G82 X29.1 Z－16 F2	（螺纹加工循环第一层）
X28.5 Z－16	（加工第二层）
X27.9 Z－16	（加工第三层）
X27.5 Z－16	（加工第四层）
X27.4 Z－16	（加工第五层）
G0 X60 Z100	（返回安全点）
M5	（主轴停转）
M30	（程序结束）
%373	（调头加工）
T0101	（调用 1 号刀具。建立了以 1 号刀具为基准的工件坐标系）
G95 G0 X60 Z100	（将刀具移动到安全位置）
M42	（将档位设定在中速档位）
M3 S800	（主轴正转，每分钟 800 转）
G0 X50 Z5	（将刀具移动至循环点）
G71 U2.5 R0.5 P70 Q150 X0.4 Z0.05 F0.2	（粗加工参数设定）
G0 X60 Z100	（返回安全点）

T0202	（调用 2 号精加工刀具。建立了以 2 号刀具为基准的工件坐标系）
M3 S2000	（设定精加工转速）
G0 X40 Z1	（返回加工循环点）
G0 X25	（精加工轮廓起始行）
G42 G1 Z0 F0.1	（以工进方式接触工件）
X34.64	（加工第一个端面）
G3 X32 Z−22 R20	（加工 $S\phi40$ 球面）
G2 X40 Z−30 R5	（加工 $R5$ 圆角）
G1 X47.99 C1	（倒角）
Z−41	（加工 $\phi48$ 外圆）
X33.99 Z−46	（粗加工 45°锥度）
Z−52	（加工 $\phi34$ 外圆）
X48 C1	（加工轴肩）
G40 X50	（将刀具退出工件）
G0 X60 Z100	（返回安全点）
M5	（主轴停转）
M30	（程序结束）
%374	（切槽加工）
T0303	（调用 3 号刀具。建立了以 3 号刀具为基准的工件坐标系）
G95 G0 X60 Z100	（将刀具移动到安全位置）
M42	（将档位设定在中速档位）
M3 S600	（主轴正转，每分钟 600 转）
G0 X49 Z−43	（快速移动至切槽点）
G1 X44 F0.1	（工进至锥度起点）
X33.99 Z−45	（加工锥度）
G0 X40	（将刀具退出工件）
G0 X60 Z100	（返回安全点）
M5	（主轴停转）
M30	（程序结束）
%375	（内孔加工）
T0505	（调用 5 号刀具。建立了以 5 号刀具为基准的工件坐标系）
G95 G0 X60 Z100	（将刀具移动到安全位置）
M42	（将档位设定在中速档位）
M3 S800	（主轴正转，每分钟 800 转）
G0 X18 Z1	（将刀具移动至循环点）
G71 U2.5 R0.5 P70 Q150	
X−0.4 Z0.05 F0.2	（粗加工参数设定）

```
G0 X29              (精加工轮廓起始行)
G41 G1 Z0 F0.1      (以工进方式接触工件)
X26.01 C1           (加工第一个端面并且倒角 C1)
Z-15                (加工 φ26 内孔，长度为 15mm)
X22.01 C0.2         (倒棱 C0.2)
Z-30                (加工 φ22 内孔，长度 15mm)
X20 C0.2            (倒棱 C0.2)
Z-36                (加工 φ20 内孔，长度 6mm)
G40 X18             (加工孔底)
Z2                  (将刀具退出工件)
G0 X60 Z100         (返回安全点)
M5                  (主轴停转)
M30                 (程序结束)
```

5. 加工检测

加工零件配分及检测项目分析如表 3-21 所示。

表 3-21 加工零件配分及检测项目分析

序号	检测项目	技术要求	配分		检测结果		得分	偏差原因分析
			IT	Ra	IT	Ra		
1	长度	15±0.03	2					
2		30±0.03	2					
3		36	1					
4		5×3	1					
5		23±0.025	2					
6		28±0.025	2					
7		50±0.025	2					
8		5	1					
9		5	1					
10		5	1					
11		15	1					
12		10±0.02	2					
13		37±0.025	2					
14		10	1					
15		117±0.04	3					

续表

序号	检测项目	技术要求	配分		检测结果		得分	偏差原因分析
			IT	Ra	IT	Ra		
16	直径	20	2					
17		$\phi 22_{0}^{+0.04}$	4	2				
18		$\phi 26_{0}^{+0.04}$	4	2				
19		$\phi 34_{-0.021}^{0}$	4	2				
20		$\phi 36_{-0.06}^{0}$	4	2				
21		$\phi 48_{-0.03}^{0}$	4	2				
22		$\phi 30$	2					
23		$\phi 34_{-0.025}^{0}$	4	2				
24		$\phi 40_{-0.025}^{0}$	4	2				
25	圆弧	$S\phi 40 \pm 0.02$	4	2				
26		$R5$	1	1				
27	角度	20°	2					
28		45°	2					
29	螺纹	$M30 \times 2.9$	9	4				
30	同轴度	0.02	5					
31	总分	100						

6. 理论知识回顾

(1) 加工该零件时，先加工螺纹段。接刀处定于 $\phi 48$ 外圆处，为了不在接刀后产生毛刺在加工 $\phi 48$ 外圆时应在长度方向多加工 1～2mm。

(2) 掉头后工价装夹在 $\phi 40$ 外圆处，用顶尖定紧，加工球面。球面加工时为提高加工效率，刀具不必加工全部端面。可从球面起点稍下的位置开始加工如程序。如%373 中 N110～N130段之间所示。同样的道理加工内孔时，也可从倒角处开始，但要注意倒角时容易产生报警信息。

7. 技术交流

在加工凹槽零件时，采用切刀加工刀具定位点和路径比较难计算。因此，可尽量利用 35°刀具进行粗加工。本例题中的 45°反锥便可利用 35°刀具进行粗加工。再用切断刀精修便可完成图纸要求。

第 4 章 深 入 篇

4.1 三角螺纹组合零件的加工

能力目标

☆通过对该项目的练习，掌握组合零件加工时需要注意的加工顺序、工艺尺寸等问题，并具备加工左旋螺纹的能力。

知识目标

☆左旋三角螺纹的加工方法。

☆左旋三角螺纹定位点的选择。

☆组合零件配合关系分析。

☆椭圆的初步介绍。

1. 零件效果图如图 4-1 所示。

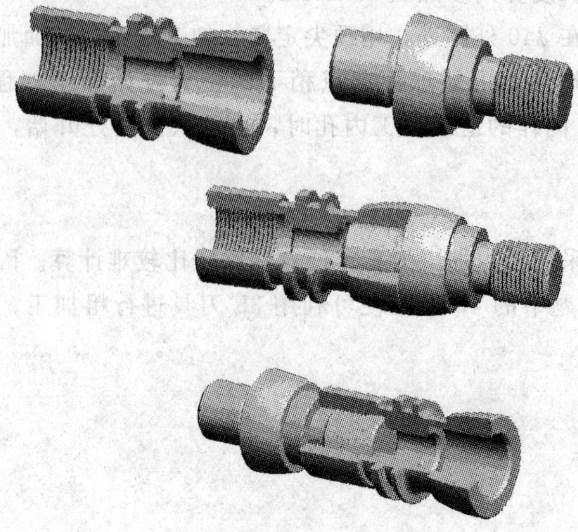

图 4-1 零件效果图

2. 分析零件图样

分析零件图样如图 4-2、图 4-3、图 4-4 所示。

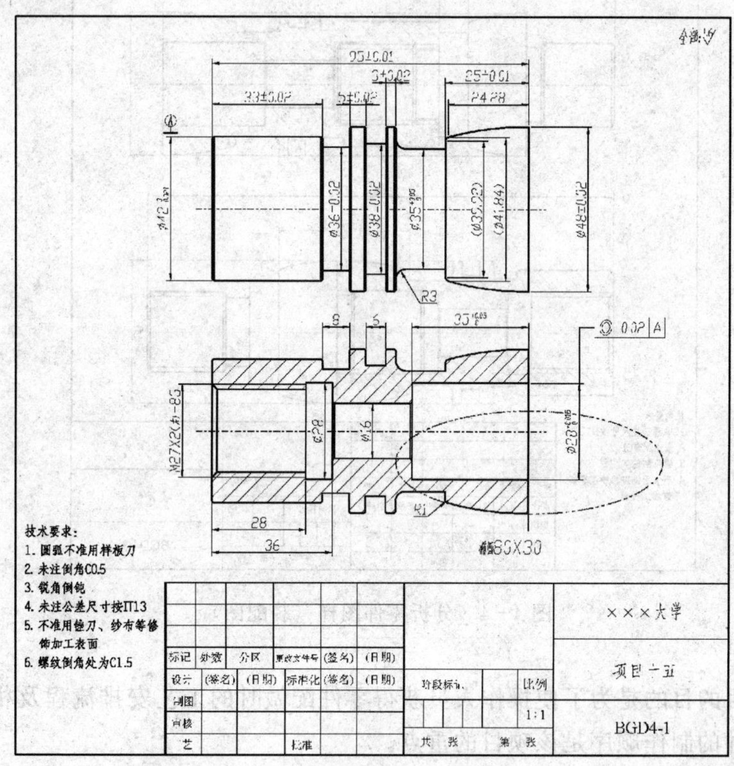

图 4-2 分析零件图样（零件一）

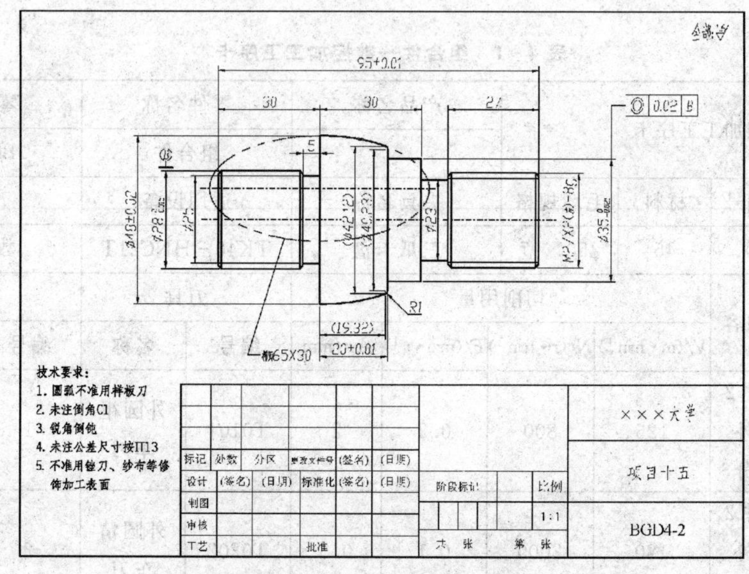

图 4-3 分析零件图样（零件二）

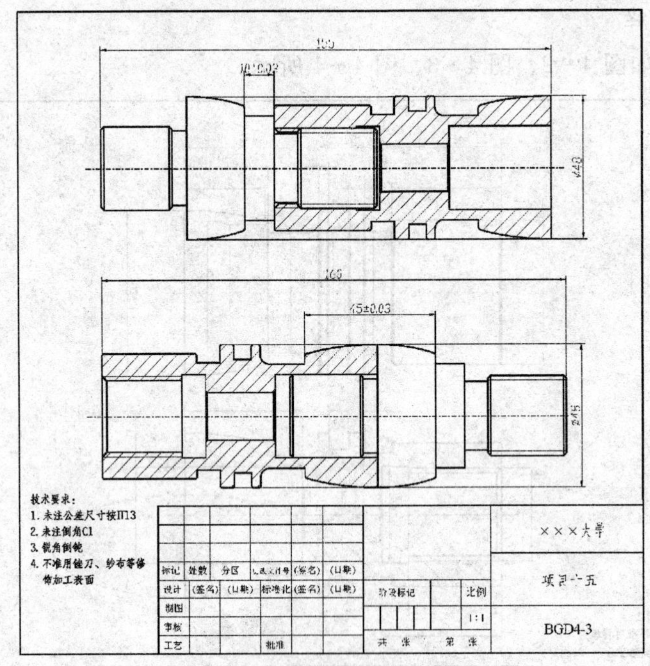

图 4-4　分析零件图样（装配图）

该练习项目的目的是为了使操作人员获得零件配做时的工艺安排流程及相关的尺寸计算。协调好零件的制作顺序是该项目的重点。

3. 编制数控加工工序卡

组合件一数控加工工序卡如表 4-1 所示。组合件一数控加工刀具调整卡如表 4-2 所示。

表 4-1　组合件—数控加工工序卡

数控加工工序卡				产品名称		零件名称		零件图号	
						组合件		BGD4-1	
工序号	程序编号	材料	毛坯规格	夹具名称		适用设备		车间	
1	0410	45	ϕ50×97	三爪卡盘		TK40-HNC21T		数控车间	
工步号	工步内容	切削用量				刀具		量具	
		$V/(\mathrm{m \cdot min^{-1}})$	$N/(\mathrm{r \cdot min^{-1}})$	$F/(\mathrm{mm \cdot r^{-1}})$	Ap/mm	编号	名称	编号	名称
1	粗加件 2 左侧外圆部分	125	800	0.2	2	T0101	外圆粗车刀	1	游标卡尺
2	精加件 2 左侧外圆部分	180	2000	0.1	0.5	T0202	外圆精车刀	2	千分尺

续表

工步号	工步内容	切削用量				刀具		量具	
		$V/(m \cdot min^{-1})$	$N/(r \cdot min^{-1})$	$F/(mm \cdot r^{-1})$	Ap/mm	编号	名称	编号	名称
3	粗精加工件 2 左侧沟槽	100	1000	0.1	3	T0303	切槽刀	1	游标卡尺
4	粗加件 2 右侧轮廓部分	125	800	0.2	2	T0101	外圆粗车刀	1、4	游标卡尺 样板
5	精加件 2 右侧轮廓部分	180	2000	0.1	0.5	T0202	外圆精车刀	2、4	千分尺 样板
6	加工左旋螺纹	100	600	1.5	0.5～0.1	T0505	螺纹车刀	5	螺纹千分尺
7	粗加件 1 左侧外圆部分	125	800	0.2	2	T0101	外圆粗车刀	1	游标卡尺
8	精加件 1 左侧外圆部分	180	2000	0.1	0.5	T0202	外圆精车刀	2	千分尺
9	粗精加工件 1 左侧沟槽	100	1000	0.1	3	T0303	切槽刀	1	游标卡尺
10	粗精加工螺纹底孔	120	1000	0.1	1	T0404	内孔车刀	1	游标卡尺
11	加工内螺纹	100	600	1.5	0.5～0.1	T0505	螺纹车刀	6	螺纹规
12	粗加件 1 右侧外圆部分	125	800	0.2	2	T0101	外圆粗车刀	1	游标卡尺
13	精加件 1 右侧外圆部分	180	2000	0.1	0.5	T0202	外圆精车刀	2	千分尺
14	粗精加工件 1 右侧沟槽	100	1000	0.1	3	T0303	切槽刀	1	游标卡尺

续表

工步号	工步内容	切削用量				刀具		量具	
		$V/(\mathrm{m \cdot min^{-1}})$	$N/(\mathrm{r \cdot min^{-1}})$	$F/(\mathrm{mm \cdot r^{-1}})$	A_p/mm	编号	名称	编号	名称
15	粗精加工内孔	120	1000	0.1	1	T0404	内孔车刀	3	内径百分表

安装序号	加工工步安装简图	刀具简图	完成内容
1	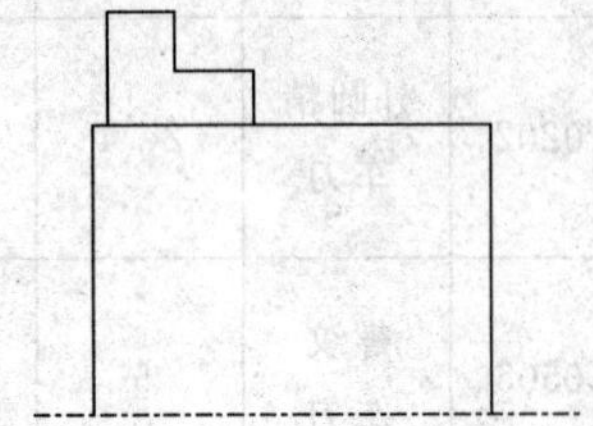	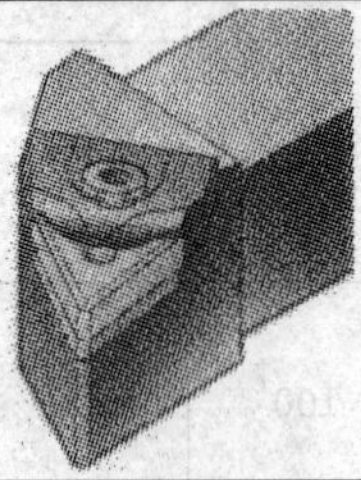	将工件 2 安装在三爪卡盘上
2	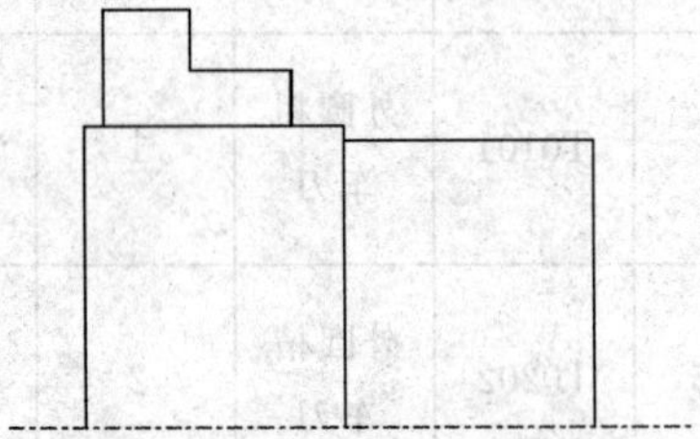	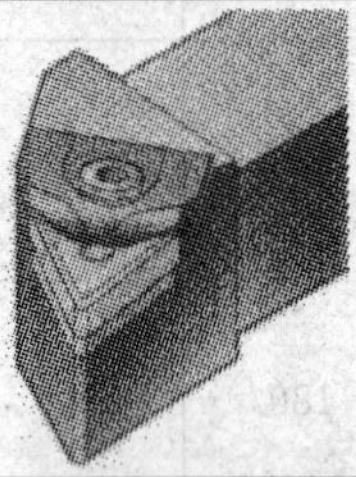	使用 T0101 刀具完成工艺台阶的加工
3	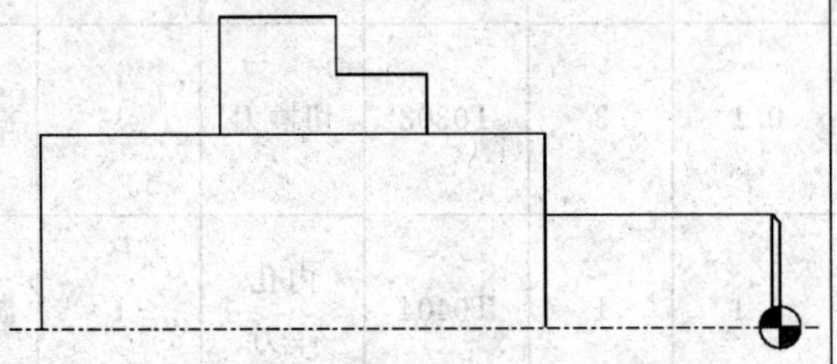	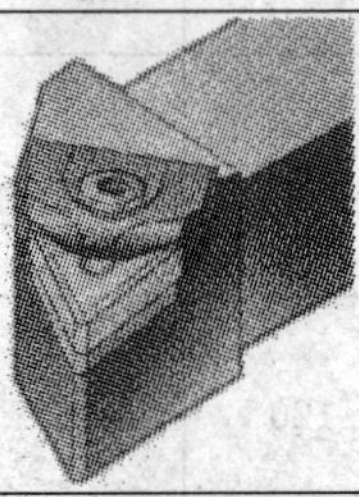	测量 T0101、T0202 刀具的刀具补偿参数，完成粗加工
4	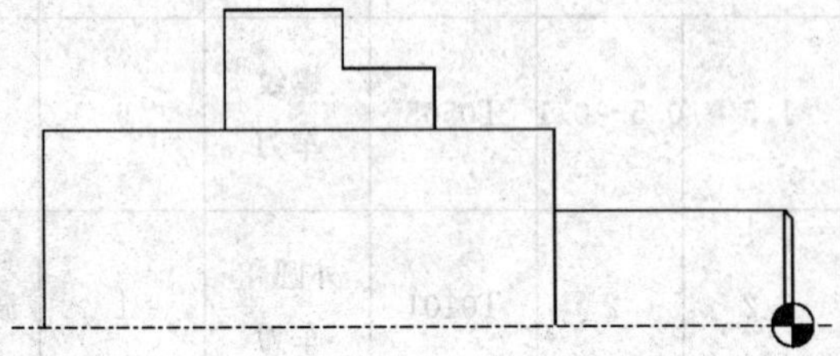		完成精加工
5	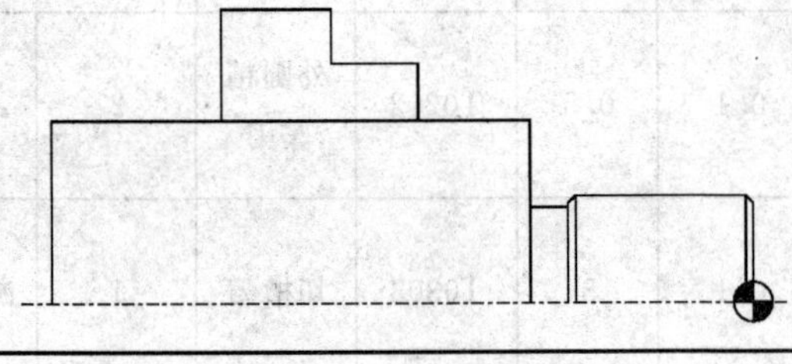		粗精切沟槽

续表

安装序号	加工工步安装简图	刀具简图	完成内容
6	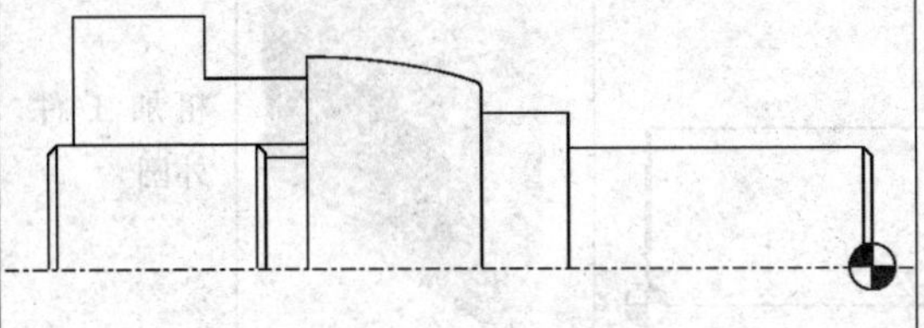	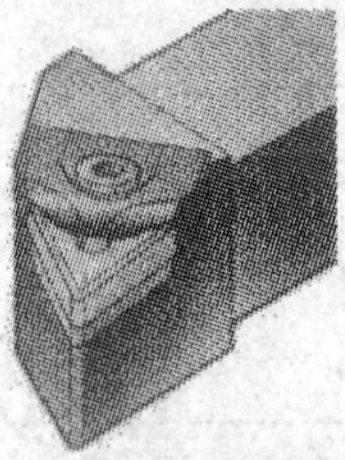	粗加工件2右侧轮廓部分
7	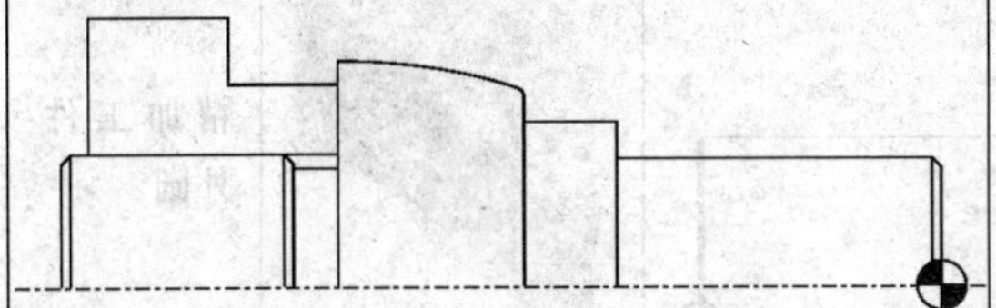		精加工件2右侧轮廓部分
8	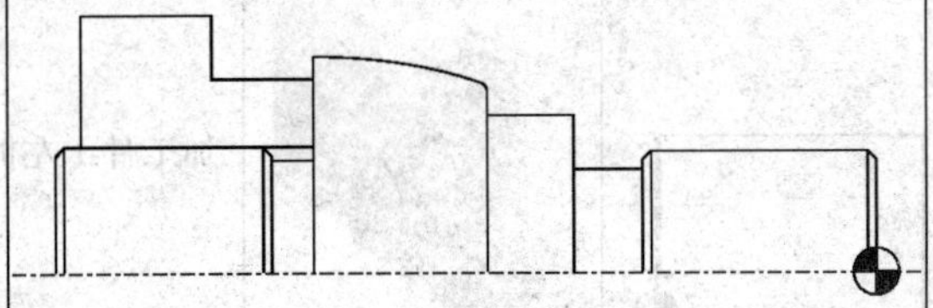		加工件2右侧退刀槽
9	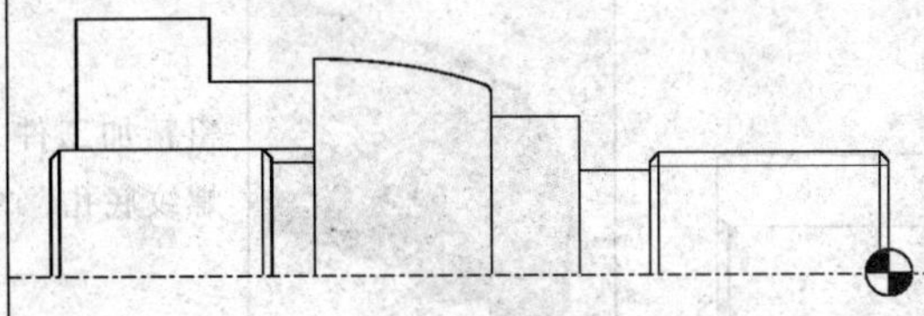	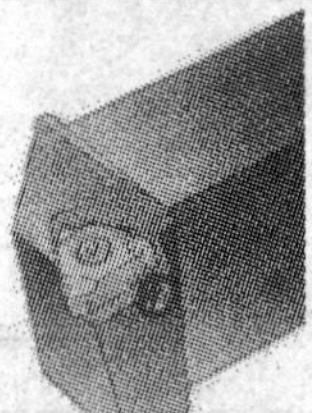	加工件2左旋螺纹
10	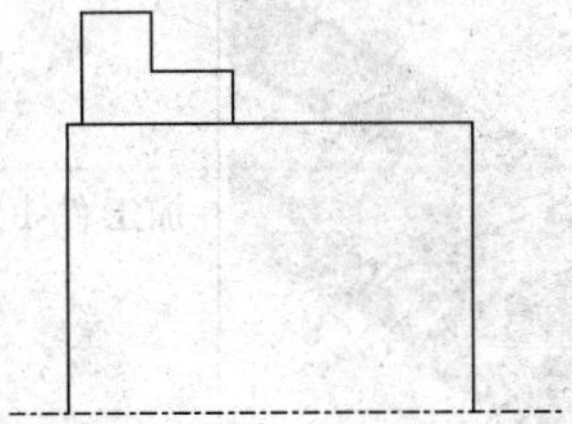	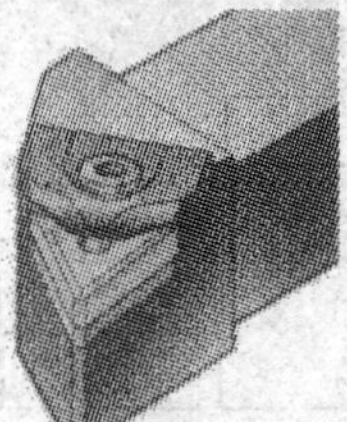	将工件1安装在三爪卡盘上
11	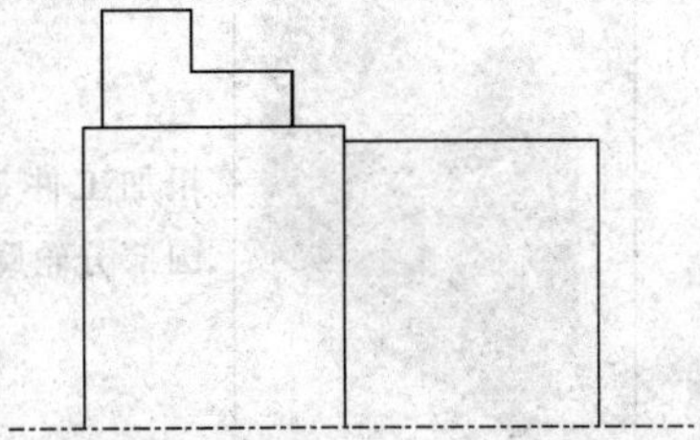	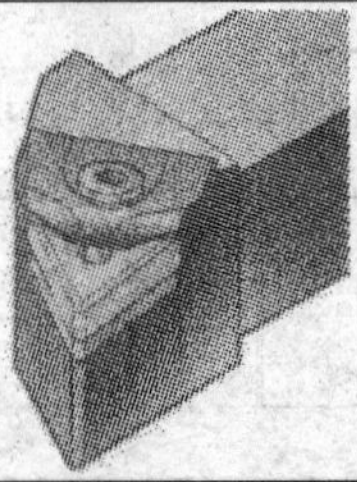	加工件1工艺台阶

续表

安装序号	加工工步安装简图	刀具简图	完成内容
12	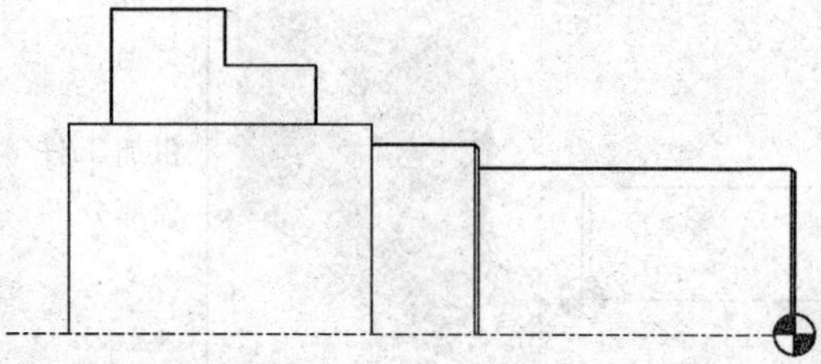	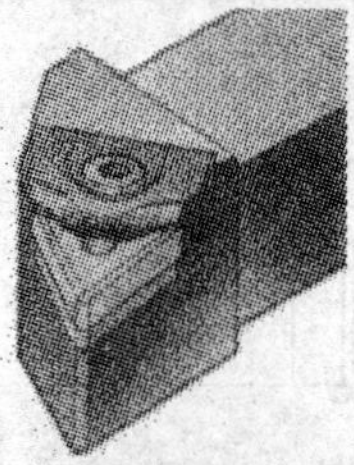	粗加工件 1 左侧外圆
13	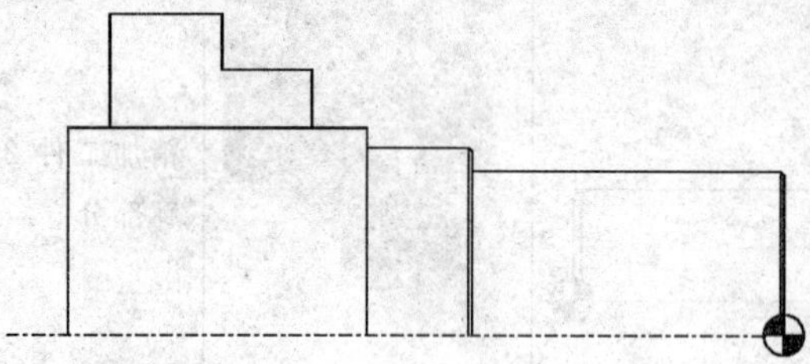		精加工件 1 左侧外圆
14	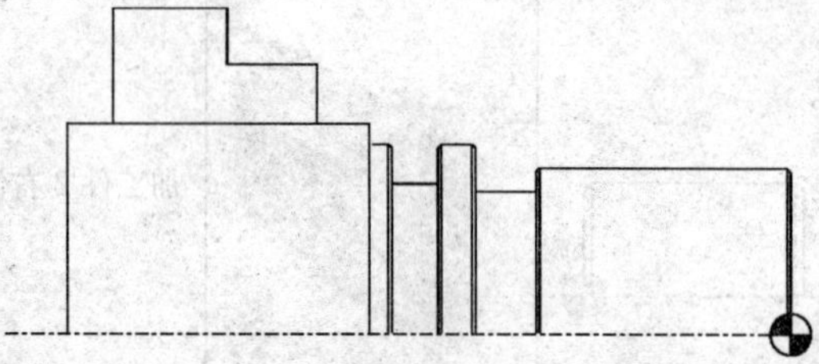		加工件 1 左侧沟槽
15	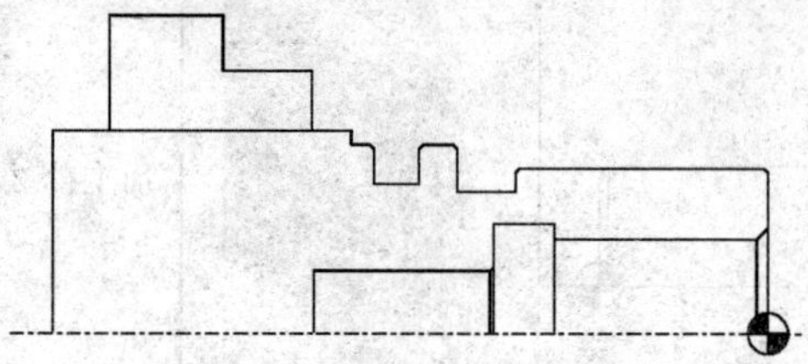	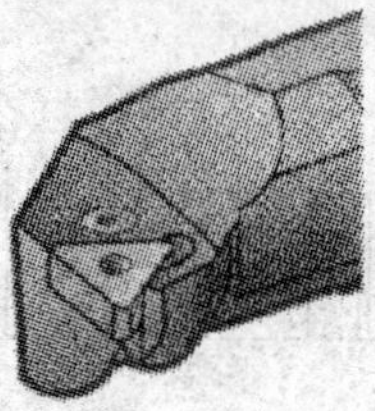	粗精加工件 1 左侧螺纹底孔
16	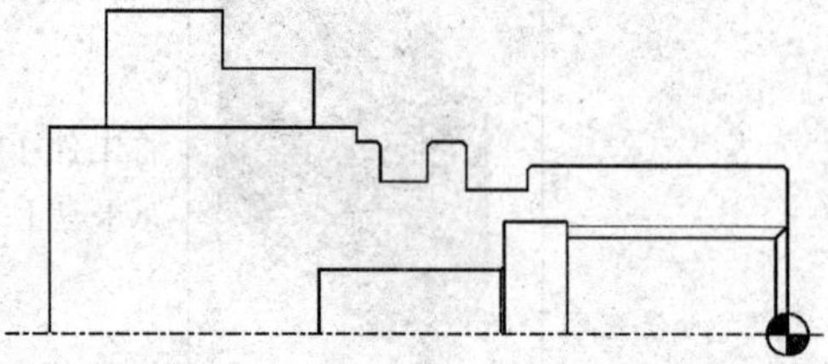	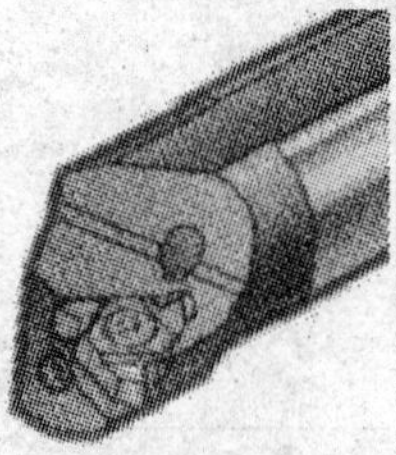	加工件 1 螺纹孔
17	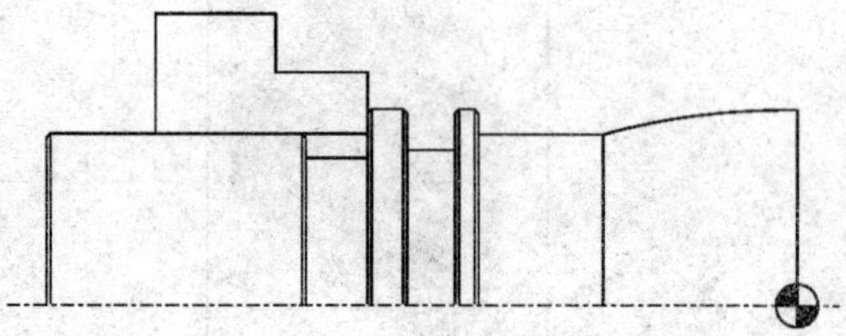	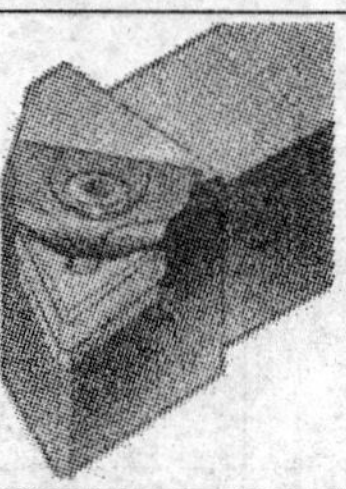	粗加工件 1 右侧椭圆部分轮廓

续表

安装序号	加工工步安装简图	刀具简图	完成内容
18			精加工件1右侧椭圆部分轮廓
19			加工件1右侧沟槽
20			粗精加工件1右侧内孔
编制	审核	批准	共 页 第 页

表4-2 组合件一加工刀具调整卡

产品名称代号			零件名称	组合件	零件图号	BKD4-1
序号	刀具号	刀具规格	刀具参数		刀补地址	
			刀尖半径	刀杆规格	半径	形状
1	T0101	粗车刀（刀尖角45°）	0.8	20×20mm		#0001
2	T0202	精车刀（刀尖角35°）	0.2	20×20mm		#0002
3	T0303	切槽刀		20×20mm		#0003
4	T0404	镗孔刀	0.2	ϕ12mm		#0004
5	T0505	螺纹刀	0.4	20×20mm		#0005
6	T0606	内螺纹刀	0.2	ϕ12mm		#0006
编制	审核	批准		共 页	第 页	

4. 工艺过程安排及机床操作

(1) 材料准备：件1－φ50×97mm 45号圆钢一根。件2－φ50×97mm 45号圆钢

一根。

(2) 90°外圆粗车刀（35°刀尖角）一把，90°外圆精车刀（35°刀尖角）一把。切刀一把（刀宽 3mm)，60°三角螺纹刀一把。内孔车刀、内螺纹车刀各一把。

(3) 件 2 加工一装夹 φ50 毛坯外圆，伸出卡盘 40mm。

(4) 粗加工 φ28 外圆和调头接刀轮廓 φ48 外圆。

(5) 精加工 φ28 外圆。

(6) 切削退刀槽。

(7) 拆下工件，利用铜片掉头装夹 φ28 外圆。

(8) 粗加工螺纹 φ27 外圆、φ35 外圆和椭圆。

(9) 精加工螺纹 φ27 外圆、φ35 外圆和椭圆。

(10) 加工 M27 左旋螺纹。

(11) 件 1 加工一装夹 φ50 毛坯外圆，伸出 60mm 长。

(12) 加工 φ42、φ48 外圆。加工 8mm、6mm 外径槽。

(13) 加工内螺纹和 φ16 内孔。

(14) 调头加工，装夹 φ42 外圆，卡盘靠紧轴肩。

(15) 加工椭圆部分，将 φ35 外径切槽部分粗加工至 φ41.84。

(16) 加工外径槽部分。

(17) 加工 φ28 内孔。

(18) 参考程序如下：

```
%410                      (件 1－φ28 轮廓加工)
T0101                     (调用 1 号刀具。建立了以 1 号刀具为基准的工件坐标系)
G95 G0 X60 Z100           (将刀具移动到安全位置)
M43                       (将档位设定在高速档位)
M3 S800                   (主轴正转，每分钟 800 转)
G0 X50 Z1                 (将刀具移动至循环点)
G71 U2.5 R0.5 P110
Q160 X0.4 Z0.05 F0.2      (粗加工参数设定)
G0 X60 Z100               (返回安全点)
T0202                     (调用 2 号刀具。建立了以 2 号刀具为基准的工件坐标系)
M3 S2400                  (主轴正转，每分钟 2400 转)
G0 X50 Z1                 (将刀具移动至循环点)
G0 X27                    (精加工轮廓起始行)
G41 G1 Z0 F0.1            (以工进方式接触工件)
X28 C1                    (加工第一个端面并且倒角 C1)
Z－30                     (加工 φ28 外圆，长度为 30mm)
X49                       (退刀)
G40 X50                   (退离工件表面)
```

```
G0 X60 Z100               (返回安全点)
M5                        (主轴停转)
M30                       (程序结束)
%411                      (件 1－切槽加工)
T0303                     (调用 3 号刀具。建立了以 3 号刀具为基准的工件坐标系)
G95 G0 X60 Z100           (将刀具移动到安全位置)
M42                       (将档位设定在中速档位)
M3 S300                   (主轴正转，每分钟 300 转)
G0 X50 Z1                 (将刀具移动至循环点)
Z－29.9                   (移动至切槽起点)
G1 X25.1 F0.1             (以工进方式接近工件，预留余量 0.1mm)
G0 X30                    (退出工件)
X－28.1                   (排刀)
G1 X28 F0.1               (倒角起点)
X26 Z－29.1               (倒角)
X25.1                     (加工切槽侧壁)
G0 X30                    (退出工件)
Z－28.05                  (移动至精加工起点)
M3 S1400                  (主轴正转，每分钟 1400 转)
G1 X28 F0.06              (以工进方式接近工件)
X26 Z－29.05              (倒角)
X25                       (精加工槽侧壁)
Z－29.98                  (精加工槽底)
X50                       (推刀)
G0 X60 Z100               (返回安全点)
M5                        (主轴停转)
M30                       (程序结束)
%412                      (件 1－螺纹外圆及椭圆加工)
T0101                     (调用 1 号刀具。建立了以 1 号刀具为基准的工件坐标系)
G95 G0 X60 Z100           (将刀具移动到安全位置)
M43                       (将档位设定在高速档位)
M3 S750                   (主轴正转，每分钟 750 转)
G0 X50 Z1                 (将刀具移动至循环点)
G71 U2.5 R0.5 P110 Q280 X
0.4 Z0.05 F0.2            (粗加工参数设定)
G0 X60 Z100               (返回安全点)
T0202                     (调用 2 号刀具。建立了以 2 号刀具为基准的工件坐标系)
```

```
M3 S2400                    (主轴正转，每分钟 2400 转)
G0 X50 Z1                   (移动至循环点)
G0 X23                      (精加工轮廓起始行)
G41 G1 Z0 F0.1              (以工进方式接触工件)
X26.8 C1.5                  (加工第一个端面并且倒角 C1.5)
Z-35                        (加工 φ27 螺纹外圆，长度为 35mm)
X34.99 C0.5                 (倒角 C0.5)
Z-45                        (加工 φ35 外圆)
X40.23                      (刀具移动至圆角 R1 起点)
G3 X42.12 Z-45.68 R1        (加工 R1 圆角)
#1=32.5                     (输入变量 1 初值 32.5，椭圆长轴尺寸)
#2=15                       (输入变量 2 初值 15，椭圆短轴尺寸)
#3=19.32                    (输入变量 3 初值 19.32，椭圆长度，判断量)
WHILE #3 GE [0]             (判断语句，判断是否走到椭圆 Z 轴终点)
#4=15*SQRT [#1*#1-#3*#3] /32.5
                            (利用椭圆方程推导 X 轴坐标点公式)
G1 X [2*#4+18] Z [-#3+65]
                            (利用直线插补拟合椭圆)
#3=#3-0.5                   (设定 Z 轴步距，判断量自减)
ENDW                        (椭圆拟合结束)
G1 X-66                     (加工直线)
G40 X50                     (退刀)
G0 X60 Z100                 (返回安全点)
M5                          (主轴停转)
M30                         (程序结束)
%413                        (件 1-切槽加工)
T0303                       (调用 3 号刀具。建立了以 3 号刀具为基准的工件坐标系)
G95 G0 X60 Z100             (将刀具移动到安全位置)
M42                         (将档位设定在中速档位)
M3 S300                     (主轴正转，每分钟 300 转)
G0 X37 Z1                   (将刀具移动至工件附近)
Z-34.9                      (移动至切槽起点)
G1 X23.1 F0.1               (以工进方式接近工件)
G0 X28                      (退刀)
X-31.5                      (排刀)
G1 X23 F0.1                 (加工切槽侧壁)
G0 X28                      (退刀)
```

```
Z-29.55                 (移动至精加工起点)
M3 S1400                (主轴正转，每分钟1400转)
G1 X27 F0.06            (以工进方式接近工件)
X24 Z-31.05             (倒角)
X23                     (加工槽侧壁)
Z-34.98                 (加工槽底)
X36                     (退刀)
G0 X60 Z100             (返回安全点)
M5                      (主轴停转)
M30                     (程序结束)
%414                    (件1-左旋螺纹加工)
T0505                   (调用5号刀具。建立了以5号刀具为基准的工件坐标系)
G95 G0 X60 Z100         (将刀具移动到安全位置)
M42                     (将档位设定在中速档位)
M3 S300                 (主轴正转，每分钟300转)
X28 Z-28                (移动至螺纹加工起点)
G82 X26.1 Z2 F2         (螺纹加工第一层)
X25.5 Z2                (加工第二层)
X24.9 Z2                (加工第三层)
X24.5 Z2                (加工第四层)
X24.4 Z2                (加工第五层)
X24.4 Z2                (精修)
G0 X60 Z100             (返回安全点)
M5                      (主轴停转)
M30                     (程序结束)
%415                    (件2-φ42、φ48轮廓加工)
T0101                   (调用1号刀具。建立了以1号刀具为基准的工件坐标系)
G95 G0 X60 Z100         (将刀具移动到安全位置)
M43                     (将档位设定在高速档位)
M3 S800                 (主轴正转，每分钟800转)
G0 X50 Z1               (将刀具移动至循环点)
G71 U2.5 R0.5 P110 Q180 X
0.4 Z0.05 F0.2          (粗加工参数设定)
G0 X60 Z100             (返回安全点)
T0202                   (调用1号刀具。建立了以1号刀具为基准的工件坐标系)
M3 S2400                (主轴正转，每分钟2400转)
G0 X50 Z1               (将刀具移动至循环点)
```

```
G0 X40              （精加工轮廓起始行）
G41 G1 Z0 F0.1      （以工进方式接触工件）
X42 C1              （加工第一个端面并且倒角 C1）
Z－41               （加工 φ42 外圆，长度 41mm）
X48 C1              （倒角 C1）
Z－56               （加工 φ48 外圆）
X49                 （退刀）
G40 X50             （退出工件表面）
G0 X60 Z100         （返回安全点）
M5                  （主轴停转）
M30                 （程序结束）
%416                （件 2－切槽加工）
T0303               （调用 3 号刀具。建立了以 3 号刀具为基准的工件坐标系）
G95 G0 X60 Z100     （将刀具移动到安全位置）
M42                 （将档位设定在中速档位）
M3 S300             （主轴正转，每分钟 300 转）
G0 X50 Z1           （将刀具移动至工件附近）
Z－40.9             （移动至切槽起点）
G1 X36.1 F0.1       （以工进方式接触工件，加工槽侧壁）
G0 X45              （退刀）
Z－37.1             （排刀）
G1 X36.1 F0.1       （加工槽侧壁）
G0 X50              （退出工件）
Z－50.1             （移动至第二槽起点）
G1 X38.1 F0.1       （加工第二槽侧壁）
G0 X50              （退刀）
Z－51.9             （排刀）
G1 X38.1 F0.1       （加工第二槽侧壁）
G0 X50              （退刀）
Z－37.05            （移动至第一槽起点，准备精加工）
M3 S1400            （主轴正转，每分钟 1400 转）
G1 X42 F0.1         （接近工件）
X40 Z－38.05        （倒角）
X36                 （加工至槽底尺寸）
Z－41.98            （加工槽底）
X46                 （加工侧壁）
X48 Z－42           （倒角）
```

```
X50                         (退出工件)
Z-49.05                     (移动至第二槽起点)
X48                         (接近工件)
X46 Z-50.05                 (倒角)
X38                         (加工槽底)
Z-51.98                     (加工第二槽侧壁)
X46                         (加工槽侧壁)
X48 Z-53                    (倒角)
X50                         (退出工件表面)
G0 X60 Z100                 (返回安全点)
M5                          (主轴停转)
M30                         (程序结束)
%417                        (件 2-内孔加工)
T0404                       (调用 4 号刀具。建立了以 4 号刀具为基准的工件坐标系)
G95 G0 X60 Z100             (将刀具移动到安全位置)
M43                         (将档位设定在高速档位)
M3 S600                     (主轴正转，每分钟 600 转)
G0 X14 Z1                   (将刀具移动至循环点)
G71 U2.5 R0.5 P80 Q170 X
-0.4 Z0.05 F0.2             (粗加工参数设定)
M3 S2000                    (主轴正转，每分钟 2000 转)
G0 X14 Z1                   (将刀具移动至循环点)
G0 X27.8                    (精加工轮廓起始行)
G41 G1 Z0 F0.1              (以工进方式接触工件)
X24.8 C1.5                  (加工第一个端面并且倒角 C1.5)
Z-26.5                      (加工螺纹内孔)
X28 Z-28                    (倒角)
Z-36                        (加工退刀槽)
X16 C1                      (加工 φ16 内孔侧壁)
Z-61                        (加工 φ16 内孔)
G40 X14                     (退刀离开工件表面)
G0 Z2                       (退出内孔)
G0 X60 Z100                 (返回安全点)
M5                          (主轴停转)
M30                         (程序结束)
%418                        (件 2-螺纹加工)
T0606                       (调用 6 号刀具。建立了以 6 号刀具为基准的工件坐标系)
```

```
G95 G0 X60 Z100          (将刀具移动到安全位置)
M42                      (将档位设定在中速档位)
M3 S600                  (主轴正转，每分钟 600 转)
G0 X23 Z6                (将刀具移动至循环点)
Z-29                     (移动至左旋螺纹起点)
G82 X24.4 Z2 F2          (加工螺纹第一层)
X25.3 Z2                 (加工螺纹第二层)
X25.9 Z2                 (加工螺纹第三层)
X26.5 Z2                 (加工螺纹第四层)
X26.9 Z2                 (加工螺纹第五层)
X27 Z2                   (加工螺纹第六层)
G0 Z2                    (退出工件内孔)
G0 X60 Z100              (返回安全点)
M5                       (主轴停转)
M30                      (程序结束)
%419                     (件 2—椭圆加工)
T0101                    (调用 1 号刀具。建立了以 1 号刀具为基准的工件坐标系)
G95 G0 X60 Z100          (将刀具移动到安全位置)
M43                      (将档位设定在高速档位)
M3 S800                  (主轴正转，每分钟 800 转)
G0 X50 Z2                (将刀具移动至循环点)
G71 U2.5 R0.5 P110 Q160 X
0.4 Z0.05 F0.2           (粗加工参数设定)
G0 X60 Z100              (返回安全点)
T0202                    (调用 2 号刀具。建立了以 2 号刀具为基准的工件坐标系)
M3 S2400                 (主轴正转，每分钟 2400 转)
G0 X50 Z1                (移动至轮廓循环起点)
G0 X47                   (精加工轮廓起始行)
G42 G1 Z0 F0.1           (以工进方式接触工件)
#1=40                    (输入变量 1 初值 40，椭圆长轴尺寸)
#2=15                    (输入变量 2 初值 15，椭圆短轴尺寸)
#3=24.28                 (输入变量 3 初值 24.28，椭圆长度，判断量)
WHILE #3 GE [0]          (判断语句，判断是否走到椭圆 Z 轴终点)
#4=15*SQRT [#1*#1-#3*#3] /40
                         (利用椭圆方程推导 X 轴坐标点公式)
G1 X [2*#4+18] Z [-24.28+#3]
                         (利用直线插补拟合椭圆)
```

```
#3=#3-0.5               (设定Z轴步距，判断量自减)
ENDW                    (椭圆拟合结束)
G1 Z-40                 (加工外圆)
X48 C1                  (加工轴肩)
G40 X50                 (退出工件表面)
G0 X60 Z100             (返回安全点)
M5                      (主轴停转)
M30                     (程序结束)
%4110                   (件2-切槽加工)
T0303                   (调用3号刀具。建立了以3号刀具为基准的工件坐标系)
G0 X60 Z100             (将刀具移动到安全位置)
M42                     (将档位设定在中速档位)
M3 S300                 (主轴正转，每分钟300转)
G95 G0 X50 Z2           (将工件移动至工件附近)
Z-29.1                  (移动至切槽起点)
G1 X35.1 F0.1           (切槽排刀)
G0 X50
Z-33
G1 X35.1 F0.1
G0 X50
Z-36.7
G1 X35.1 F0.1
G0 X50
Z-39.9
G1 X41.1 F0.1
G3 X35.1 Z-36.9 R3
G0 X50
Z-28.28
M3 S1400                (精加工加速)
G1 X41.82 F0.1          (精加工切槽)
G3 X39.2 Z-29 R1
X35
Z-40
X50
G0 X60 Z100             (返回安全点)
M5                      (主轴停转)
M30                     (程序停止)
```

%4111	（件 2－φ28 内孔加工）
T0101	（调用 1 号刀具。建立了以 1 号刀具为基准的工件坐标系）
G95 G0 X60 Z100	（将刀具移动到安全位置）
M43	（将档位设定在高速档位）
M3 S800	（主轴正转，每分钟 800 转）
G0 X50 Z1	（将刀具移动至循环点）
G71 U1.5 R0.5 P110 Q160 X −0.4 Z0.05 F0.2	（粗加工参数设定）
M3 S2400	（精加工加速）
G0 X30	（精加工轮廓起始行）
G41 G1 Z0 F0.1	（以工进方式接触工件）
X28 C1	（倒角 C1）
Z−35	（加工 φ28 内孔）
X16 C1	（倒角 C1）
G40 X14	（退刀）
G0 Z2	（退出工件表面）
G0 X60 Z100	（返回安全点）
M5	（主轴停转）
M30	（程序结束）

5. 加工检测

加工零件配分及检测项目分析如表 4－3 所示。

表 4－3　加工零件配分及检测项目分析

序号	检测项目	技术要求	配分		检测结果		得分	偏差原因分析
			IT	*Ra*	IT	*Ra*		
1	件 1 长度	95±0.01						
2		33±0.02						
3		25±0.01						
4		5±0.02	2					
5		3±0.02						
6		24.28	1					
7		36	1					
8		$35_{0}^{+0.05}$	2					
9		28	1					
10		8	1					
11		6	1					

续表

序号	检测项目	技术要求	配分		检测结果		得分	偏差原因分析
			IT	Ra	IT	Ra		
12	件1 直径	$\phi48\pm0.02$	2	1				
13		$\phi42^{0}_{-0.02}$	2	1				
14		$\phi38\pm0.02$	2	1				
15		$\phi36\pm0.02$	2	1				
16		$\phi35^{+0.05}_{0}$	2	1				
17		$\phi28^{+0.015}_{0}$	2	1				
18		$\phi27$	1					
19		$\phi28$	1					
20		$\phi16$	1					
21	件1 其他	$R3$	1					
22		$R1$	1					
23		椭圆 80×30	1	1				
24		同轴度 0.02	2					
25	螺纹	$M27\times2$（左）	3	2				
26	件2 长度	95±0.01	2					
27		20±0.01	2					
28		30	1					
29		30	1					
30		27	1					
31		5	1					
32	件2 直径	$\varphi48\pm0.02$	1	1				
33		$\varphi35^{0}_{-0.021}$	2	1				
34		$\varphi28^{0}_{-0.015}$	2	1				
35		$\varphi25$	1					
36		$\varphi23$	1					
37		$\varphi27$	1					
38	件2 其他	$R1$	1					
39		椭圆 80×30	1	1				
40		同轴度	2					
41	螺纹	$M27\times2$（左）	3					

续表

序号	检测项目	技术要求	配分		检测结果		得分	偏差原因分析
			IT	Ra	IT	Ra		
42	同轴度	0.02	5					
43	配合分数	$\varphi45\pm0.03$	6					
44		$\varphi10\pm0.03$	6					
45		155	4					
46		160	4					
47		椭圆 80×302						
48	总分	100						

6. 理论知识回顾

(1) 华中世纪星系统 HNC21/22T 和其他数控系统一样提供了类似于高级语言的宏程序功能，用户可以使用变量进行算术运算、逻辑运算和函数的混合运算，宏程序中还提供了循环语句、分支语句和子程序调用，有利于编写较为复杂的零部件。减少手工编程的烦琐工作。但随着 CAD/CAM 技术的发展，计算机进入了编程设计的阶段。复杂零件的程序编写可利用计算机辅助编程进行更快捷的编写。

(2) 左旋螺纹加工指令与右旋螺纹加工指令相同，只需将循环起点左移，由左至右进行加工。

(3) 在内左旋螺纹的加工中，循环结束后刀具停留在内孔内侧。螺纹程序结束后应马上退出工件内侧。

(4) 椭圆加工中包括变量、常量、运算符、赋值语句、判断语句和循环语句等指令。

宏变量：#××××（由#加数字组成）。

常量：PI 表示圆周率 π。

TRUE 表示条件成立。

FALSE 表示不成立。

算术运算符：+、−、×、/。

条件运算符：EQ（=）、NE（≠）、GT（>）、GE（≥）、LT（<）、LE（≤）。

逻辑运算符：AND、OR、NOT。

函数：SIN、COS、TAN、ATAN、ATAN2、ABS、INT、SIGN、SQRT、EXP。

赋值语句：#1=#1+1。

条件判断语句：IF、ELSE、ENDIF。

循环语句：WHILE、ENDW。

7. 技术交流

本节主要介绍了左旋内外螺纹、椭圆和圆弧切槽的加工方法。在加工左旋螺纹时是由左至右加工，这样在加工没有推刀槽的左旋螺纹时，会在进刀时以 G0 方式进刀，出现碰撞现象。因此，尽量采用G32单段螺纹加工，斜进方式进入工件。

椭圆是典型的数学函数的加工内容，定义的变量运算循环同计算机高级语言。具体编写方法会在今后的学习中进一步讲解。

在切槽加工中遇到圆弧倒角时，为提高加工速度，应在切槽前利用外圆车刀尽量去除多余材料后进行切削。切槽刀具也可实现纵向加工，加工时背吃刀量可在1～2mm。

4.2 多线梯形螺纹组合零件的加工

能力目标

☆通过本项目的练习，掌握斜进法加工螺纹及多线螺纹的加工方法，并熟悉梯形螺纹的检测方法。

知识目标

☆梯形螺纹编程方法。

☆多线螺纹的分头加工指令。

☆梯形螺纹的测量公式。

☆收尾螺纹加工指令。

1. 零件效果图

零件效果图如图4-5所示。

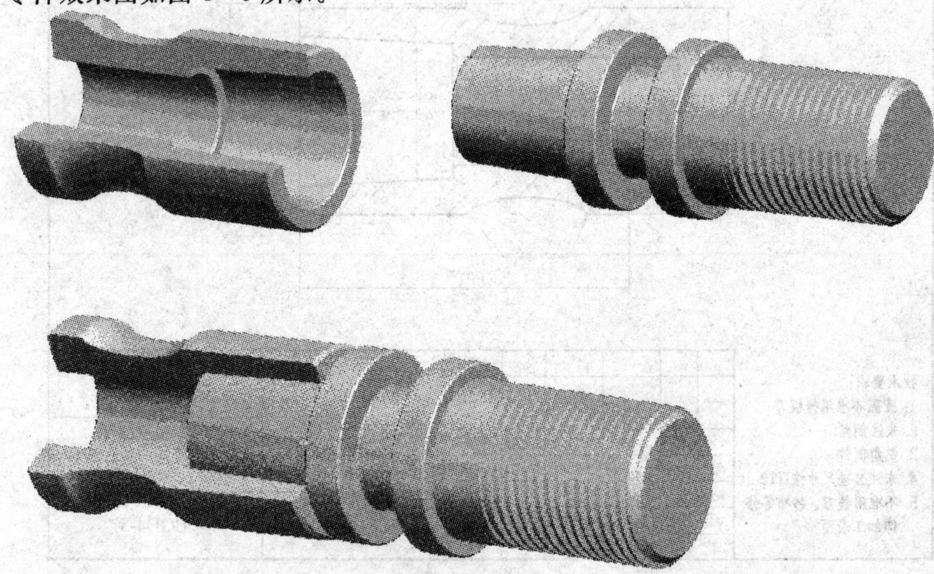

图4-5 零件效果图

2. 分析零件图样

分析零件图样如图 4-6、图 4-7、图 4-8 所示。

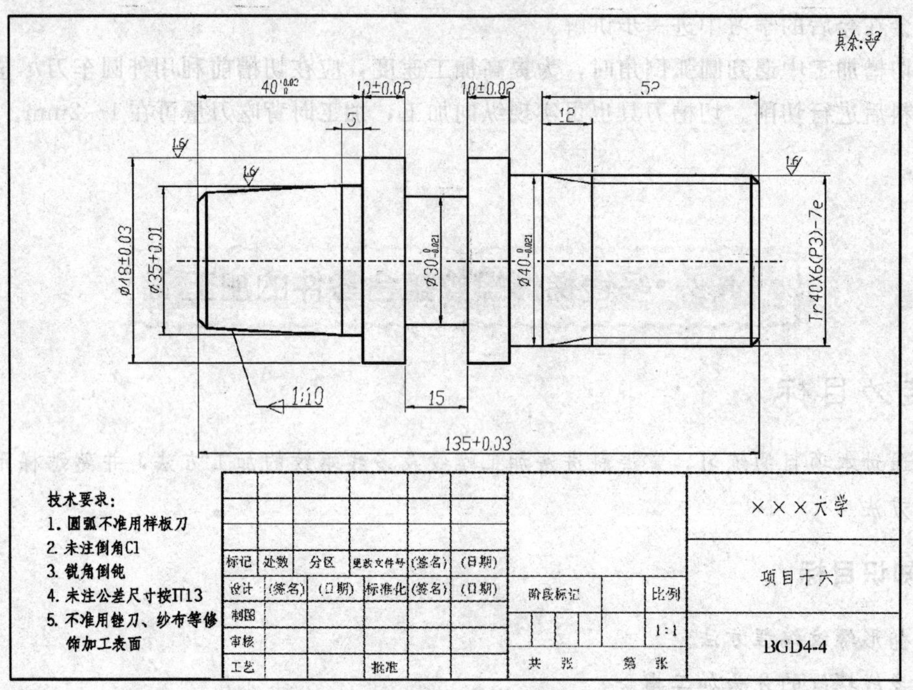

图 4-6 分析零件图样（零件一）

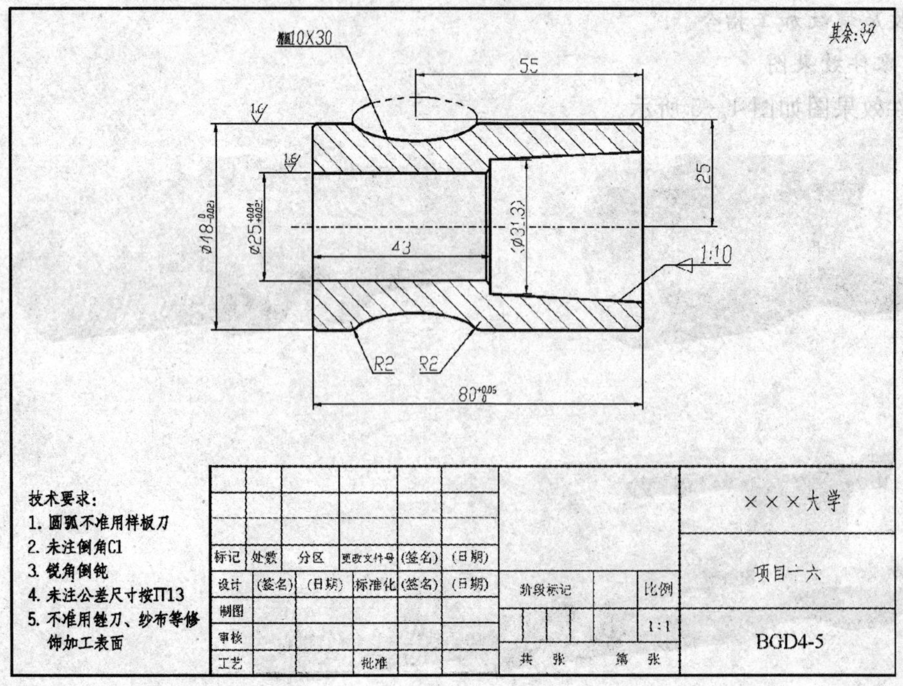

图 4-7 分析零件图样（零件二）

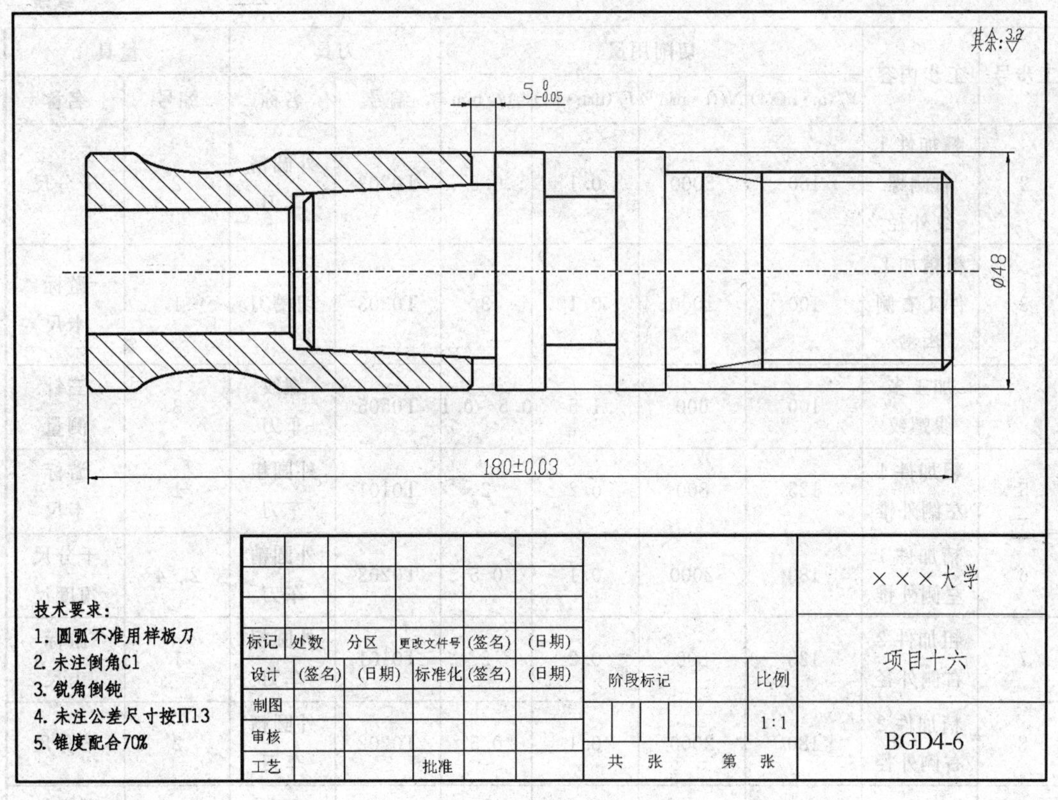

图 4－8　分析零件图样（装配图）

该项目主要训练锥度配合的加工方法及多线螺纹的加工及检测能力。由于锥度加工中外锥相对于内锥而言简单，因此，应先加工外锥再加工内锥。

3. 编制数控加工工序卡

组合件二数控加工工序卡如表 4－4 所示。组合件二加工刀具调整卡如表 4－5 所示。

表 4－4　组合件二数控加工工序卡

数控加工工序卡				产品名称		零件名称		零件图号	
						组合件		BGD4－4	
工序号	程序编号	材料	毛坯规格	夹具名称		适用设备		车间	
1	0420	45	ϕ50×137 ϕ50×82	三爪卡盘		TK40-HNC21T		数控车间	
工步号	工步内容	切削用量				刀具		量具	
		$V/(\text{m}\cdot\text{min}^{-1})$	$N/(\text{r}\cdot\text{min}^{-1})$	$F/(\text{mm}\cdot\text{r}^{-1})$	Ap/mm	编号	名称	编号	名称
1	粗加件 1 右侧螺纹外径	125	800	0.2	2	T0101	外圆粗车刀	1	游标卡尺

续表

工步号	工步内容	切削用量				刀具		量具	
		$V/(\mathrm{m\cdot min^{-1}})$	$N/(\mathrm{r\cdot min^{-1}})$	$F/(\mathrm{mm\cdot r^{-1}})$	Ap/mm	编号	名称	编号	名称
2	精加件1右侧螺纹外径	180	2000	0.1	0.5	T0202	外圆精车刀	2	千分尺
3	粗精加工件1右侧沟槽	100	1000	0.1	3	T0303	切槽刀	1	游标卡尺
4	加工多线螺纹	100	600	1.5	0.5～0.1	T0505	螺纹车刀	3	三针测量
5	粗加件1左侧外锥	125	800	0.2	2	T0101	外圆粗车刀	1	游标卡尺
6	精加件1左侧外锥	180	2000	0.1	0.5	T0202	外圆精车刀	2、4	千分尺角度尺
7	粗加件2右侧外径	125	800	0.2	2	T0101	外圆粗车刀	1	游标卡尺
8	精加件2右侧外径	180	2000	0.1	0.5	T0202	外圆精车刀	2	千分尺
9	粗精加工内锥	120	1000	0.1	1	T0404	内孔车刀	5	研配红丹粉
10	粗加件2左侧椭圆外径	125	800	0.2	2	T0101	外圆粗车刀	1	游标卡尺
11	精加件2左侧椭圆外径	180	2000	0.1	0.5	T0202	外圆精车刀	2、6	千分尺样板
12	粗精加工内孔	120	1000	0.1	1	T0404	内孔车刀	7	内径百分表

安装序号	加工工步安装简图	刀具简图	完成内容
1			将工件2安装在三爪卡盘上

续表

安装序号	加工工步安装简图	刀具简图	完成内容
2	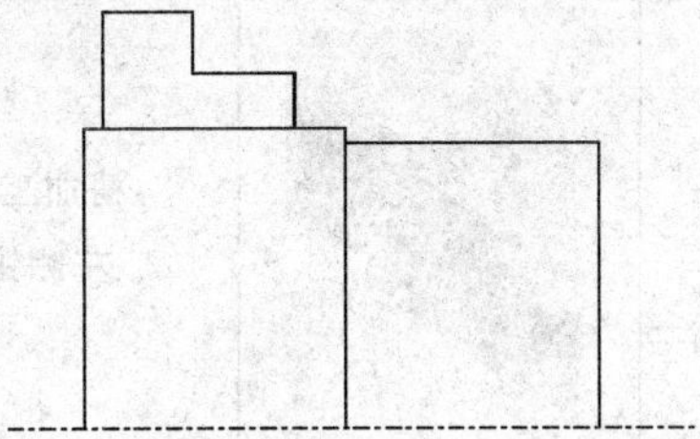	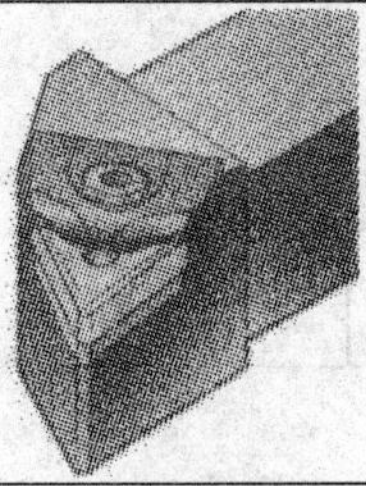	使用 T0101 刀具完成工艺台阶的加工
3	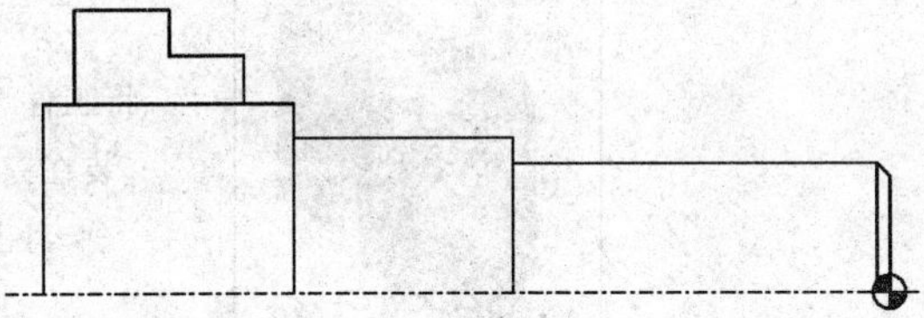	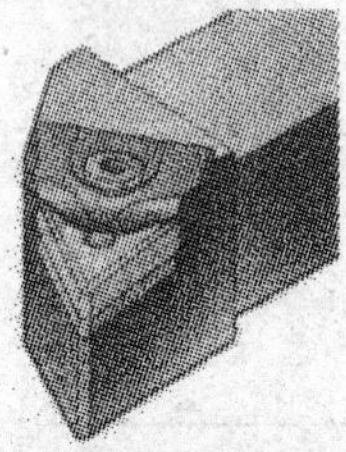	测量 T0101、T0202 刀具的刀具补偿参数，完成粗加工
4	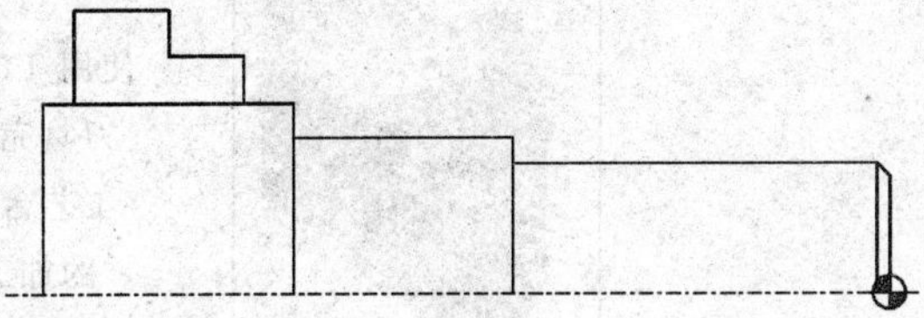		完成件 1 右侧精加工
5	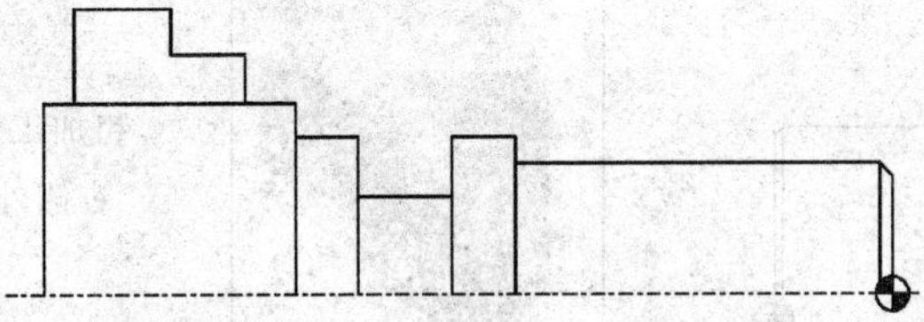	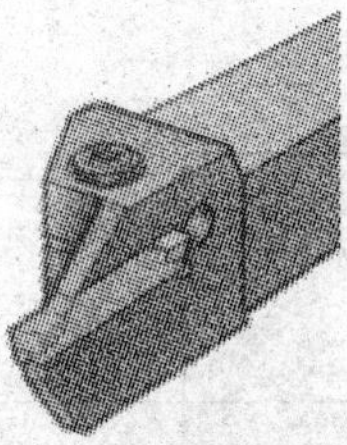	粗精切沟槽
6	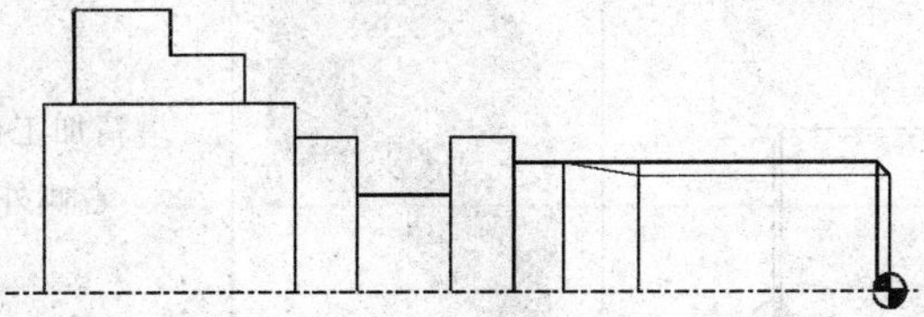	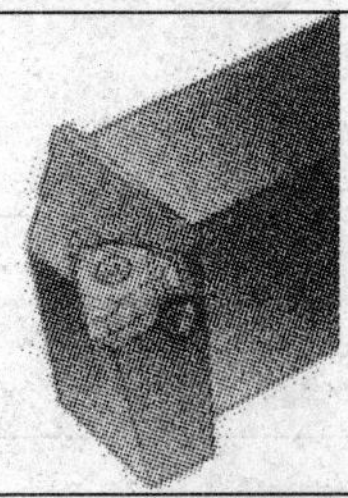	加工件 1 右侧双线梯形螺纹
7	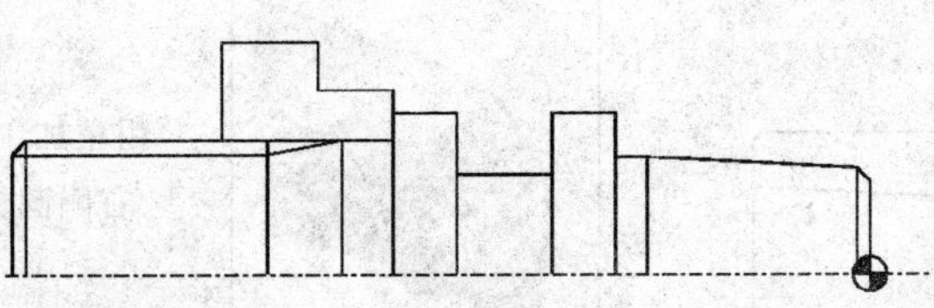	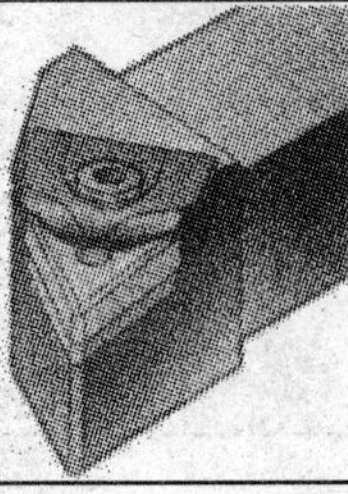	粗加工件 1 左侧锥度

续表

安装序号	加工工步安装简图	刀具简图	完成内容
8	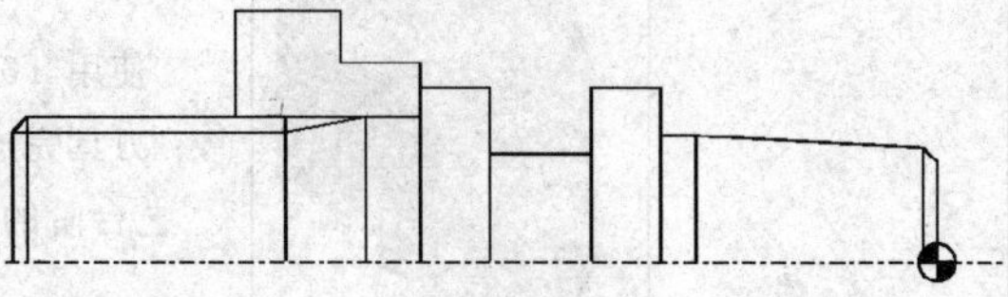		精加工件 1 左侧锥度
9	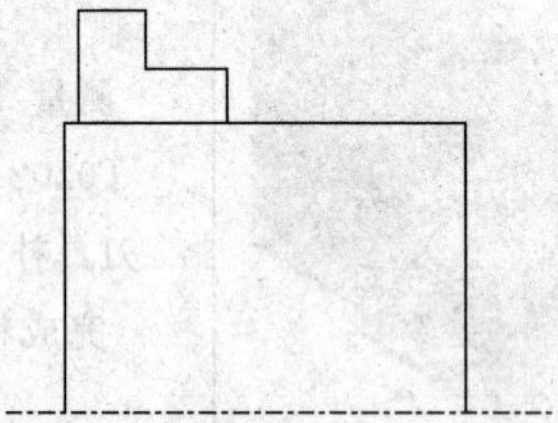	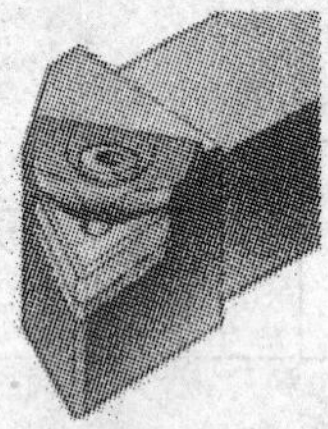	将工件 2 安装在三爪卡盘上
10	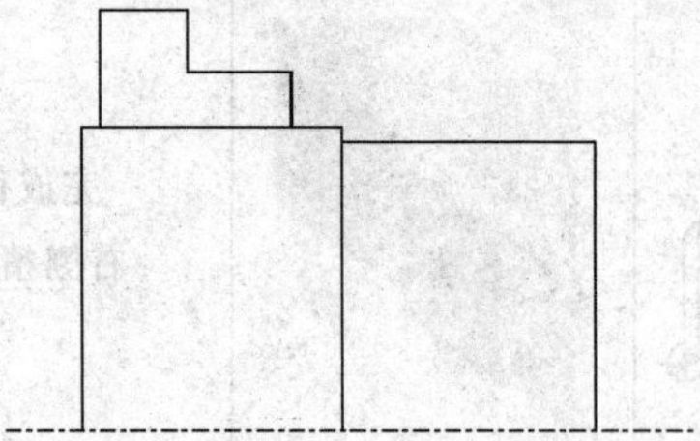	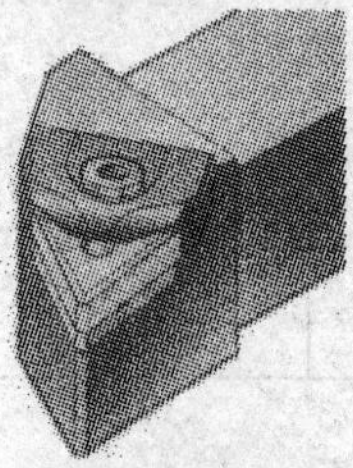	使用 T1101 刀具完成工艺台阶的加工
11	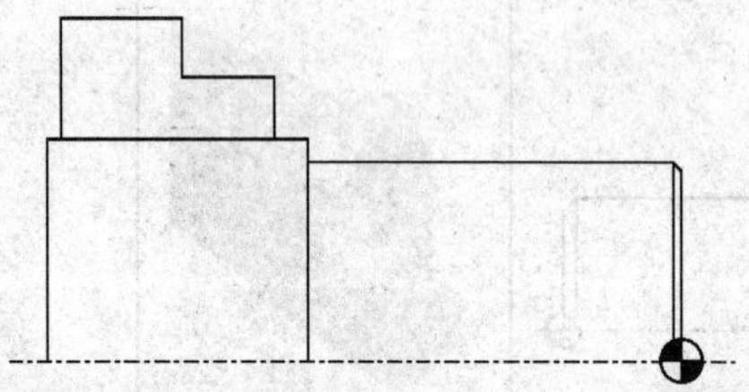	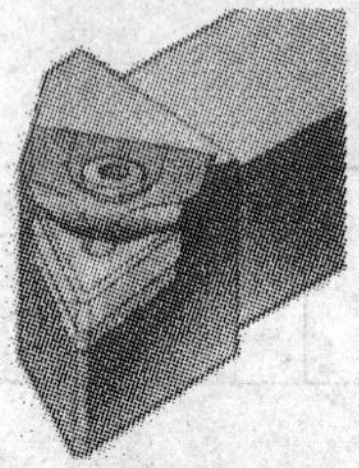	粗加工件 2 右侧外圆
12	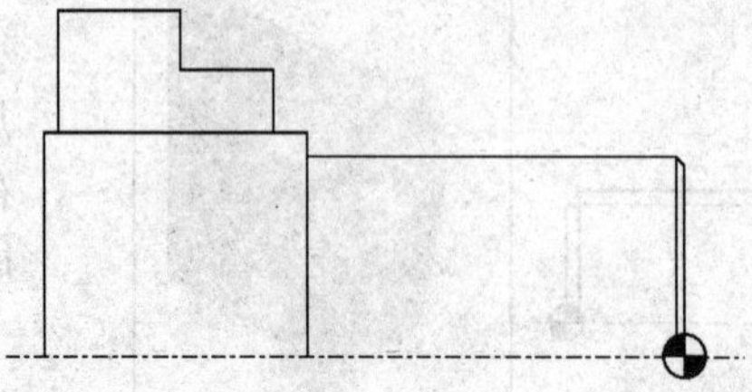	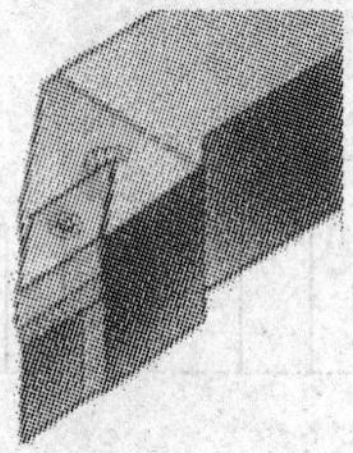	精加工件 2 右侧外圆
13	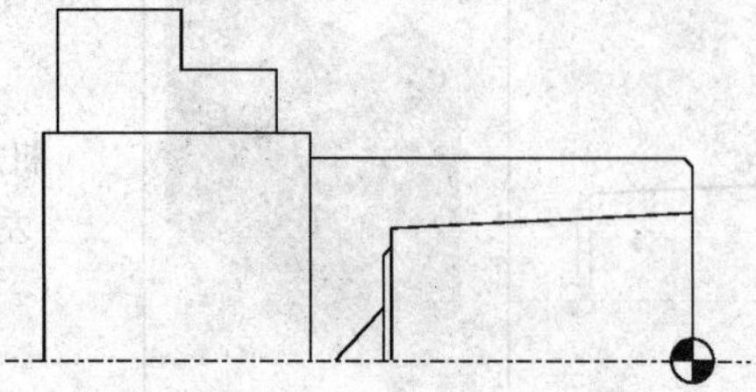		粗精加工件 2 右侧圆锥孔

续表

安装序号	加工工步安装简图	刀具简图	完成内容
14			粗加工件2左侧椭圆外轮廓
15			精加工件2左侧椭圆外轮廓
16			粗精加工件2左侧圆孔
编制	审核	批准	共 页 第 页

表4-5 组合件二加工刀具调整卡

产品名称代号		零件名称	阶梯轴	零件图号	BKD4-4
序号	刀具号	刀具规格	刀具参数		刀补地址	
			刀尖半径	刀杆规格	半径	形状
1	T0101	粗车刀（刀尖角45°）	0.8	20×20mm		＃0001
2	T0202	精车刀（刀尖角35°）	0.2	20×20mm		＃0002
3	T0303	切槽刀		20×20mm		＃0003
4	T0404	镗孔刀	0.2	ϕ12mm		＃0004
5	T0505	螺纹刀	0.2	20×20mm		＃0005
编制	审核	批准		共 页	第 页	

4. 工艺过程安排及机床操作

（1）材料准备：件1－ϕ50×137mm 45号圆钢一根。件2－ϕ50×82mm 45号圆钢一根。

（2）90°外圆粗车刀（35°刀尖角）一把，90°外圆精车刀（35°刀尖角）一把，切刀一把（刀宽 3mm），30°梯形螺纹刀一把（螺距 3mm），内孔车刀一把。

（3）件 1 加工一装夹 ϕ50 毛坯外圆，伸出卡盘 100mm，顶尖顶紧。

（4）加工 ϕ48 外圆和 ϕ40 螺纹外圆。

（5）切 15mm 宽外径槽。

（6）加工双头梯形螺纹。

（7）拆下工件，利用铜片掉头装夹 ϕ40 外圆。

（8）加工 ϕ35 外圆和 1：10 锥度。

（9）件 2 加工一装夹 ϕ50 毛坯外圆，伸出卡盘 45mm。

（10）加工 ϕ40 外圆和 1：10 内锥。

（11）拆下工件，利用铜片掉头装夹 ϕ48 外圆。

（12）加工 ϕ48 外圆和椭圆，并倒圆角。

（13）加工 ϕ25 内孔。

（14）参考程序如下：

```
%420                          (件 1－ϕ40、ϕ48 轮廓加工)
T0101                         (调用 1 号刀具。建立了以 1 号刀具为基准的工件坐标系)
G95 G0 X60 Z100               (将刀具移动到安全位置)
M43                           (将档位设定在高速档位)
M3 S800                       (主轴正转，每分钟 800 转)
G0 X50 Z1                     (将刀具移动至循环点)
G71 U2.5 R0.5 P110 Q160 X
0.4 Z0.05 F0.2                (粗加工参数设定)
G0 X60 Z100                   (返回参考点)
T0202                         (调用 2 号刀具。建立了以 2 号刀具为基准的工件坐标系)
M3 S2400                      (主轴正转，每分钟 800 转)
G0 X50 Z1                     (将刀具移动至循环点)
G0 X36                        (精加工轮廓起始行)
G42 G1 Z0 F0.1                (以工进方式接触工件)
X39.85 C2                     (加工第一个端面并且倒角 C1)
Z－60                         (加工 ϕ40 外圆)
X47.99 C0.5                   (加工轴肩，倒棱 C0.5)
Z－100                        (加工 ϕ48 外圆)
X49                           (退出加工表面)
G40 X50                       (退出工件)
G0 X60 Z100                   (返回安全点)
M5                            (主轴停转)
M30                           (程序结束)
%421                          (件 1－切槽加工)
```

```
T0303              （调用 3 号刀具。建立了以 3 号刀具为基准的工件坐标系）
G95 G0 X60 Z100    （将刀具移动到安全位置）
M43                （将档位设定在高速档位）
M3 S400            （主轴正转，每分钟 400 转）
G0 X50 Z1          （将刀具移动至工件附近）
Z－75              （切槽加工）
G1 X30.2 F0.1      （工进）
G0 X49             （退刀）
Z－78              （排刀）
G1 X30.2 F0.1      （工进）
G0 X49             （退刀）
Z－81              （排刀）
G1 X30.2 F0.1      （工进）
G0 X49             （退刀）
Z－84              （排刀）
G1 X30.2 F0.1      （工进）
G0 X49             （退刀）
Z－86              （精加工起点）
G1 X48 F0.1        （接近工件）
X46 Z－85          （倒角）
X29.99             （加工槽侧壁）
Z－75              （加工槽底）
G0 X49             （退刀）
Z－73              （第二侧壁起点）
G1 X48 F0.1        （接近工件）
X46 Z－74          （倒角）
X29.99             （加工第二侧壁）
Z－75              （加工槽底）
G0 X50             （退刀）
G0 X60 Z100        （返回安全点）
M5                 （主轴停转）
M30                （程序结束）
%422               （件 1－双线梯形螺纹加工）
T0404              （调用 4 号刀具。建立了以 4 号刀具为基准的工件坐标系）
G95 G0 X60 Z100    （将刀具移动到安全位置）
M42                （将档位设定在中速档位）
M3 S650            （主轴正转，每分钟 650 转）
```

```
G76 C2 R－12 E3 A30 X36.7 Z－40 I0 K1.75 U0.06 V0.03 Q0.5 P0 F6
                       (加工第一条螺旋线)
G76 C2 R－12 E3 A30 X36.7 Z－40 I0 K1.75 U0.06 V0.03 Q0.5 P180 F6
                       (加工第一条螺旋线)
G0 X60 Z100            (返回参考点)
M5                     (主轴停转)
M30                    (程序结束)
%423                   (件1－锥度加工)
T0101                  (调用1号刀具。建立了以1号刀具为基准的工件坐标系)
G95 G0 X60 Z100        (将刀具移动到安全位置)
M43                    (将档位设定在高速档位)
M3 S800                (主轴正转，每分钟800转)
G0 X50 Z1              (将刀具移动至循环点)
G71 U2.5 R0.5 P110 Q170 X0.4 Z0.05 F0.2
                       (粗加工参数设定)
G0 X60 Z100            (返回参考点)
T0202                  (调用2号刀具。建立了以2号刀具为基准的工件坐标系)
M3 S2400               (主轴正转，每分钟800转)
G0 X50 Z1              (将刀具移动至循环点)
G0 X28                 (精加工轮廓起始行)
G42 G1 Z0 F0.1         (以工进方式接触工件)
X31.5 C1               (加工第一个端面并且倒角C1)
X35 Z－35              (加工锥度)
Z－40                  (加工φ35外圆)
X49                    (退出加工表面)
G40 X50                (退出工件)
G0 X60 Z100            (返回安全点)
M5                     (主轴停转)
M30                    (程序结束)
%424                   (件2－φ48轮廓加工)
T0101                  (调用1号刀具。建立了以1号刀具为基准的工件坐标系)
G95 G0 X60 Z100        (将刀具移动到安全位置)
M43                    (将档位设定在高速档位)
M3 S800                (主轴正转，每分钟800转)
G0 X50 Z1              (将刀具移动至循环点)
G71 U2.5 R0.5 P110 Q150 X0.4 Z0.05 F0.2
                       (粗加工参数设定)
```

```
G0 X60 Z100                (返回参考点)
T0202                      (调用 2 号刀具。建立了以 2 号刀具为基准的工件坐标系)
M3 S2400                   (主轴正转，每分钟 800 转)
G0 X50 Z1                  (将刀具移动至循环点)
G0 X46                     (精加工轮廓起始行)
G42 G1 Z0 F0.1             (以工进方式接触工件)
X48 C1                     (加工第一个端面并且倒角 C1)
Z-41                       (加工 ϕ48 外圆)
G40 X50                    (退出工件)
G0 X60 Z100                (返回安全点)
M5                         (主轴停转)
M30                        (程序结束)
%425                       (件 2-内锥加工)
T0505                      (调用 5 号刀具。建立了以 5 号刀具为基准的工件坐标系)
G95 G0 X60 Z100            (将刀具移动到安全位置)
M43                        (将档位设定在高速档位)
M3 S400                    (主轴正转，每分钟 400 转)
G0 X23 Z1                  (将刀具移动至循环点)
G71 U2.5 R0.5 P80 Q140 X-0.4 Z0.05 F0.2
                           (粗加工参数设定)
M3 S2000
G0 X36                     (精加工轮廓起始行)
G41 G1 Z0 F0.1             (以工进方式接触工件)
X35 C0.5                   (加工第一个端面并且倒角 C0.5)
X31.3 Z-37                 (加工内锥)
X25 C1                     (加工孔底，倒角 C1)
Z-38                       (加工内孔)
G40 X23                    (退出工件表面)
G0 Z2                      (退出内孔)
G0 X60 Z100                (返回安全点)
M5                         (主轴停转)
M30                        (程序结束)
%426                       (件 2-ϕ48 轮廓加工、椭圆加工)
T0101                      (调用 1 号刀具。建立了以 1 号刀具为基准的工件坐标系)
G95 G0 X60 Z100            (将刀具移动到安全位置)
M43                        (将档位设定在高速档位)
M3 S800                    (主轴正转，每分钟 800 转)
```

```
G0 X50 Z1                (将刀具移动至循环点)
G71 U2.5 R0.5 P110 Q160 X0.4 Z0.05 F0.2
                         (粗加工参数设定)
G0 X60 Z100              (返回参考点)
T0202                    (调用 2 号刀具。建立了以 2 号刀具为基准的工件坐标系)
M3 S2400                 (主轴正转，每分钟 800 转)
G0 X50 Z1                (将刀具移动至循环点)
G0 X46                   (精加工轮廓起始行)
G42 G1 Z0 F0.1           (以工进方式接触工件)
X48 C1                   (加工第一个端面并且倒角 C1)
Z-9.36                   (加工 ϕ40 外圆)
G3 X46.84 Z-10.77 R2
#1=15                    (输入变量 1 初值 15，椭圆长轴尺寸)
#2=5                     (输入变量 2 初值 5，椭圆短轴尺寸)
#3=14.23                 (输入变量 3 初值 14.23，椭圆长度，判断量)
WHILE #3 GE [-14.23](判断语句，判断是否走到椭圆 Z 轴终点)
#4=5*SQRT [#1*#1-#3*#3] /15
                         (利用椭圆方程推导 X 轴坐标点公式)
G1 X [50-2*#4] Z [#3-25]
                         (利用直线插补拟合椭圆)
#3=#3-0.5                (设定 Z 轴步距，判断量自减)
ENDW                     (结束循环语句)
G3 X48 Z-40.64 R2        (倒圆角)
G40 G1 X50               (退出工件)
G0 X60 Z100              (返回安全点)
M5                       (主轴停转)
M30                      (程序结束)
%427                     (件 2-ϕ25 内孔加工)
T0101                    (调用 1 号刀具。建立了以 1 号刀具为基准的工件坐标系)
G95 G0 X60 Z100          (将刀具移动到安全位置)
M43                      (将档位设定在高速档位)
M3 S800                  (主轴正转，每分钟 800 转)
G0 X50 Z1                (将刀具移动至循环点)
G71 U2.5 R0.5 P110 Q160 X-0.4 Z0.05 F0.2
                         (粗加工参数设定)
G0 X60 Z100              (返回参考点)
T0202                    (调用 2 号刀具。建立了以 2 号刀具为基准的工件坐标系)
```

M3 S2400 （主轴正转，每分钟 2400 转）
G0 X50 Z1 （将刀具移动至循环点）
G0 X28 （精加工轮廓起始行）
G41 G1 Z0 F0.1 （以工进方式接触工件）
X25 C1 （加工第一个端面并且倒角 C1）
Z—42 （加工 ϕ25 内孔）
G40 X23 （退出工件表面）
G0 Z2 （退出工件内孔）
G0 X60 Z100 （返回安全点）
M5 （主轴停转）
M30 （程序结束）

5. 加工检测

加工零件配分及检测项目分析如表 4－6 所示。

表 4－6 加工零件配分及检测项目分析

序号	检测项目	技术要求	配分		检测结果		得分	偏差原因分析
			IT	*Ra*	IT	*Ra*		
1	件一长度	135±0.03	3					
2		40 ＋0.03 0	3					
3		52	1					
4		15	1					
5		10±0.02	3					
6		10±0.02	3					
7		12	1					
8		10	1					
9	件一直径	ϕ48±0.03	3	1				
10		$\phi30^{0}_{-0.021}$	3	1				
11		ϕ35±0.01	3	1				
12		$\phi40^{0}_{-0.021}$	3	1				
13		ϕ40（螺纹外径）	1					
14	件一其他	圆锥 1∶10	4	2				
15		Tr40×6（P3）	6	4				
16	件二长度	80 ＋0.06 0	4					
17		17		1				
18		18		1				

续表

序号	检测项目	技术要求	配分		检测结果		得分	偏差原因分析
			IT	Ra	IT	Ra		
19	件二直径	$\phi48^{0}_{-0.021}$	3	1				
20		$\phi25^{+0.04}_{+0.021}$	3	1				
21	件二其他	R2	2					
22		椭圆 10×30	3	2				
23		圆锥 1∶10	4	2				
24	配合分数	$\phi180\pm0.03$	8					
25		$5_{0}^{+0.05}$	8					
26		研配 70%	8					
27	总分	100					得分	

6. 理论知识回顾

(1) 多线梯形螺纹加工，螺距在 3～12mm 之间时可采用斜进法切削方式。但切削深度不应过深。具体指令格式为：G76 C____ R____ E____ A____ X____ Z____ I____ K____ U____ V____ Q____ P____ F____。

(2) 锥度配合加工时，必须加入刀具半径补偿功能。否则，会出现由于欠切的原因产生配合间隙。

(3) 梯形螺纹的检测方法。螺纹中径的简化计算公式如表 4-7 所示：

表 4-7 螺纹中径的简化计算公式

螺纹牙形角	M 值计算公式	量针直径（dD）
60°（普通螺纹）	M＝d2＋3dD－0.866P	0.577P
30°（梯形螺纹）	M＝d2＋4.864dD－1.866P	0.518P
40°（蜗杆）	M＝d2＋3.924dD－1.374P	0.533P

7. 技术交流

加工梯形螺纹时由于接触面积较大可在粗加工时将刀尖角加大，例如：30°梯形螺纹在加工时可改为 32°。精加工时改为 30°。螺距超过 12mm 时建议采用 G32 指令或宏程序编程实现左右排刀法加工。

4.3 椭圆组合零件的加工

能力目标

☆此项目主要针对所学的各练习内容进行综合性的练习，提高操作人员对数控车床各种加工要素的熟悉程度。

知识目标

☆椭圆的加工方法。

☆宏程序在加工中的应用。

☆宏程序中参数的定义。

1. 零件效果图

零件效果图如图4-9所示。

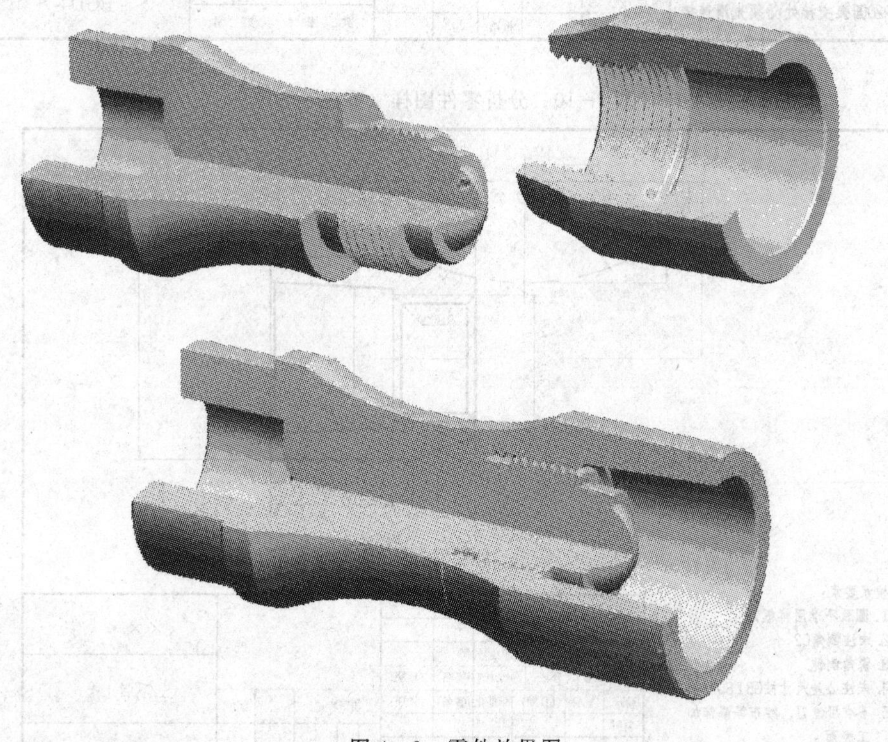

图4-9 零件效果图

2. 分析零件图样

分析零件图样如图4-10、图4-11、图4-12所示。

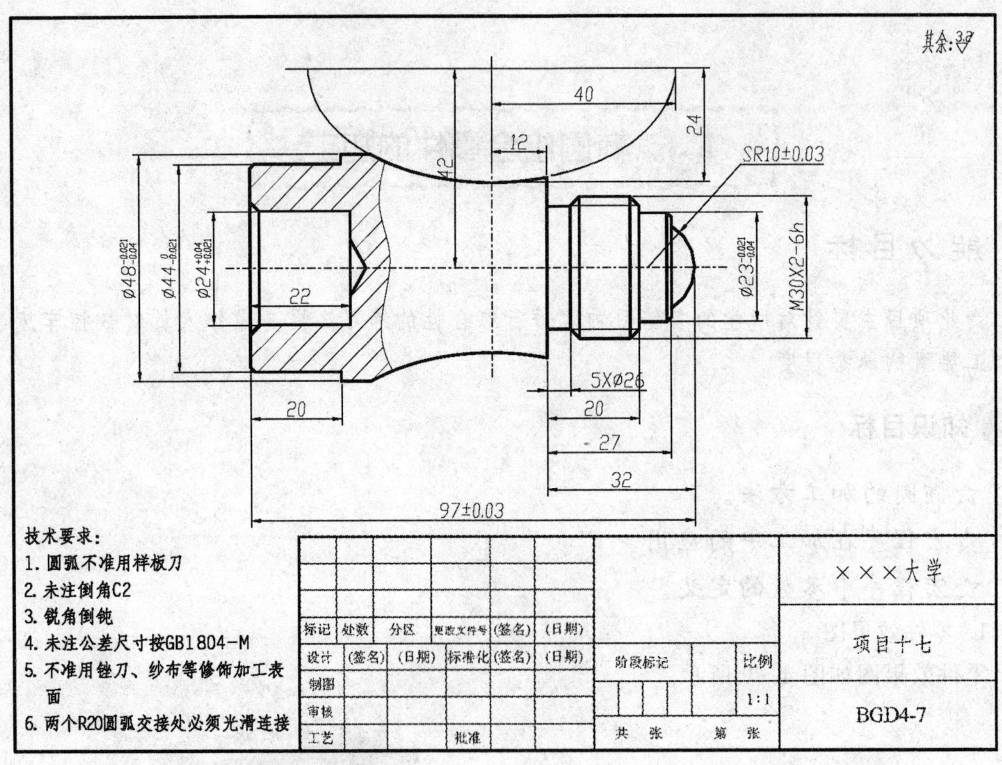

图 4－10 分析零件图样（零件一）

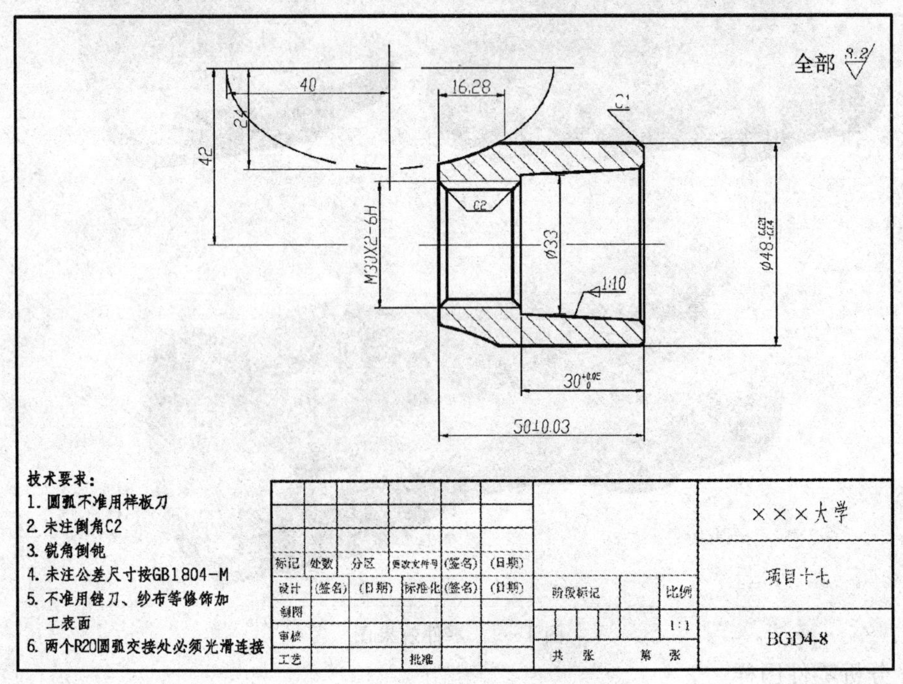

图 4－11 分析零件图样（零件二）

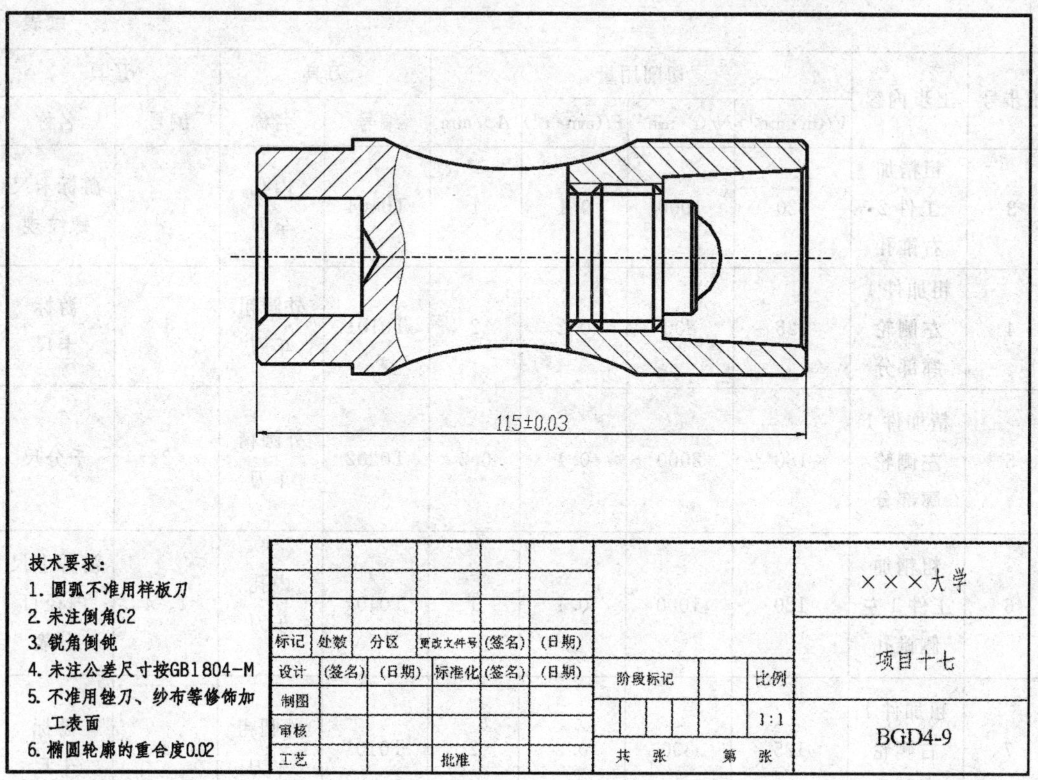

图 4-12　分析零件图样（装配图）

3. 编制数控加工工序卡

组合件三数控加工工序卡如表 4-8 所示。组合件三加工刀具调整卡如表 4-9 所示。

表 4-8　组合件三数控加工工序卡

数控加工工序卡				产品名称		零件名称		零件图号	
						阶梯轴		BGD4-7	
工序号	程序编号	材料	毛坯规格	夹具名称		适用设备		车间	
1	0430	45	ϕ50×99 ϕ50×52	三爪卡盘		TK40-HNC21T		数控车间	
工步号	工步内容	切削用量				刀具		量具	
		V/(m·min^{-1})	N/(r·min^{-1})	F/(mm·r^{-1})	Ap/mm	编号	名称	编号	名称
1	粗加件 2 右侧外圆部分	125	800	0.2	2	T0101	外圆粗车刀	1	游标卡尺
2	精加件 2 右侧外圆部分	180	2000	0.1	0.5	T0202	外圆精车刀	2	千分尺

续表

工步号	工步内容	切削用量				刀具		量具	
		$V/(m\cdot min^{-1})$	$N/(r\cdot min^{-1})$	$F/(mm\cdot r^{-1})$	Ap/mm	编号	名称	编号	名称
3	粗精加工件2右锥孔	120	1000	0.1	1	T0404	内孔车刀	1、3	游标卡尺螺纹规
4	粗加件1左侧轮廓部分	125	800	0.2	2	T0101	外圆粗车刀	1	游标卡尺
5	精加件1左侧轮廓部分	180	2000	0.1	0.5	T0202	外圆精车刀	2	千分尺
6	粗精加工件1左侧锥孔	120	1000	0.1	1	T0404	内孔车刀	1、4	游标卡尺内径百分表
7	粗加件1右侧轮廓部分	125	800	0.2	2	T0101	外圆粗车刀	1	游标卡尺
8	精加件1右侧轮廓部分	180	2000	0.1	0.5	T0202	外圆精车刀	2、5	千分尺样板
9	加工件1螺纹	100	600	1.5	0.5～0.1	T0505	螺纹车刀	6	螺纹千分尺
10	粗加件2左侧椭圆部分	125	800	0.2	2	T0101	外圆粗车刀	1、5	游标卡尺样板
11	精加件2左侧椭圆部分	180	2000	0.1	0.5	T0202	外圆精车刀	2、5	千分尺样板
12	粗精加工件2左侧螺纹底孔	120	1000	0.1	1	T0404	内孔车刀	1	游标卡尺
13	加工内螺纹	100	600	1.5	0.5～0.1	T0505	螺纹车刀	7	螺纹规

续表

安装序号	加工工步安装简图	刀具简图	完成内容
1	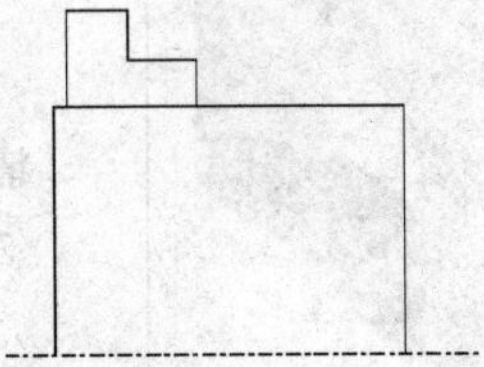	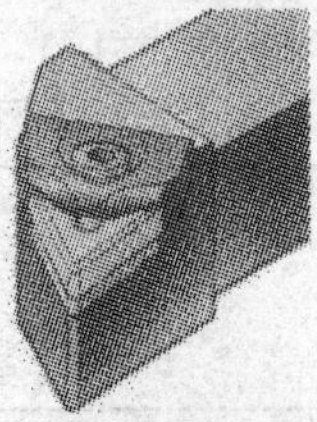	将工件2安装在三爪卡盘上
2	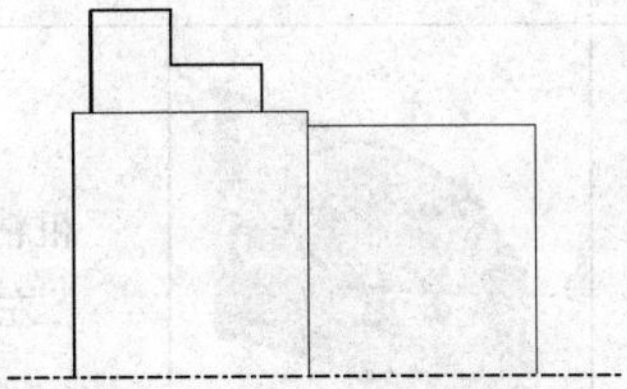	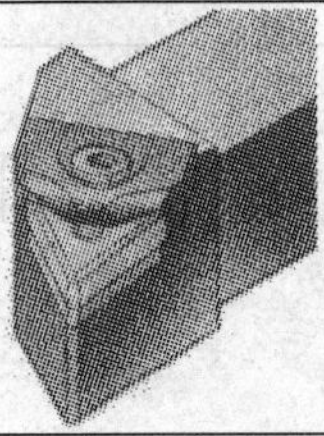	使用T0101刀具完成工艺台阶的加工
3	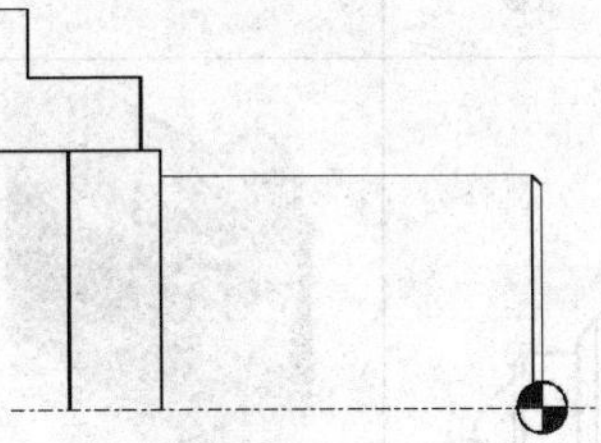	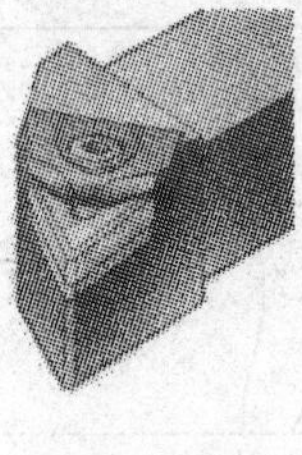	粗加工件2右端外圆
4	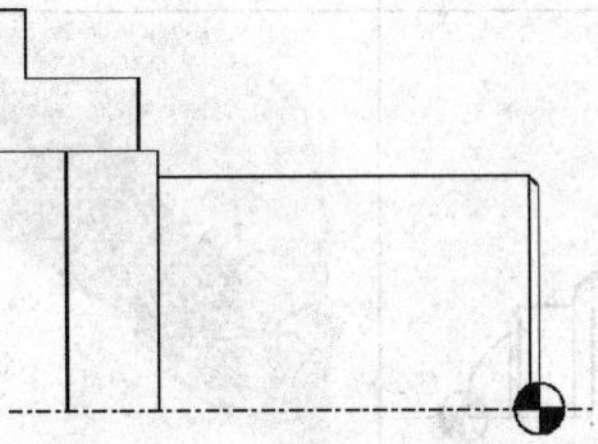	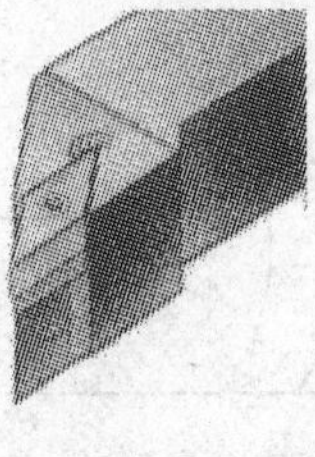	精加工件2右端外圆
5	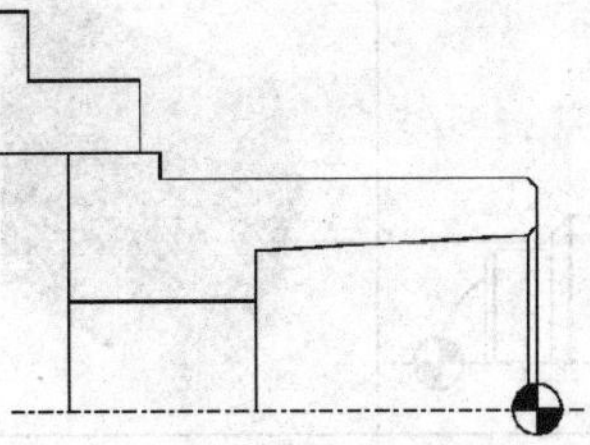	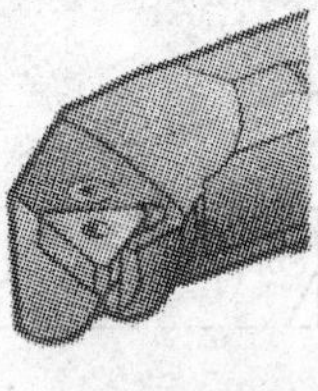	粗精加工件2右侧锥孔
6	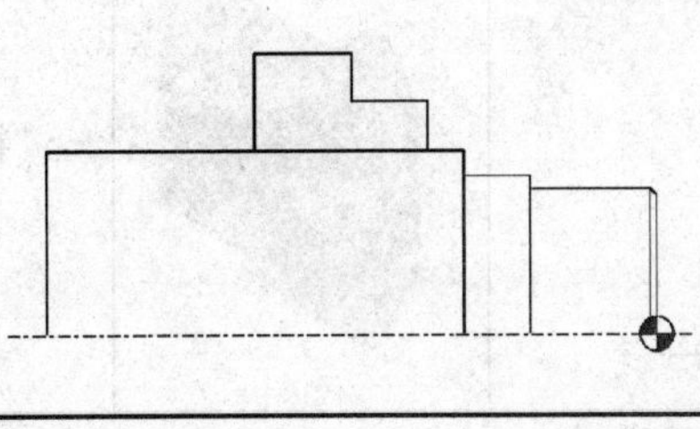	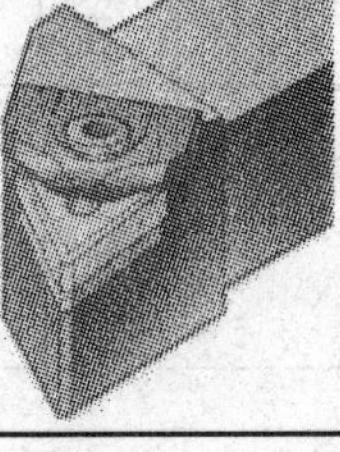	粗加工件1左侧外圆

续表

安装序号	加工工步安装简图	刀具简图	完成内容
7	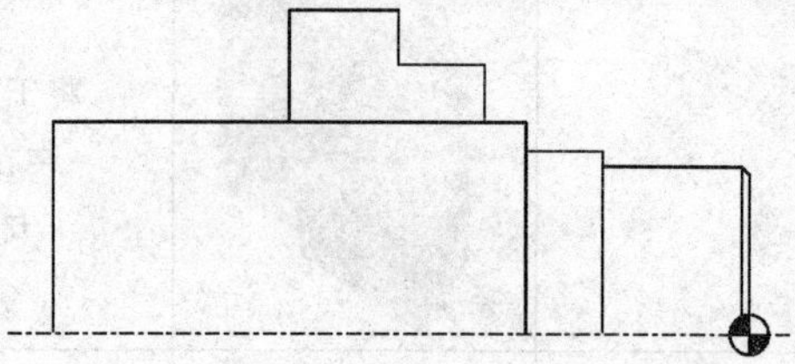	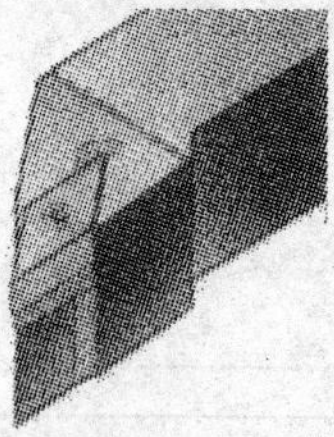	精加工件 1 左侧外圆
8	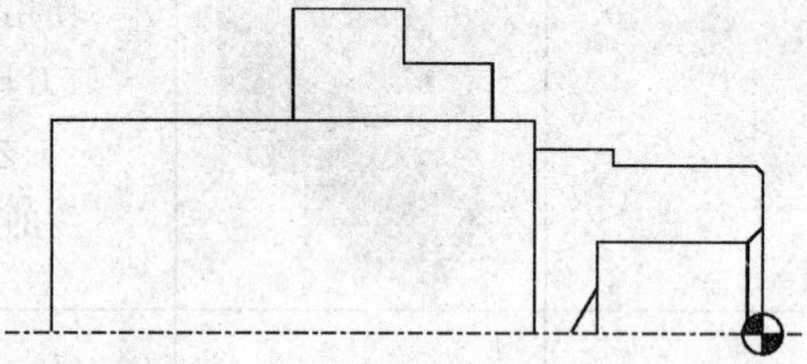	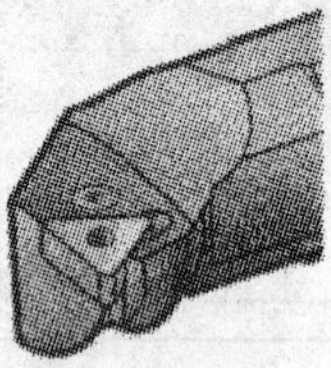	粗精加工件 1 左侧内孔
9	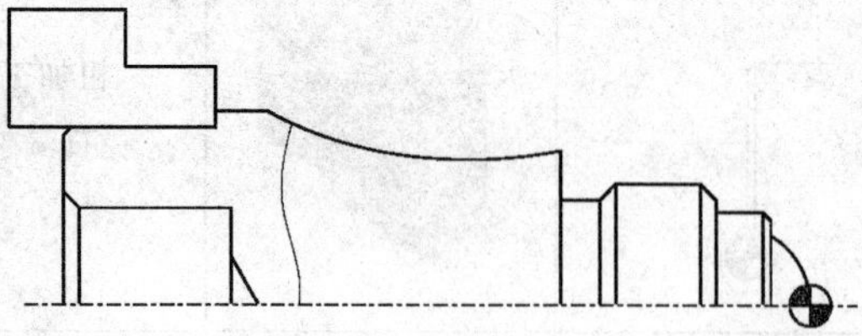	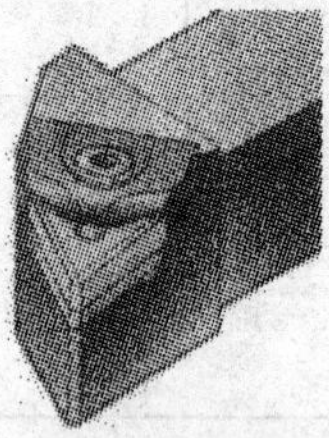	粗加工件 1 右侧外圆
10	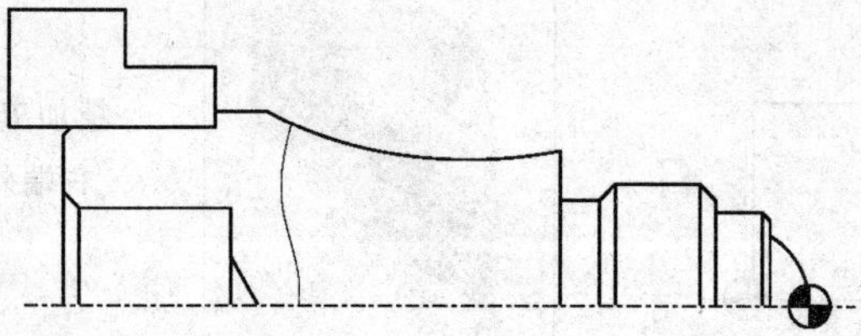	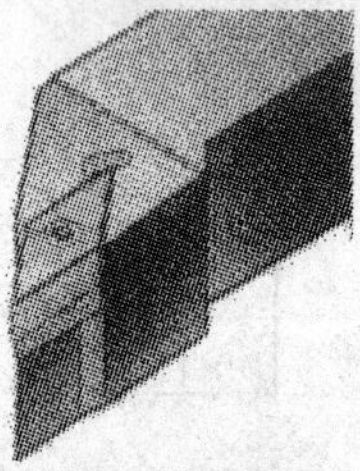	精加工件 1 右侧外圆
11	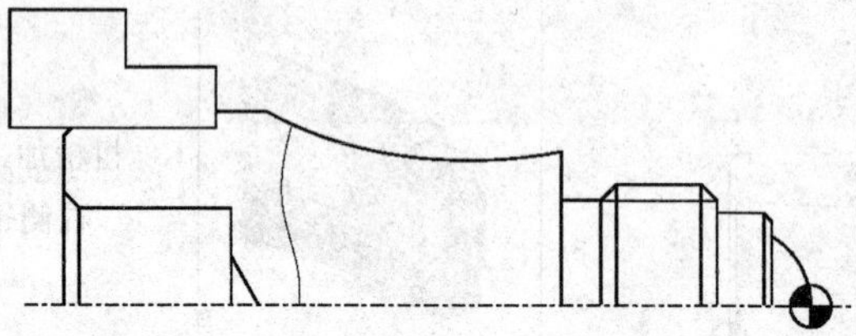		加工件 1 螺纹
12	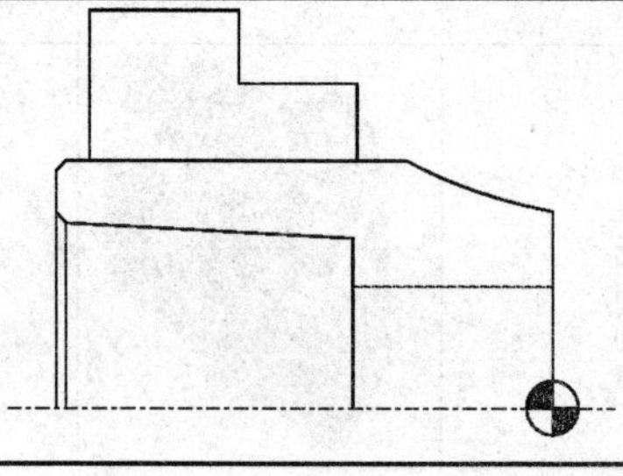	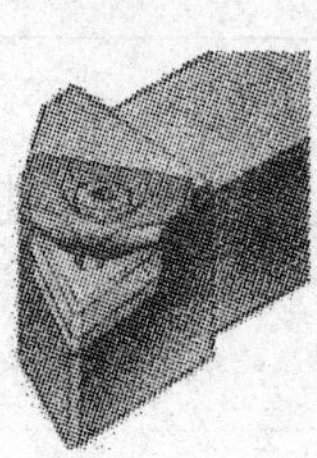	粗加工件 2 左侧外圆

续表

安装序号	加工工步安装简图	刀具简图	完成内容
13	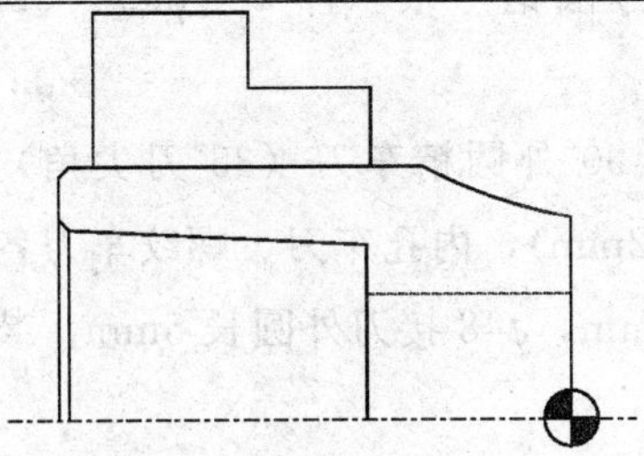	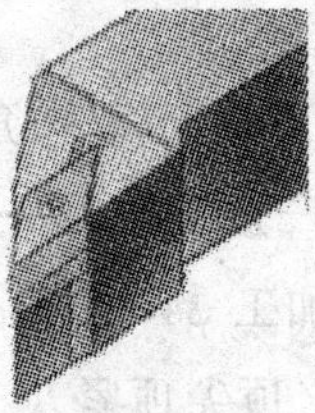	精加工件 2 左侧外圆
14	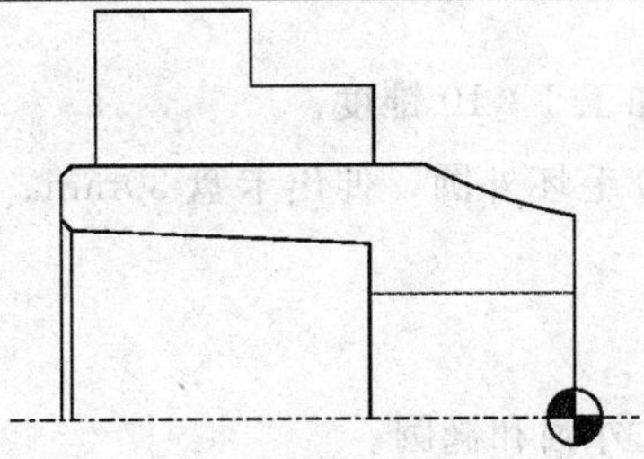	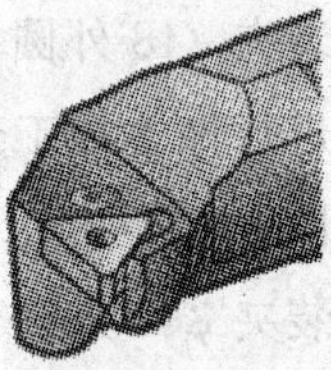	粗精加工件 2 左侧螺 纹底孔
15	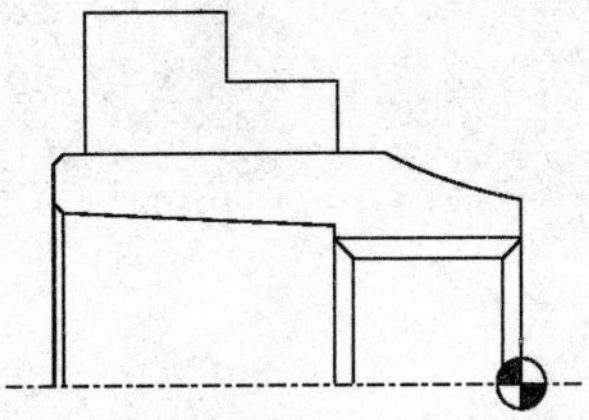	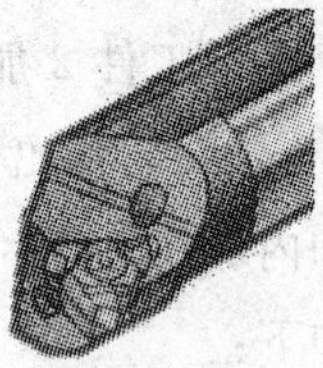	配做件 2 螺纹
编制	审核	批准	共　页　第　页

表 4-9　组合件三加工刀具调整卡

产品名称代号		零件名称	组合件	零件图号	BGD4-1
序号	刀具号	刀具规格	刀具参数		刀补地址	
			刀尖半径	刀杆规格	半径	形状
1	T0101	粗车刀 （刀尖角 45°）	0.8	20×20mm		＃0001
2	T0202	精车刀 （刀尖角 35°）	0.2	20×20mm		＃0002
3	T0303	切槽刀		20×20mm		＃0003
4	T0404	镗孔刀	0.2	ϕ12mm		＃0004
5	T0505	螺纹刀	0.4	20×20mm		＃0005
6	T0606	内螺 纹刀	0.2	ϕ12mm		＃0006
编制	审核	批准		共　页	第　页	

4. 工艺过程安排及机床操作

(1) 材料准备：件 1－ϕ50×99mm 45 号圆钢一根。件 2－ϕ50×52mm 45 号圆钢一根。

(2) 90°外圆粗车刀（35°刀尖角）一把，90°外圆精车刀（35°刀尖角）一把，切刀一把（刀宽 3mm），60°三角螺纹刀一把（螺距 2mm），内孔车刀、螺纹车刀各一把。

(3) 件 2 加工－加工 ϕ46 工艺外圆长 10mm，ϕ48 接刀外圆长 5mm。装夹 ϕ46 毛坯外圆，伸出卡盘 42mm，顶尖顶紧。

(4) 加工 ϕ48 外圆。

(5) 拆下工件，装夹 ϕ48 外圆，钻孔，加工 1∶10 锥度。

(6) 拆下工件 2 进行件 1 加工－装夹 ϕ50 毛坯外圆，伸出卡盘 30mm。

(7) 加工 ϕ44 外圆和 ϕ24 内孔。

(8) 拆下工件，装夹 ϕ44 外圆。

(9) 件 1 加工－加工 ϕ23 外圆、ϕ30 螺纹外圆和椭圆。

(10) 加工 *M*30 螺纹。

(11) 拆下工件 1 进行工件 2 加工。

(12) 装夹件 2ϕ48 外圆，伸出卡盘 25mm。

(13) 加工椭圆和内螺纹。

(14) 参考程序如下：

```
%430                     （工件 2－φ48 轮廓加工）
T0101                    （调用 1 号刀具。建立了以 1 号刀具为基准的工件坐标系）
G95 G0 X60 Z100          （将刀具移动到安全位置）
M43                      （将档位设定在高速档位）
M3 S800                  （主轴正转，每分钟 800 转）
G0 X50 Z1                （将刀具移动至循环点）
G71 U2.5 R0.5 P110 Q150 X0.4 Z0.05 F0.2
                         （粗加工参数设定）
G0 X60 Z100              （返回参考点）
T0202                    （调用 2 号刀具。建立了以 2 号刀具为基准的工件坐标系）
M3 S2400                 （主轴正转，每分钟 2400 转）
G0 X50 Z1                （将刀具移动至循环点）
G0 X36                   （精加工轮廓起始行）
G42 G1 Z0 F0.1           （以工进方式接触工件）
X47.97 C1                （加工第一个端面并且倒角 C1）
Z-40                     （加工 φ48 外圆）
```

```
G40 X50                     (退出工件)
G0 X60 Z100                 (返回安全点)
M5                          (主轴停转)
M30                         (程序结束)
%431                        (工件 2—内锥加工)
T0505                       (调用 5 号刀具。建立了以 5 号刀具为基准的工件坐标系)
G95 G0 X60 Z100             (将刀具移动到安全位置)
M43                         (将档位设定在高速档位)
M3 S400                     (主轴正转，每分钟 400 转)
G0 X20 Z1                   (将刀具移动至循环点)
G71 U2.5 R0.5 P70 Q130 X—0.4 Z0.05 F0.2
                            (粗加工参数设定)
G0 X40                      (精加工轮廓起始行)
G41 G1 Z0 F0.1              (以工进方式接触工件)
X36 C1                      (加工第一个端面并且倒角 C1)
X33 Z—30                    (加工内锥)
X27 C1                      (倒角)
Z—52                        (加工螺纹内孔)
G40 X20                     (退出工件)
G0 Z2                       (退出内孔)
G0 X60 Z100                 (返回安全点)
M5                          (主轴停转)
M30                         (程序结束)
%423                        (工件 1—φ44、φ48 轮廓加工)
T0101                       (调用 1 号刀具。建立了以 1 号刀具为基准的工件坐标系)
G95 G0 X60 Z100             (将刀具移动到安全位置)
M43                         (将档位设定在高速档位)
M3 S800                     (主轴正转，每分钟 800 转)
G0 X50 Z1                   (将刀具移动至循环点)
G71 U2.5 R0.5 P110 Q160 X0.4 Z0.05 F0.2
                            (粗加工参数设定)
G0 X60 Z100                 (返回参考点)
T0202                       (调用 2 号刀具。建立了以 2 号刀具为基准的工件坐标系)
M3 S2400                    (主轴正转，每分钟 2400 转)
G0 X50 Z1                   (将刀具移动至循环点)
```

```
G0 X24                    (精加工轮廓起始行)
G41 G1 Z0 F0.1            (以工进方式接触工件)
X43.99 C1                 (加工第一个端面并且倒角 C1)
Z-20                      (加工 φ44 外圆)
X47.99 C0.5               (加工轴肩，倒棱 C0.5)
Z-30                      (加工 φ48 外圆)
G40 X50                   (退出工件)
G0 X60 Z100               (返回安全点)
M5                        (主轴停转)
M30                       (程序结束)
%424                      (工件 1-φ24 内孔加工)
T0505                     (调用 5 号刀具。建立了以 5 号刀具为基准的工件坐标系)
G95 G0 X60 Z100           (将刀具移动到安全位置)
M43                       (将档位设定在高速档位)
M3 S400                   (主轴正转，每分钟 400 转)
G0 X20 Z1                 (将刀具移动至循环点)
G71 U2.5 R0.5 P110 Q120 X-0.4 Z0.05 F0.2
                          (粗加工参数设定)
M3 S2400                  (主轴正转，每分钟 2400 转)
G0 X27                    (精加工轮廓起始行)
G41 G1 Z0 F0.1            (以工进方式接触工件)
X24.03 C1                 (加工第一个端面并且倒角 C1)
Z-22                      (加工 φ24 外圆)
G40 X20                   (退出加工表面)
G0 Z2                     (退出工件内孔)
G0 X60 Z100               (返回安全点)
M5                        (主轴停转)
M30                       (程序结束)
%425                      (件 1-φ23 轮廓、椭圆、圆弧加工)
T0101                     (调用 1 号刀具。建立了以 1 号刀具为基准的工件坐标系)
G95 G0 X60 Z100           (将刀具移动到安全位置)
M43                       (将档位设定在高速档位)
M3 S800                   (主轴正转，每分钟 800 转)
G0 X50 Z1                 (将刀具移动至循环点)
G71 U2.5 R0.5 P110 Q280 X0.4 Z0.05 F0.2
```

```
                         (粗加工参数设定)
G0 X60 Z100              (返回参考点)
T0202                    (调用 2 号刀具。建立了以 2 号刀具为基准的工件坐标系)
M3 S2400                 (主轴正转，每分钟 800 转)
G0 X50 Z1                (将刀具移动至循环点)
G0 X－0.5                (精加工轮廓起始行)
G41 G1 Z0 F0.1           (以工进方式接触工件)
X0                       (加工至圆弧中心点)
G3 X17.32 Z－5           (加工 R10 圆弧)
G1 X22.97 C0.5           (加工轴肩，倒棱 C0.5)
Z－12                    (加工 φ48 外圆)
X29.85 C1.5              (倒角 C1.5)
Z－32                    (退出加工表面)
X38.21                   (加工至椭圆起点)
＃1＝40                  (输入变量 1 初值 40，椭圆长轴尺寸)
＃2＝24                  (输入变量 2 初值 24，椭圆短轴尺寸)
＃3＝12                  (输入变量 3 初值 12，椭圆长度，判断量)
WHILE ＃3 GE [－26.46]
                         (判断语句，判断是否走到椭圆 Z 轴终点)
＃4＝24＊SQRT [＃1＊＃1－＃3＊＃3] /40
                         (利用椭圆方程推导 X 轴坐标点公式)
G1 X [84－2＊＃4] Z [＃3－44]
                         (利用直线插补拟合椭圆)
＃3＝＃3－0.5            (设定 Z 轴步距，判断量自减)
ENDW                     (结束循环语句)
G0 X50                   (退出工件)
G0 X60 Z100              (返回安全点)
M5                       (主轴停转)
M30                      (程序结束)
%426                     (件 1－切槽加工)
T0303                    (调用 3 号刀具。建立了以 3 号刀具为基准的工件坐标系)
G95 G0 X60 Z100          (将刀具移动到安全位置)
M42                      (将档位设定在中速档位)
M3 S600                  (主轴正转，每分钟 600 转)
G0 X39 Z1                (将刀具移动至循环点)
```

```
Z−32                        （移动至切槽起点）
G01 X26 F0.1                （加工槽侧壁）
Z−30                        （加工槽底）
X30 Z−28.5                  （倒角）
X30.5                       （退出工件表面）
G0 X60 Z100                 （返回安全点）
M5                          （主轴停转）
M30                         （程序结束）
%427                        （件1−螺纹加工）
T0404                       （调用4号刀具。建立了以4号刀具为基准的工件坐标系）
G95 G0 X60 Z100             （将刀具移动到安全位置）
M43                         （将档位设定在高速档位）
M3 S600                     （主轴正转，每分钟600转）
G0 X31 Z−6                  （将刀具移动至循环点）
G82 X29.1 Z−16.5 F2         （螺纹加工循环）
X28.5 Z−16.5                （加工螺纹第二层）
X27.9 Z−16.5                （加工螺纹第三层）
X27.5 Z−16.5                （加工螺纹第四层）
X27.4 Z−16.5                （加工螺纹第五层）
G0 X60 Z100                 （返回安全点）
M5                          （主轴停转）
M30                         （程序结束）
%428                        （件2−椭圆加工）
T0101                       （调用1号刀具。建立了以1号刀具为基准的工件坐标系）
G95 G0 X60 Z100             （将刀具移动到安全位置）
M43                         （将档位设定在高速档位）
M3 S800                     （主轴正转，每分钟800转）
G0 X50 Z1                   （将刀具移动至循环点）
G71 U2.5 R0.5 P110 Q160 X0.4 Z0.05 F0.2
                            （粗加工参数设定）
G0 X60 Z100                 （返回参考点）
T0202                       （调用2号刀具。建立了以2号刀具为基准的工件坐标系）
M3 S2400                    （主轴正转，每分钟2400转）
G0 X50 Z1                   （将刀具移动至循环点）
G0 X27                      （精加工轮廓起始行）
```

```
G42 G1 Z0 F0.1              (以工进方式接触工件)
X38.21                      (加工第一个端面并且倒角 C1)
#1=40                       (输入变量 1 初值 40，椭圆长轴尺寸)
#2=24                       (输入变量 2 初值 24，椭圆短轴尺寸)
#3=-12                      (输入变量 3 初值-12，椭圆长度，判断量)
WHILE #3 GE [-26.46]
                            (判断语句，判断是否走到椭圆 Z 轴终点)
#4=24*SQRT [#1*#1-#3*#3] /40
                            (利用椭圆方程推导 X 轴坐标点公式)
G1 X [84-2*#4] Z [#3+12]
                            (利用直线插补拟合椭圆)
#3=#3-0.5                   (设定 Z 轴步距，判断量自减)
ENDW                        (结束循环语句)
G40 G1 X50                  (退出工件)
G0 X60 Z100                 (返回安全点)
M5                          (主轴停转)
M30                         (程序结束)
%429                        (件 2-内螺纹加工)
T0404                       (调用 4 号刀具。建立了以 4 号刀具为基准的工件坐标系)
G95 G0 X60 Z100             (将刀具移动到安全位置)
M43                         (将档位设定在高速档位)
M3 S800                     (主轴正转，每分钟 800 转)
G0 X26 Z6                   (将刀具移动至循环点)
G82 X27.4 Z-21 F2           (螺纹加工循环)
X27.5 Z-21                  (螺纹加工第二层)
X27.9 Z-21                  (螺纹加工第三层)
X28.5 Z-21                  (螺纹加工第四层)
X29.1 Z-21                  (螺纹加工第五层)
X30 Z-21                    (螺纹加工第六层)
G0 Z2                       (移动至螺纹内孔外)
G0 X60 Z100                 (返回安全点)
M5                          (主轴停转)
M30                         (程序结束)
```

5. 加工检测

加工零件三配分及检测项目分析如表 4-10 所示。

表 4－10　加工零件三配分及检测项目分析

序号	检测项目	技术要求	配分		检测结果		得分	偏差原因分析
			IT	*Ra*	IT	*Ra*		
1	件一长度	97±0.03	2					
2		32	1					
3		27	1					
4		20	1					
5		20	1					
6		5	1					
7		36	1					
8		12	1					
9		42	1					
10		22	1					
11	件一直径	$\phi 48^{-0.021}_{-0.04}$	5					
12		$\phi 42^{0}_{-0.021}$	5					
13		$\phi 24^{+0.04}_{+0.021}$	5					
14		$\phi 26$	2					
15		$\phi 23^{-0.021}_{-0.04}$	5					
16		$\phi 30$	2					
17	件一其他	椭圆 40×24	4					
18		*SR*10±0.03	4					
19		*M*30×2	10					
20	件二长度	50±0.03	3					
21		30 ＋0.05 0	5					
22		12	1					
23		42	1					
24	件二直径	$\phi 33$	1					
25		$\phi 48^{-0.021}$－0.04	5					
26	件二其他	椭圆 40×24	4					
27		*M*30×2	10					
28		锥度 1∶10	7					
29	配合	115±0.03	10					
30	总分	100						

6. 理论知识回顾

（1）椭圆加工前先定义宏变量 ＃××，用来设定椭圆的长轴和短轴，以及 Z 轴的变量。

（2）椭圆等宏程序加工多数采用循环语句，WHILE 循环语句设定椭圆运行的区间，如：%428 中 N230 段 WHILE ＃3 GE［－26.46］表示当 Z 方向大于－26.46 时进行椭圆计算和运行。否则，跳出循环。

7. 技术交流

组合零件的加工工艺安排较为重要，读者在加工时应从装夹可靠性、装夹次数、配合尺寸修正面等方面安排工艺。

第5章 习题库

习题一 班级 学号 姓名

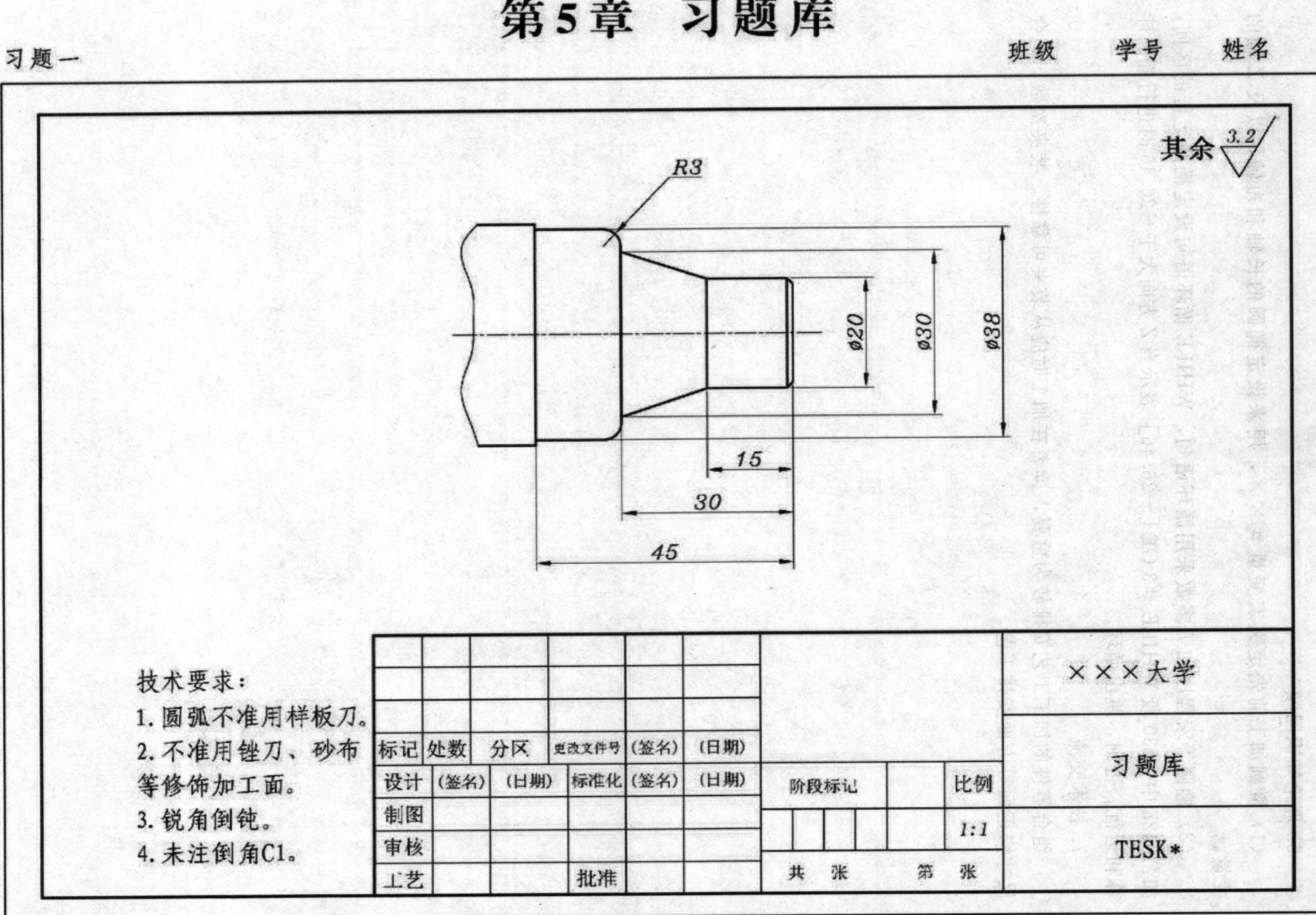

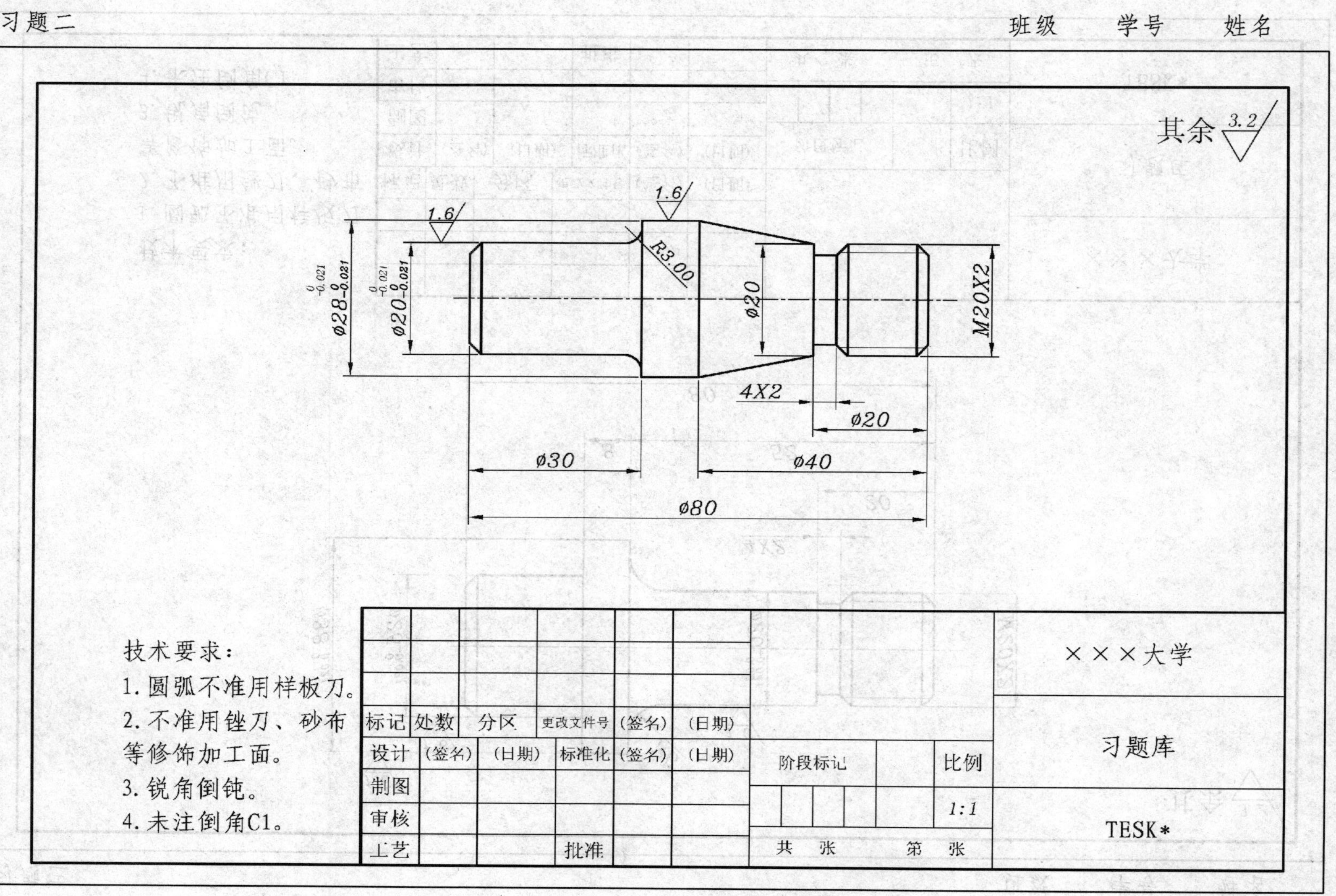

习题二
班级 学号 姓名
其余 3.2
1.6
1.6
ϕ28 0 -0.021
ϕ20 0 -0.021
R3.00
ϕ20
M20X2
4X2
ϕ20
ϕ30
ϕ40
ϕ80
技术要求：
1. 圆弧不准用样板刀。
2. 不准用锉刀、砂布等修饰加工面。
3. 锐角倒钝。
4. 未注倒角C1。
标记 处数 分区 更改文件号 (签名) (日期)
设计 (签名) (日期) 标准化 (签名) (日期)
制图
审核
工艺 批准
阶段标记
比例
1:1
共 张 第 张
×××大学
习题库
TESK*

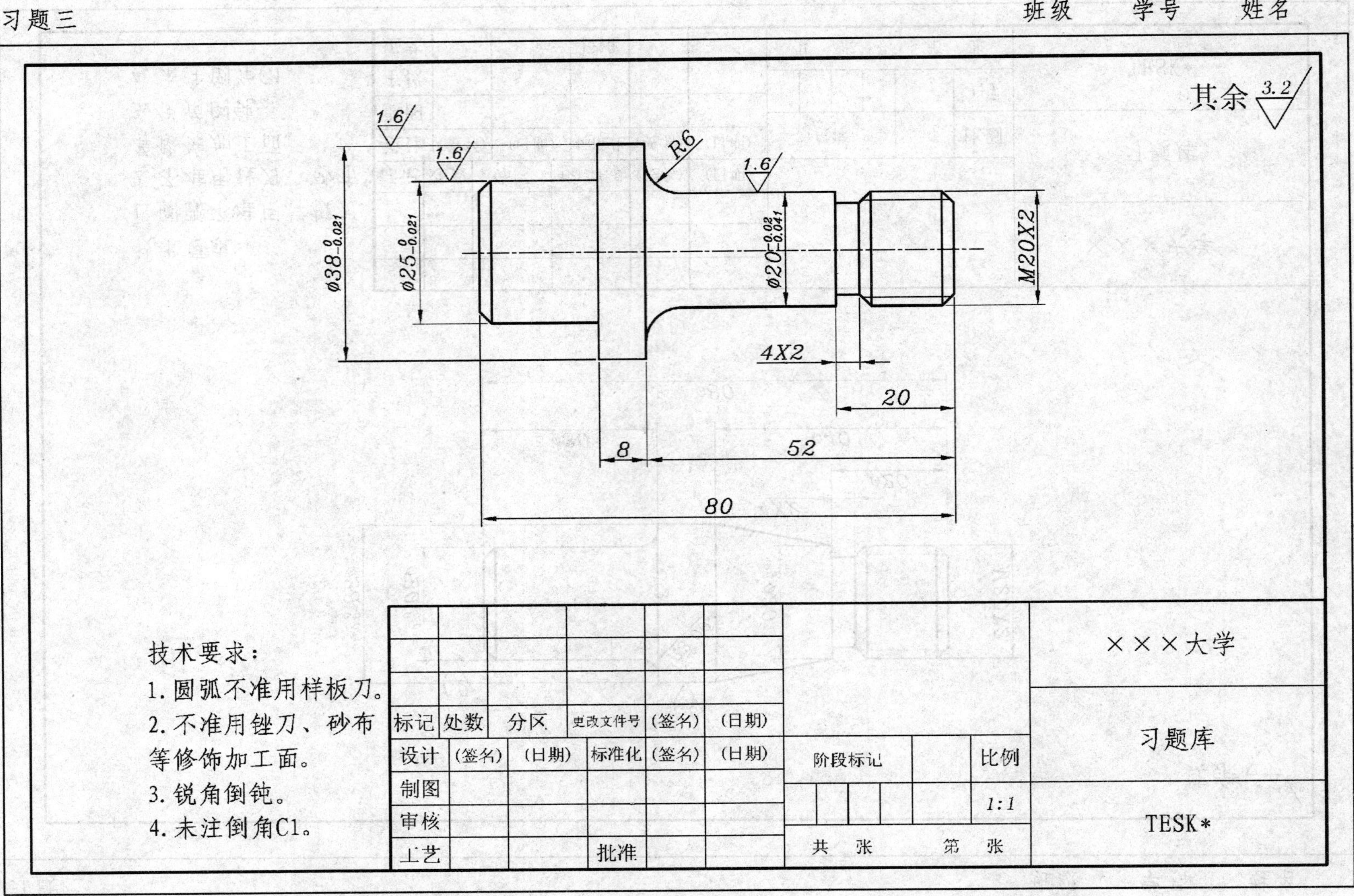
习题三
班级
学号
姓名
其余 3.2
1.6
1.6
R6
1.6
ø38 0 -0.021
ø25 0 -0.021
ø20 -0.02 -0.041
M20X2
4X2
20
8
52
80
技术要求：
1. 圆弧不准用样板刀。
2. 不准用锉刀、砂布等修饰加工面。
3. 锐角倒钝。
4. 未注倒角C1。
标记 处数 分区 更改文件号 (签名) (日期)
设计 (签名) (日期) 标准化 (签名) (日期)
制图
审核
工艺
批准
阶段标记
比例
1:1
共 张 第 张
×××大学
习题库
TESK*

习题四 班级 学号 姓名

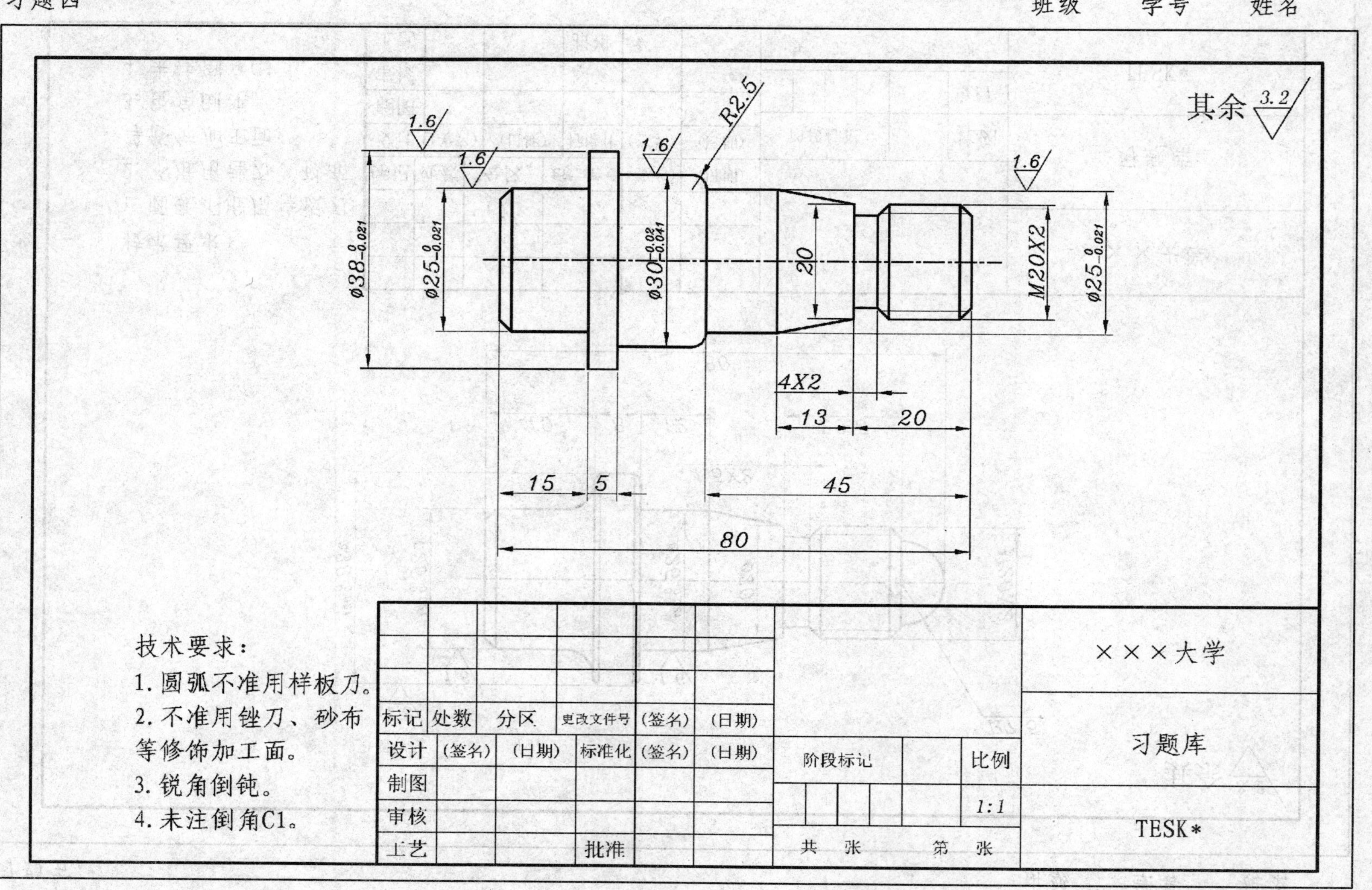
其余 3.2
1.6
1.6
1.6
R2.5
1.6
φ38 0 -0.021
φ25 0 -0.021
φ30 -0.02 -0.041
20
M20X2
φ25 0 -0.021
4X2
13
20
15
5
45
80
技术要求：
1. 圆弧不准用样板刀。
2. 不准用锉刀、砂布等修饰加工面。
3. 锐角倒钝。
4. 未注倒角C1。
标记 处数 分区 更改文件号 (签名) (日期)
设计 (签名) (日期) 标准化 (签名) (日期)
制图
审核
工艺 批准
阶段标记
比例
1:1
共 张 第 张
×××大学
习题库
TESK*

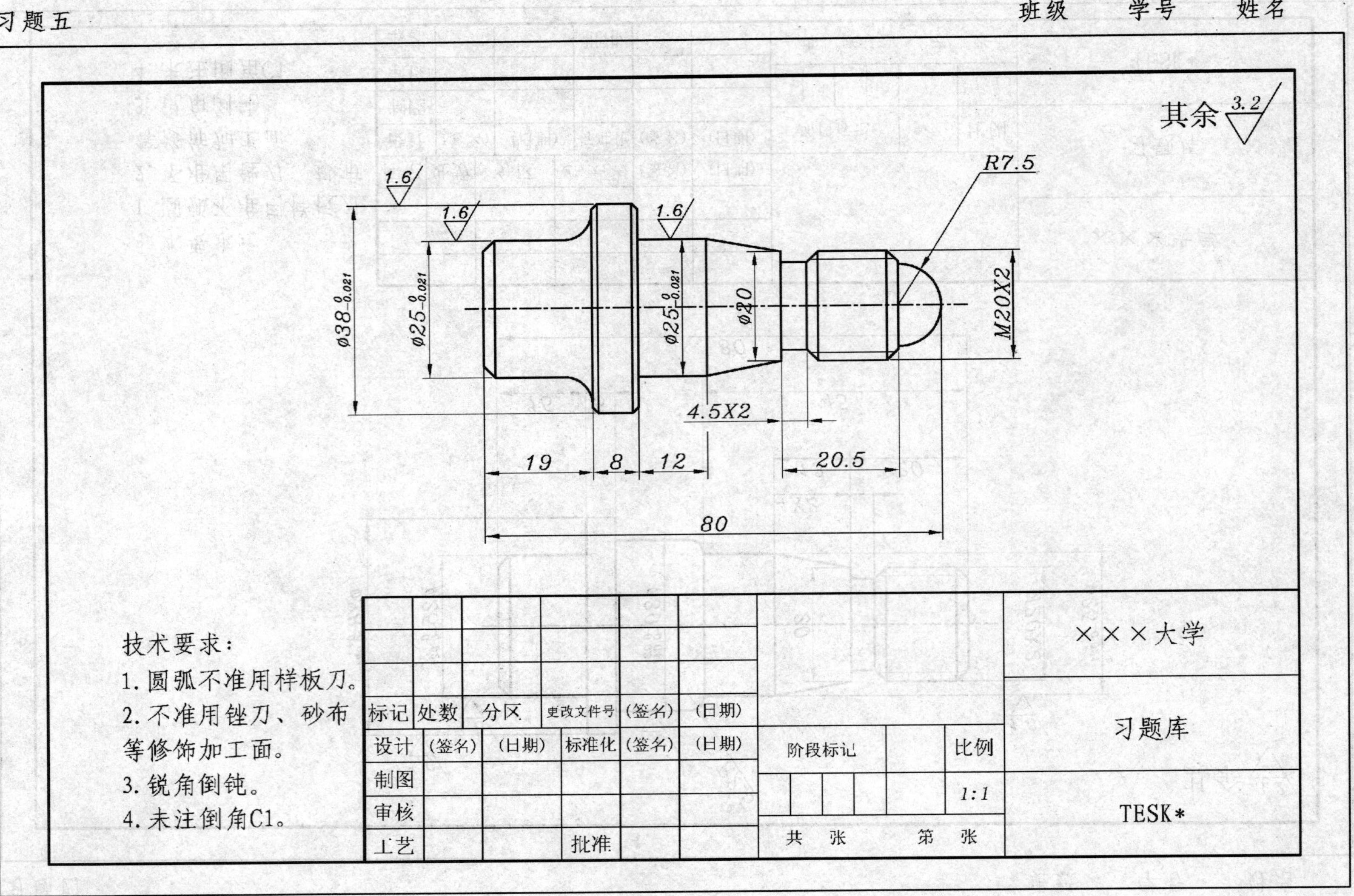
习题五
班级 学号 姓名
其余 3.2
R7.5
1.6
ø38$^{0}_{-0.021}$
ø25$^{0}_{-0.021}$
ø20
M20X2
4.5X2
19
8
12
20.5
80
技术要求：
1. 圆弧不准用样板刀。
2. 不准用锉刀、砂布等修饰加工面。
3. 锐角倒钝。
4. 未注倒角C1。
标记 处数 分区 更改文件号 （签名） （日期）
设计 （签名） （日期） 标准化 （签名） （日期）
制图
审核
工艺 批准
阶段标记 比例 1:1
共 张 第 张
×××大学
习题库
TESK*

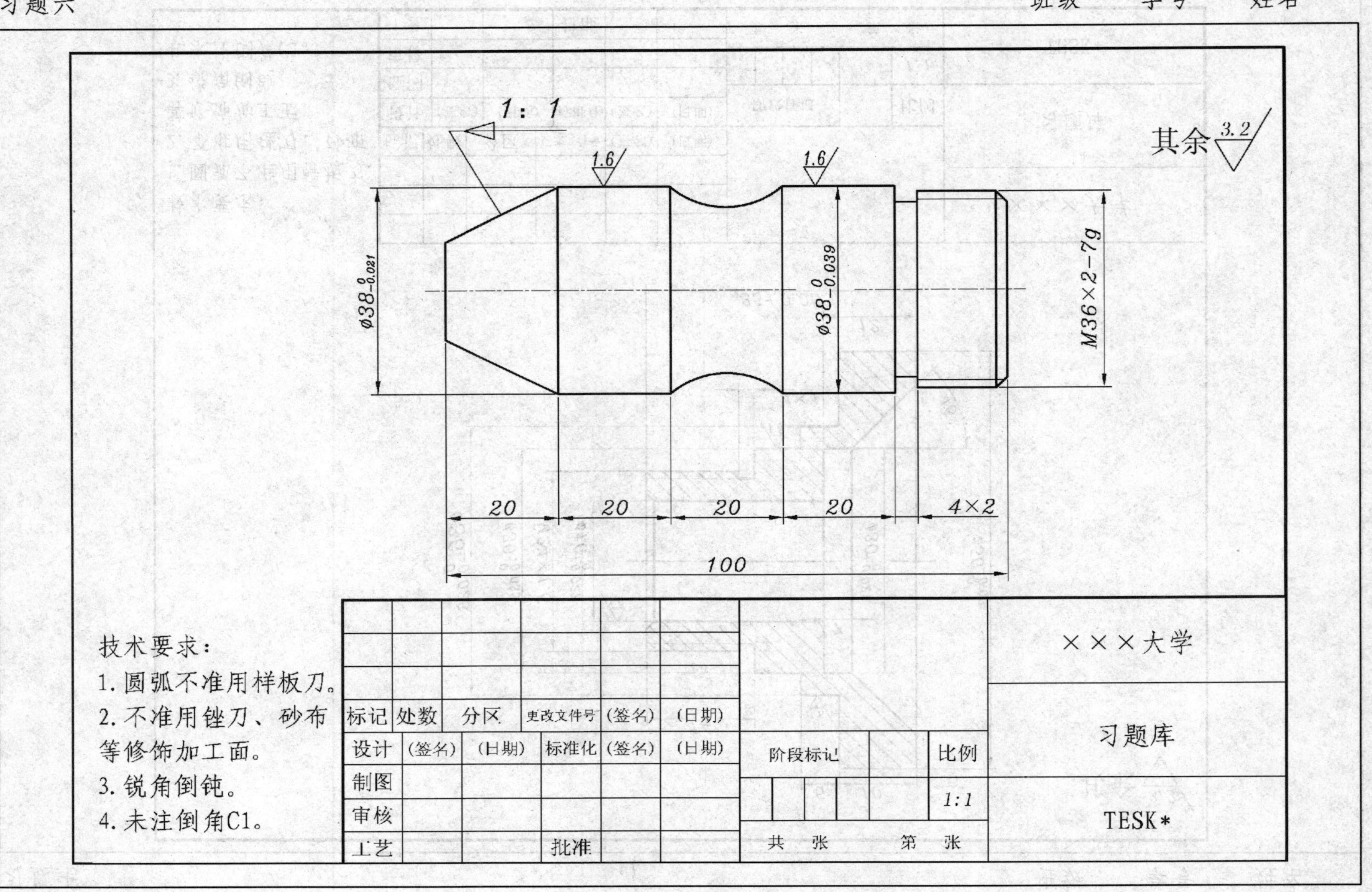
习题六
班级
学号
姓名
1:1
1.6
1.6
其余 3.2
$\phi 38^{0}_{-0.021}$
$\phi 38^{0}_{-0.039}$
M36×2-7g
20
20
20
20
4×2
100
技术要求：
1. 圆弧不准用样板刀。
2. 不准用锉刀、砂布等修饰加工面。
3. 锐角倒钝。
4. 未注倒角C1。
标记 处数 分区 更改文件号 (签名) (日期)
设计 (签名) (日期) 标准化 (签名) (日期)
制图
审核
工艺 批准
阶段标记
比例
1:1
共 张 第 张
×××大学
习题库
TESK*

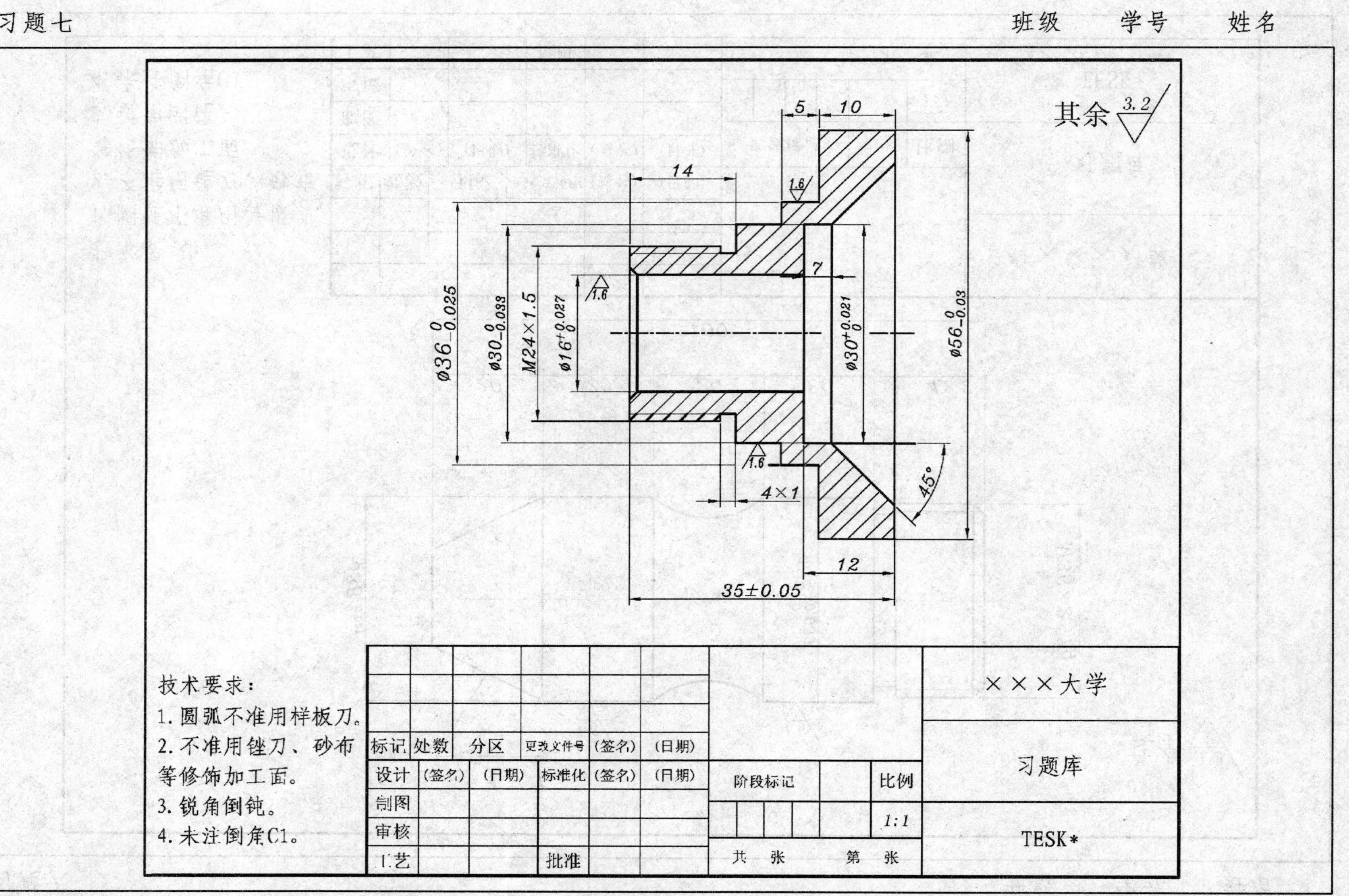

习题七
班级 学号 姓名
其余 3.2
5
10
14
1.6
7
Ø36-0.025 0
Ø30-0.033 0
M24×1.5
Ø16+0.027 0
Ø30+0.021 0
Ø56-0.03 0
4×1
45°
12
35±0.05
技术要求：
1. 圆弧不准用样板刀。
2. 不准用锉刀、砂布等修饰加工面。
3. 锐角倒钝。
4. 未注倒角C1。
标记 处数 分区 更改文件号 (签名) (日期)
设计 (签名) (日期) 标准化 (签名) (日期)
制图
审核
工艺 批准
阶段标记 比例
1:1
共 张 第 张
×××大学
习题库
TESK*

习题八 班级 学号 姓名

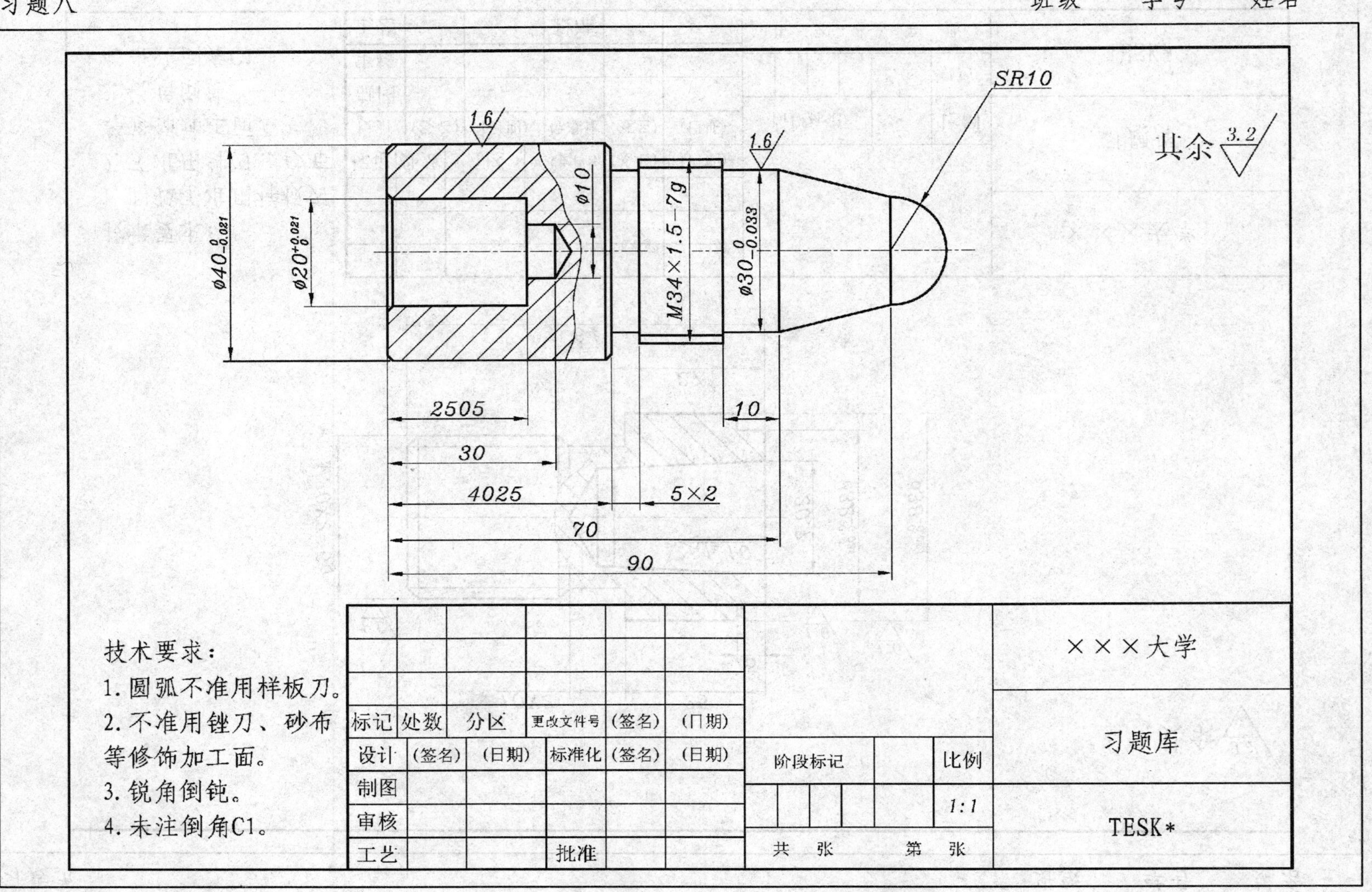
其余 3.2
SR10
1.6
1.6
Ø40$^{0}_{-0.021}$
Ø20$^{+0.021}_{0}$
Ø10
M34×1.5-7g
Ø30$^{0}_{-0.033}$
2505
10
30
4025
5×2
70
90
技术要求：
1. 圆弧不准用样板刀。
2. 不准用锉刀、砂布等修饰加工面。
3. 锐角倒钝。
4. 未注倒角C1。
×××大学
习题库
TESK*
标记 处数 分区 更改文件号 (签名) (日期)
设计 (签名) (日期) 标准化 (签名) (日期)
制图
审核
工艺 批准
阶段标记
比例
1:1
共 张 第 张

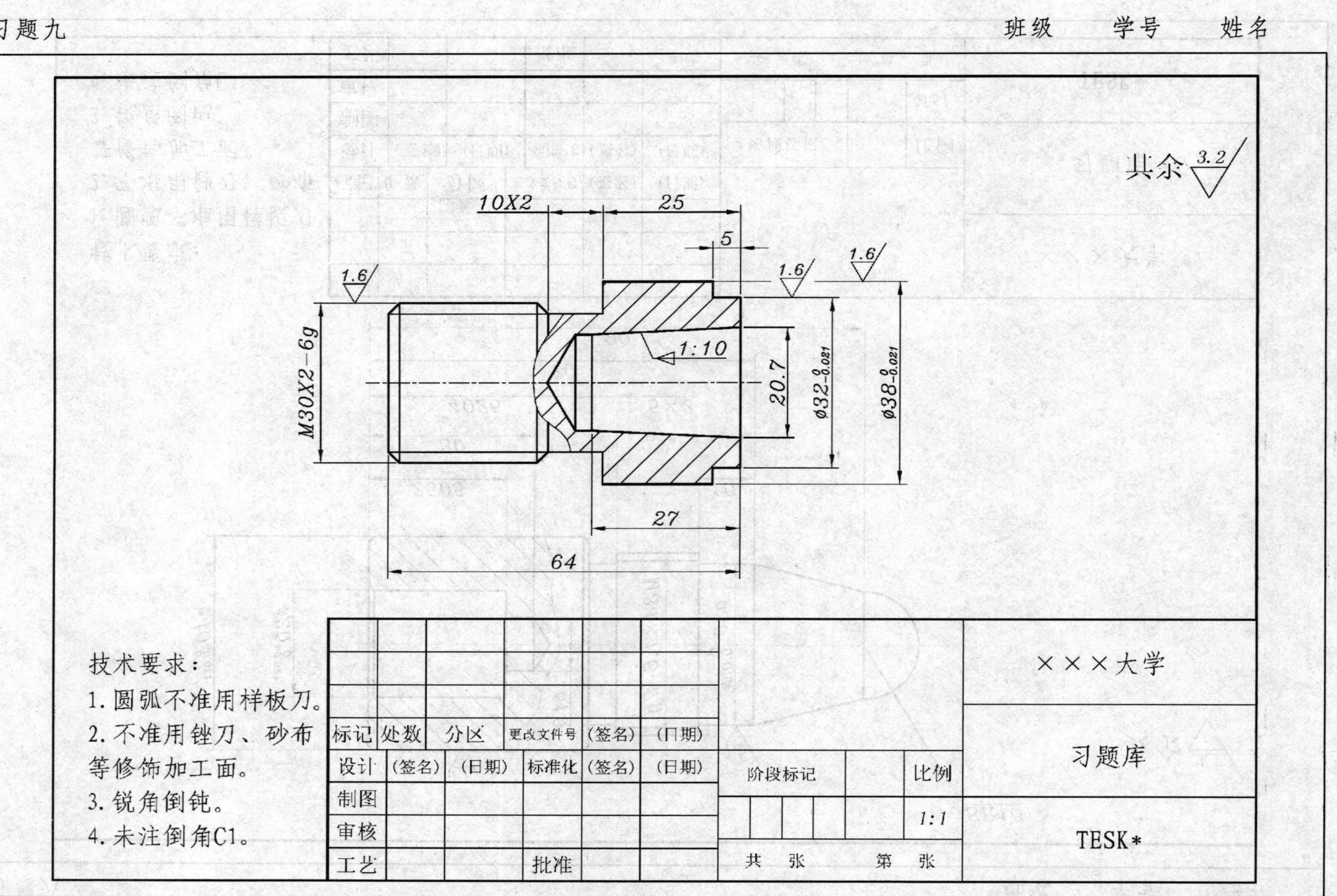

习题九
班级
学号
姓名
其余 3.2
10X2
25
5
1.6
1.6
1.6
1.6
M30X2-6g
1:10
20.7
Ø32-0.021
Ø38-0.021
27
64
技术要求：
1. 圆弧不准用样板刀。
2. 不准用锉刀、砂布等修饰加工面。
3. 锐角倒钝。
4. 未注倒角C1。
标记
处数
分区
更改文件号
(签名)
(日期)
设计
(签名)
(日期)
标准化
(签名)
(日期)
制图
审核
工艺
批准
阶段标记
比例
1:1
共 张
第 张
×××大学
习题库
TESK*

习题十

班级　学号　姓名

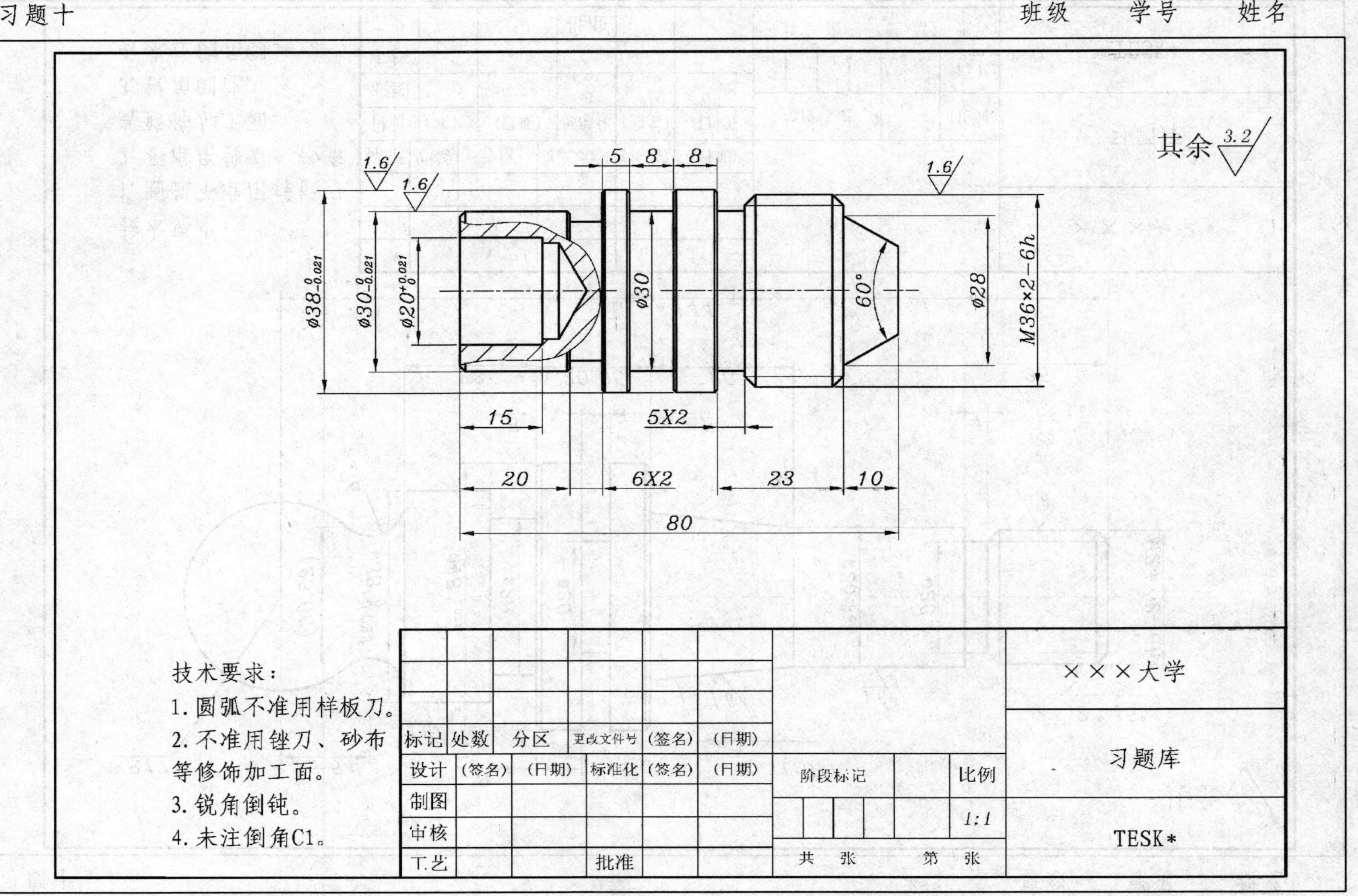

其余 3.2
1.6
1.6
1.6
5
8
8
φ38-0.021 0
φ30-0.021 0
φ20+0.021 0
φ30
60°
φ28
M36×2-6h
15
5X2
20
6X2
23
10
80
技术要求：
1. 圆弧不准用样板刀。
2. 不准用锉刀、砂布等修饰加工面。
3. 锐角倒钝。
4. 未注倒角C1。
标记 处数 分区 更改文件号 (签名) (日期)
设计 (签名) (日期) 标准化 (签名) (日期)
制图
审核
工艺 批准
阶段标记
比例
1:1
共 张 第 张
×××大学
习题库
TESK*

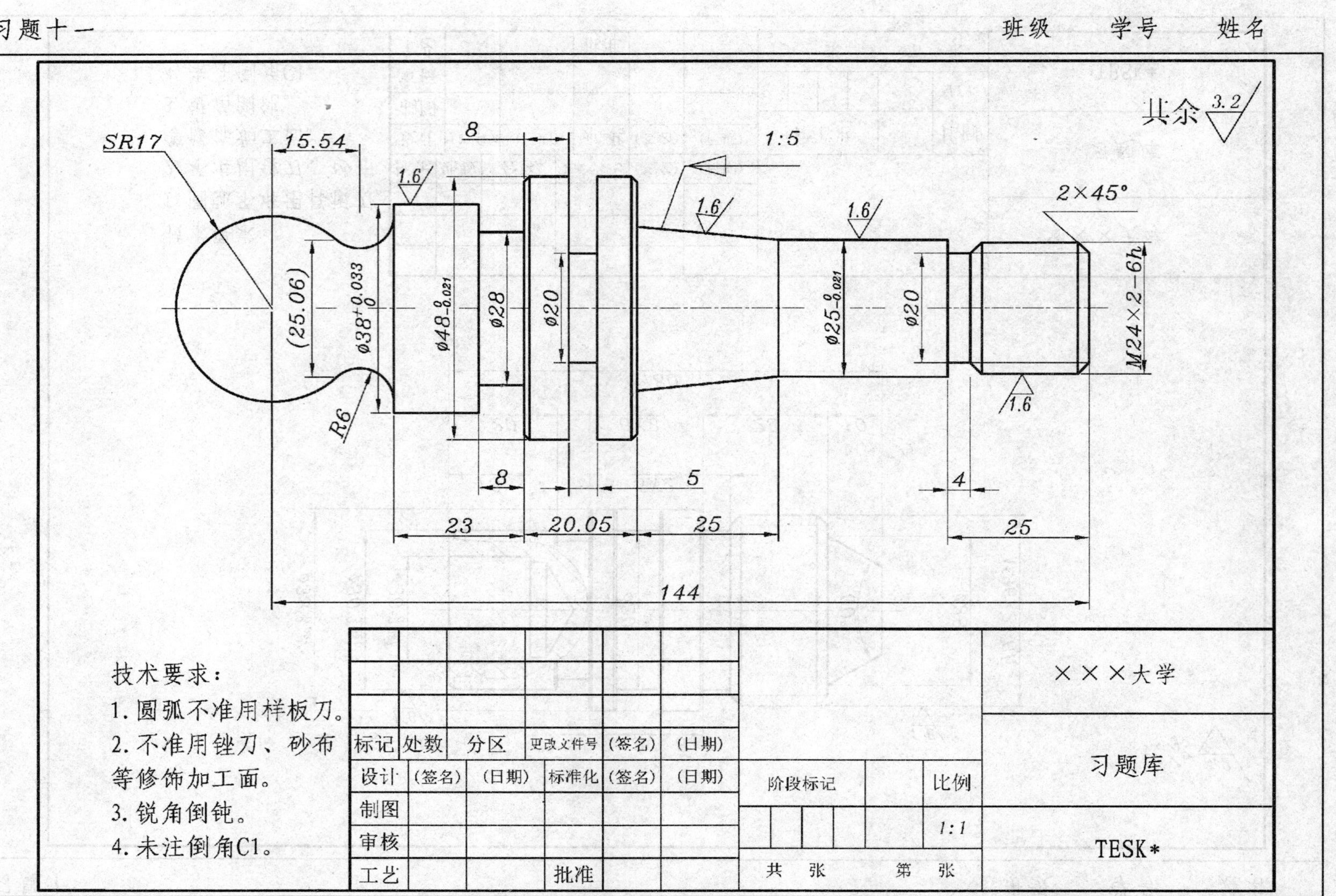

习题十一
班级
学号
姓名
共余 3.2
SR17
15.54
8
1:5
1.6
2×45°
(25.06)
ø38+0.033 0
ø48-0.021
ø28
ø20
ø25-0.021
ø20
M24×2-6h
R6
8
5
4
23
20.05
25
25
144
技术要求：
1. 圆弧不准用样板刀。
2. 不准用锉刀、砂布等修饰加工面。
3. 锐角倒钝。
4. 未注倒角C1。
标记 处数 分区 更改文件号 (签名) (日期)
设计 (签名) (日期) 标准化 (签名) (日期)
制图
审核
工艺
批准
阶段标记
比例
1:1
共 张 第 张
×××大学
习题库
TESK*

习题十二 班级 学号 姓名

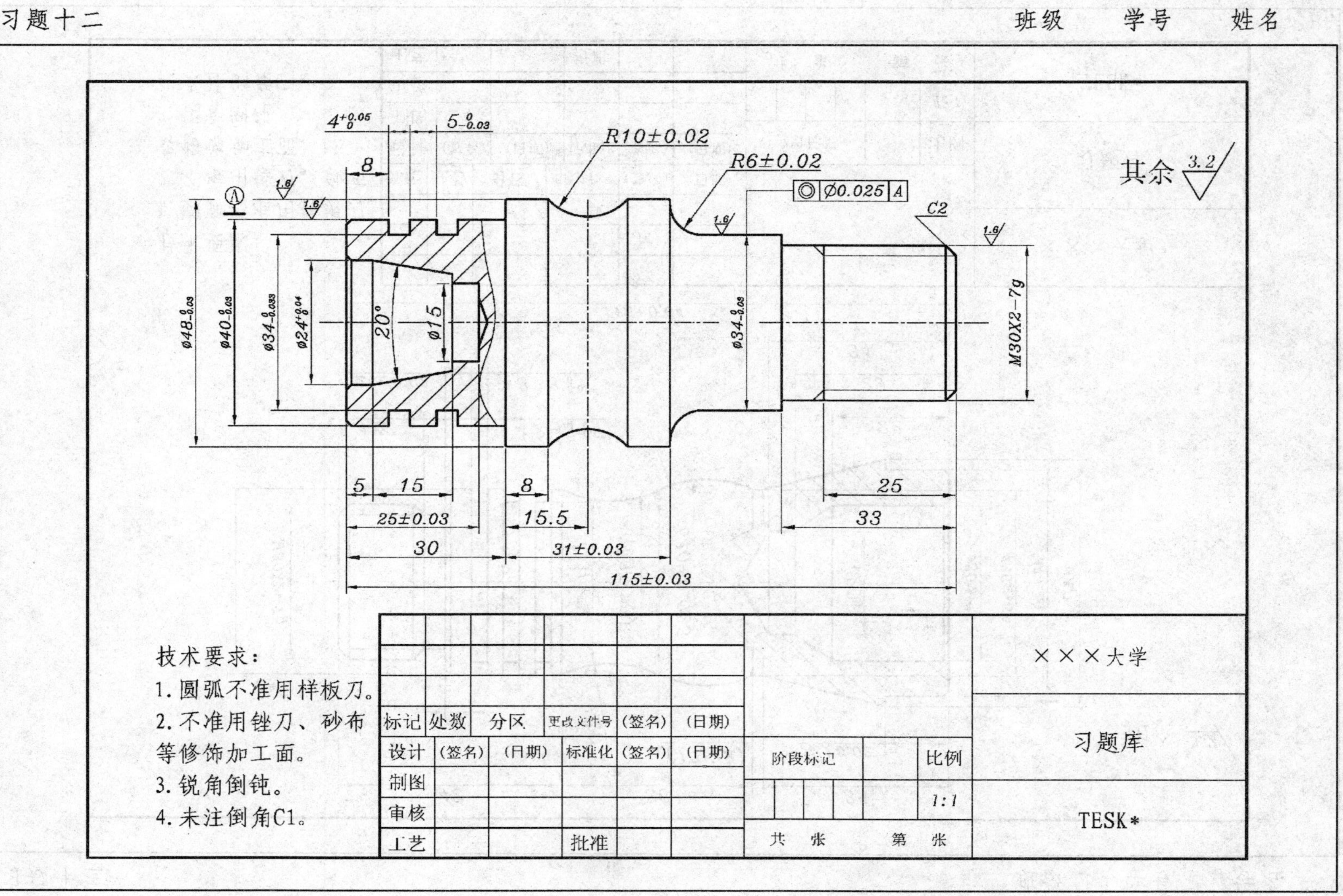

4+0.05 0
5 0 -0.03
8
R10±0.02
R6±0.02
◎ Ø0.025 A
C2
其余 3.2
1.6
A
Ø48 0 -0.03
Ø40 0 -0.03
Ø34 0 -0.033
Ø24 +0.04 0
20°
Ø15
Ø34 0 -0.03
M30X2-7g
5
15
8
25
25±0.03
15.5
33
30
31±0.03
115±0.03
技术要求：
1. 圆弧不准用样板刀。
2. 不准用锉刀、砂布等修饰加工面。
3. 锐角倒钝。
4. 未注倒角C1。
标记 处数 分区 更改文件号 (签名) (日期)
设计 (签名) (日期) 标准化 (签名) (日期)
制图
审核
工艺 批准
阶段标记
比例
1:1
共 张 第 张
×××大学
习题库
TESK*

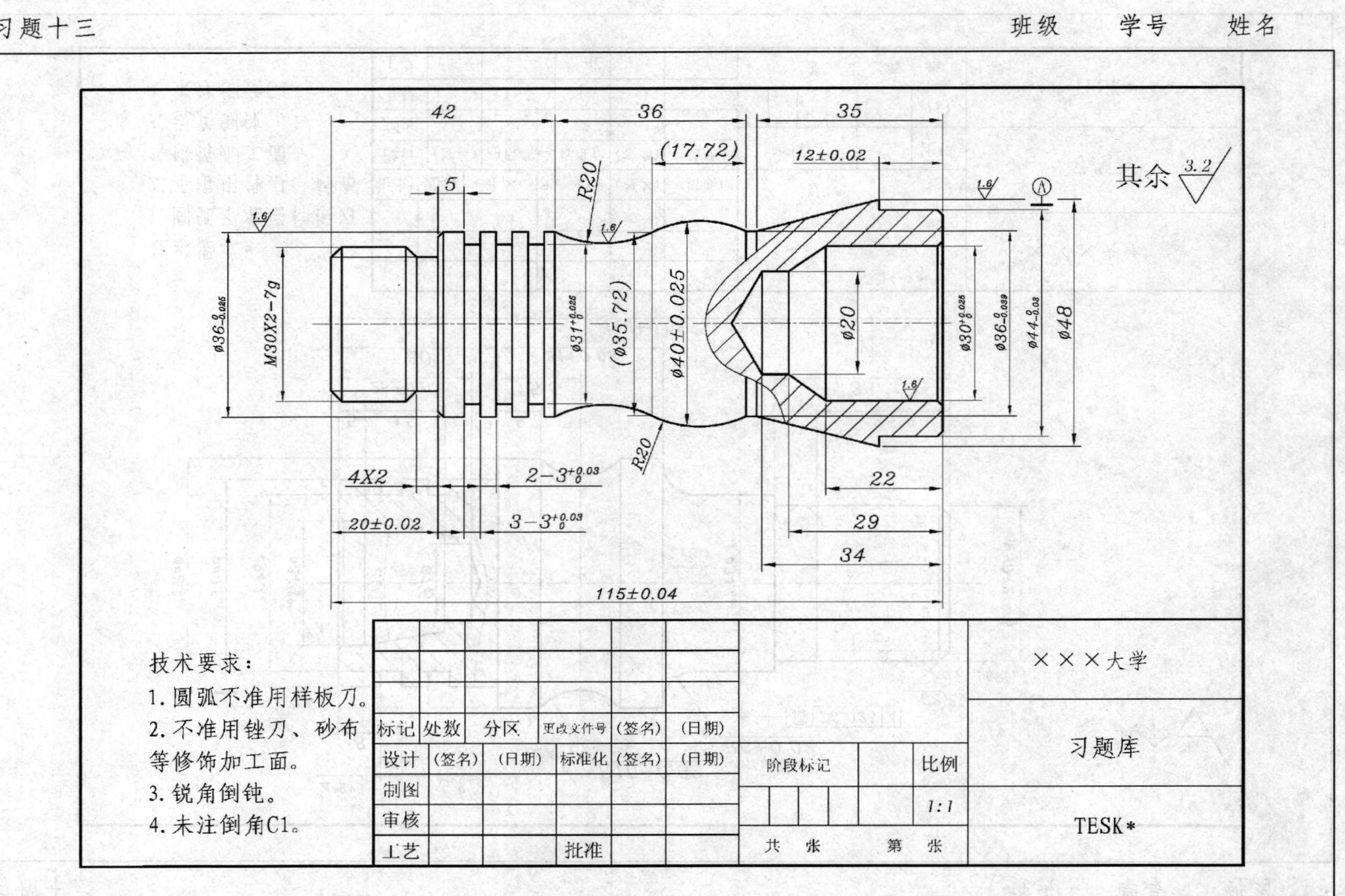

习题十三
班级
学号
姓名
42
36
35
(17.72)
12±0.02
5
R20
1.6
其余 3.2
Ø36-0.025
M30X2-7g
Ø31+0.025
(Ø35.72)
Ø40±0.025
Ø20
Ø30+0.025
Ø36-0.039
Ø44-0.03
Ø48
R20
4X2
2-3+0.03
22
20±0.02
3-3+0.03
29
34
115±0.04
技术要求：
1. 圆弧不准用样板刀。
2. 不准用锉刀、砂布等修饰加工面。
3. 锐角倒钝。
4. 未注倒角C1。
标记
处数
分区
更改文件号
(签名)
(日期)
设计
(签名)
(日期)
标准化
(签名)
(日期)
制图
审核
工艺
批准
阶段标记
比例
1:1
共 张
第 张
×××大学
习题库
TESK*

习题十四　　班级　　学号　　姓名

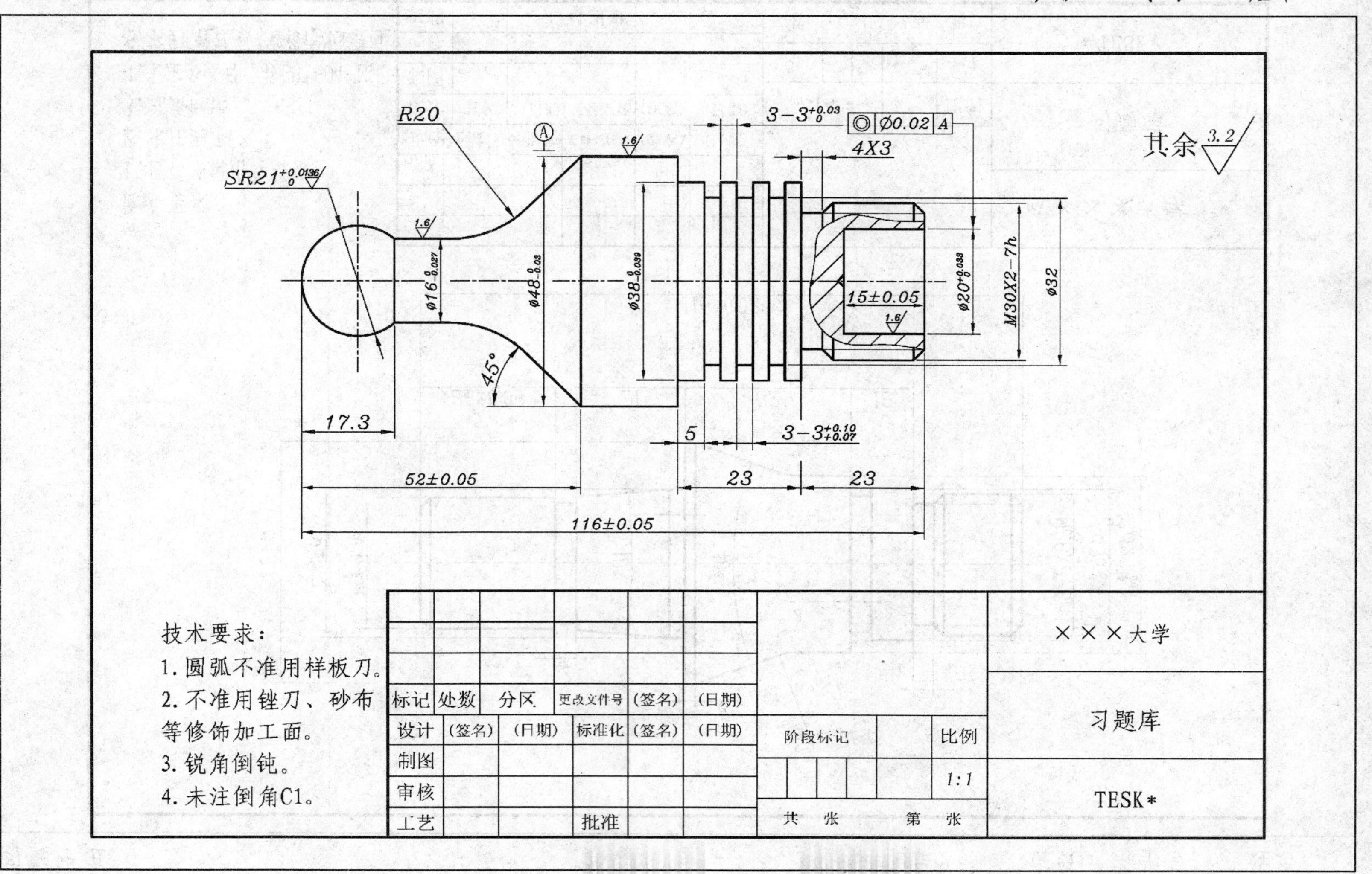
R20
SR21$^{+0.0136}_{0}$
1.6
Ⓐ
3-3$^{+0.03}_{0}$
◎ Ø0.02 A
4X3
其余 3.2
Ø16$^{0}_{-0.027}$
Ø48$^{0}_{-0.03}$
Ø38$^{0}_{-0.039}$
15±0.05
Ø20$^{+0.033}_{0}$
M30X2-7h
Ø32
45°
17.3
5
3-3$^{+0.10}_{+0.07}$
52±0.05
23
23
116±0.05
技术要求：
1. 圆弧不准用样板刀。
2. 不准用锉刀、砂布等修饰加工面。
3. 锐角倒钝。
4. 未注倒角C1。
标记 处数 分区 更改文件号 (签名) (日期)
设计 (签名) (日期) 标准化 (签名) (日期)
制图
审核
工艺 批准
阶段标记
比例
1:1
共 张 第 张
×××大学
习题库
TESK*

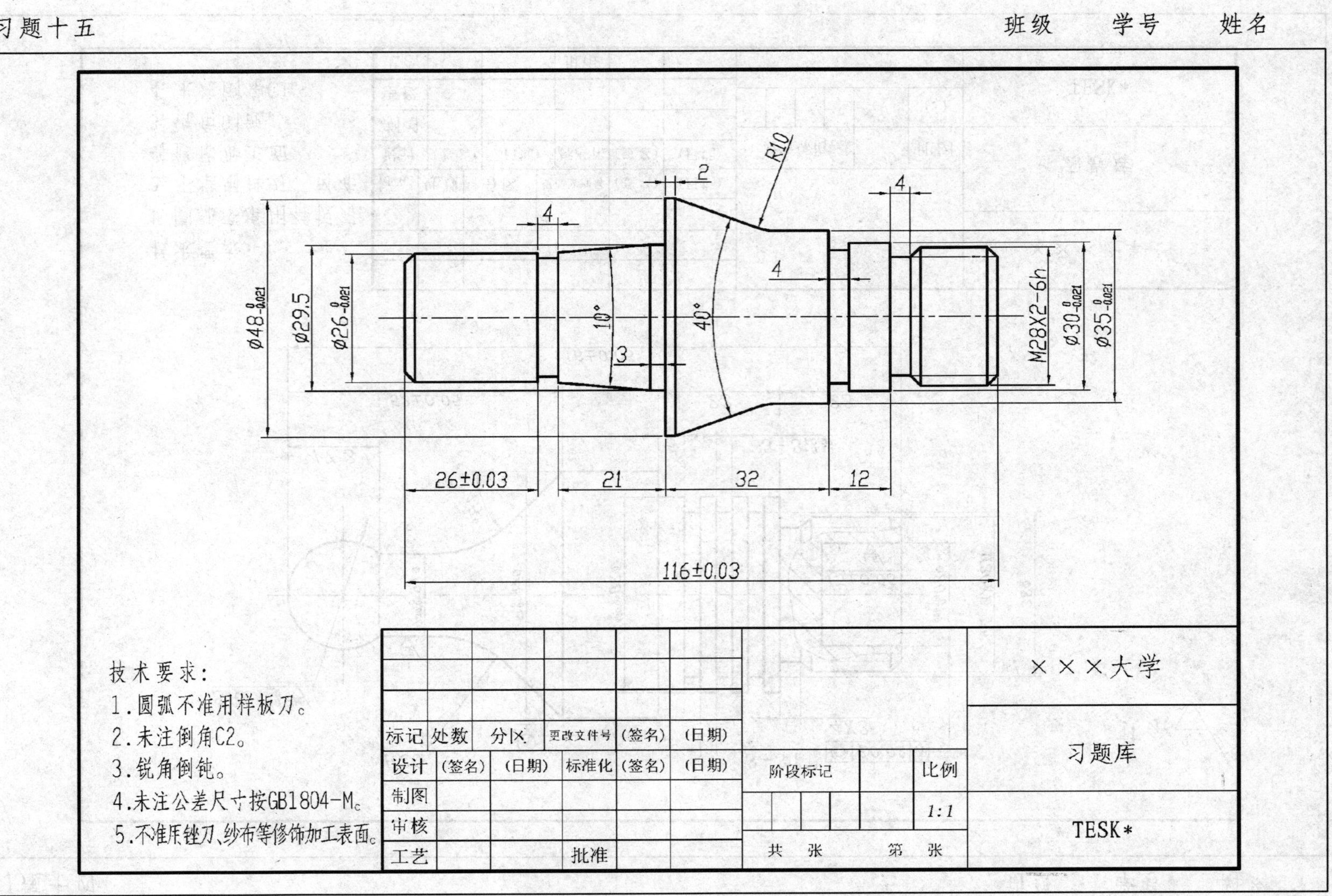

习题十五
班级 学号 姓名
Ø48$^{0}_{-0.021}$
Ø29.5
Ø26$^{0}_{-0.021}$
4
10°
3
2
R10
40°
4
4
M28X2-6h
Ø30$^{0}_{-0.021}$
Ø35$^{0}_{-0.021}$
26±0.03
21
32
12
116±0.03
技术要求：
1.圆弧不准用样板刀。
2.未注倒角C2。
3.锐角倒钝。
4.未注公差尺寸按GB1804-M。
5.不准用锉刀、纱布等修饰加工表面。
标记 处数 分区 更改文件号 (签名) (日期)
设计 (签名) (日期) 标准化 (签名) (日期)
制图
审核
工艺
批准
阶段标记
比例
1:1
共 张 第 张
×××大学
习题库
TESK*

班级　　学号　　姓名

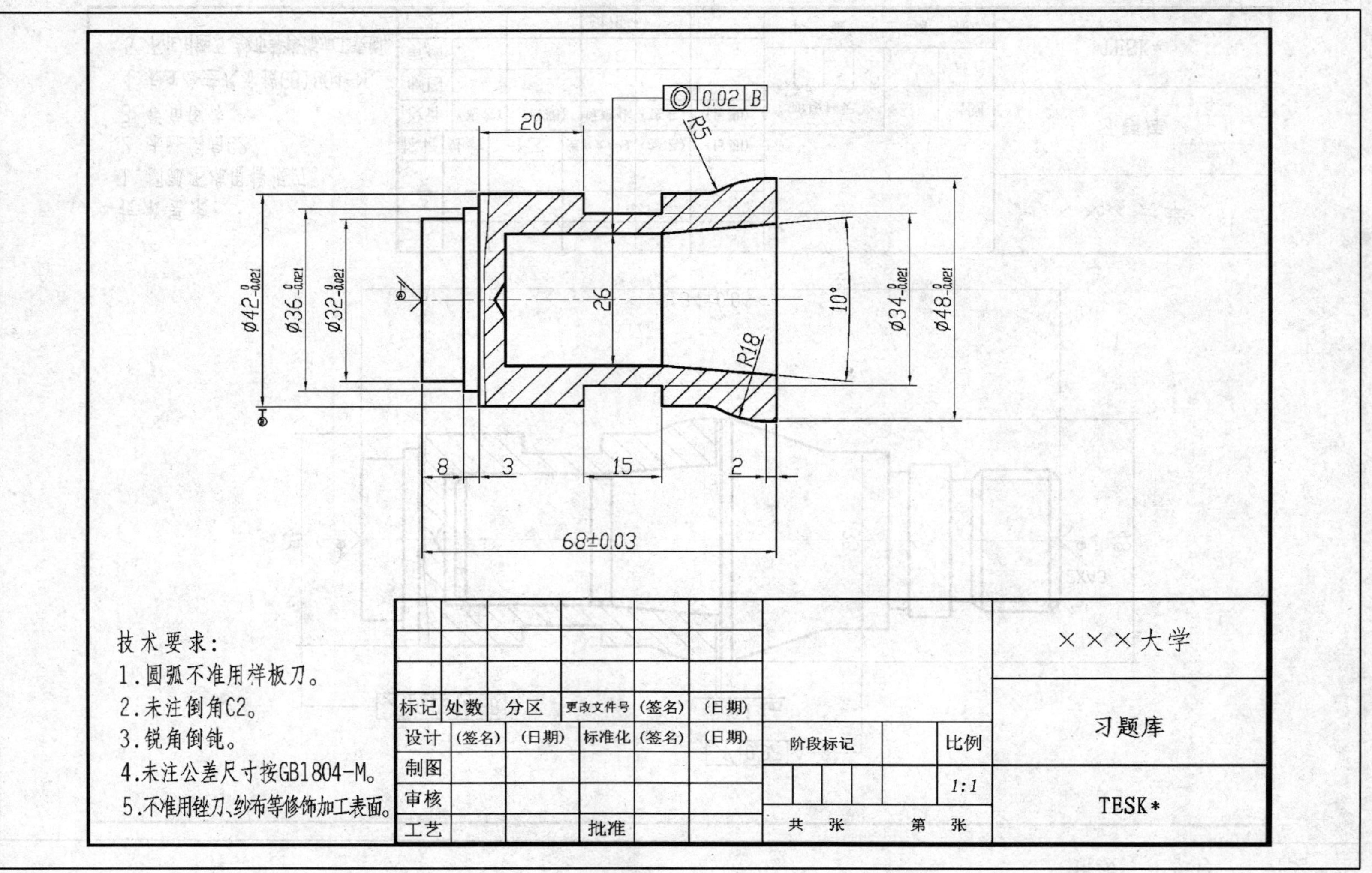
0.02 B
20
R5
Ø42 0 -0.021
Ø36 0 -0.021
Ø32 0 -0.021
26
10°
R18
Ø34 0 -0.021
Ø48 0 -0.021
8
3
15
2
68±0.03
技术要求：
1.圆弧不准用样板刀。
2.未注倒角C2。
3.锐角倒钝。
4.未注公差尺寸按GB1804-M。
5.不准用锉刀、纱布等修饰加工表面。
标记 处数 分区 更改文件号 (签名) (日期)
设计 (签名) (日期) 标准化 (签名) (日期)
制图
审核
工艺 批准
阶段标记 比例
1:1
共 张 第 张
×××大学
习题库
TESK*

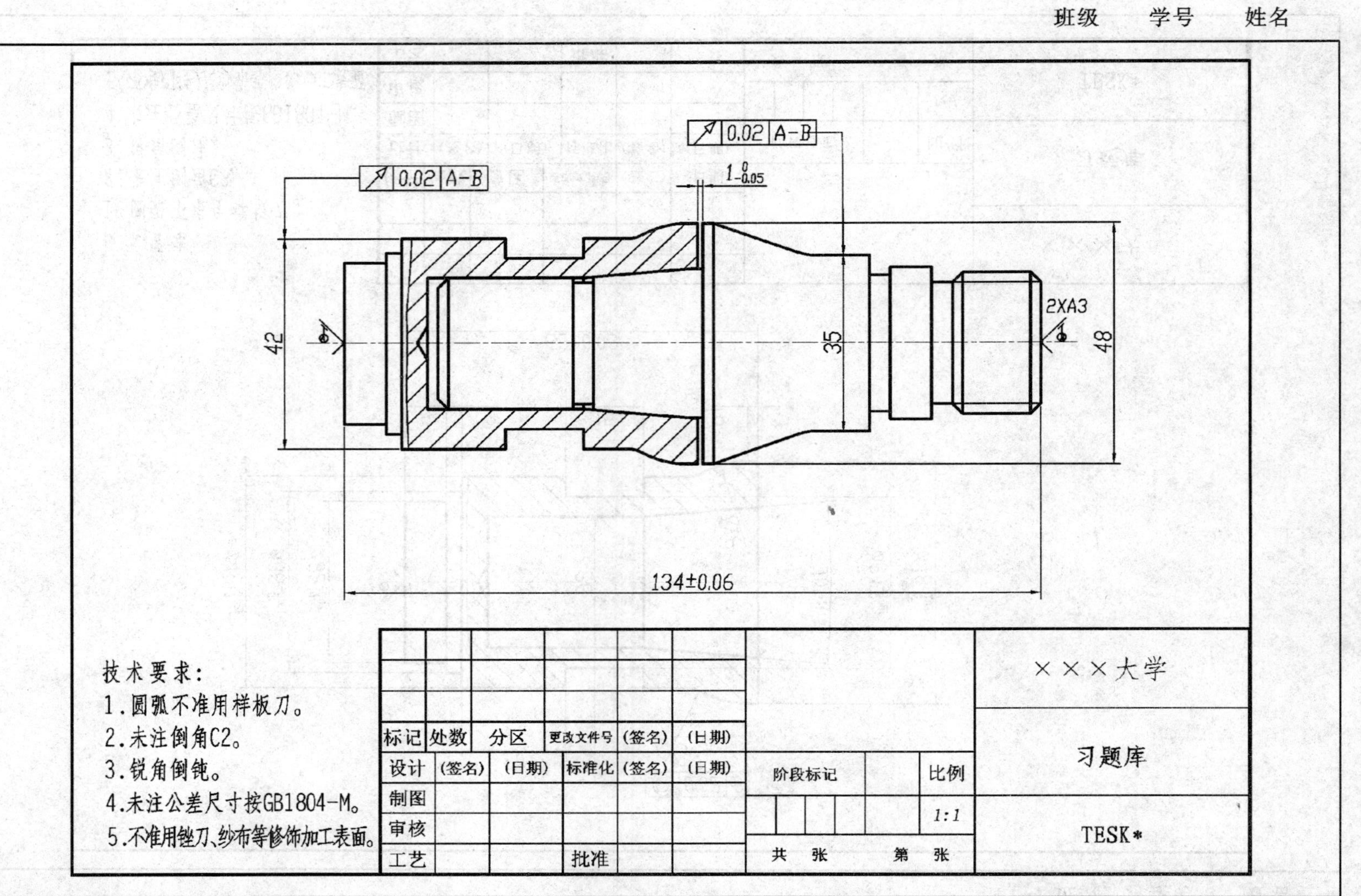
班级
学号
姓名
0.02 A-B
0.02 A-B
1-0.05
42
35
2XA3
48
134±0.06
技术要求：
1.圆弧不准用样板刀。
2.未注倒角C2。
3.锐角倒钝。
4.未注公差尺寸按GB1804-M。
5.不准用锉刀、纱布等修饰加工表面。
标记 处数 分区 更改文件号 (签名) (日期)
设计 (签名) (日期) 标准化 (签名) (日期)
制图
审核
工艺 批准
阶段标记
比例
1:1
共 张 第 张
×××大学
习题库
TESK*

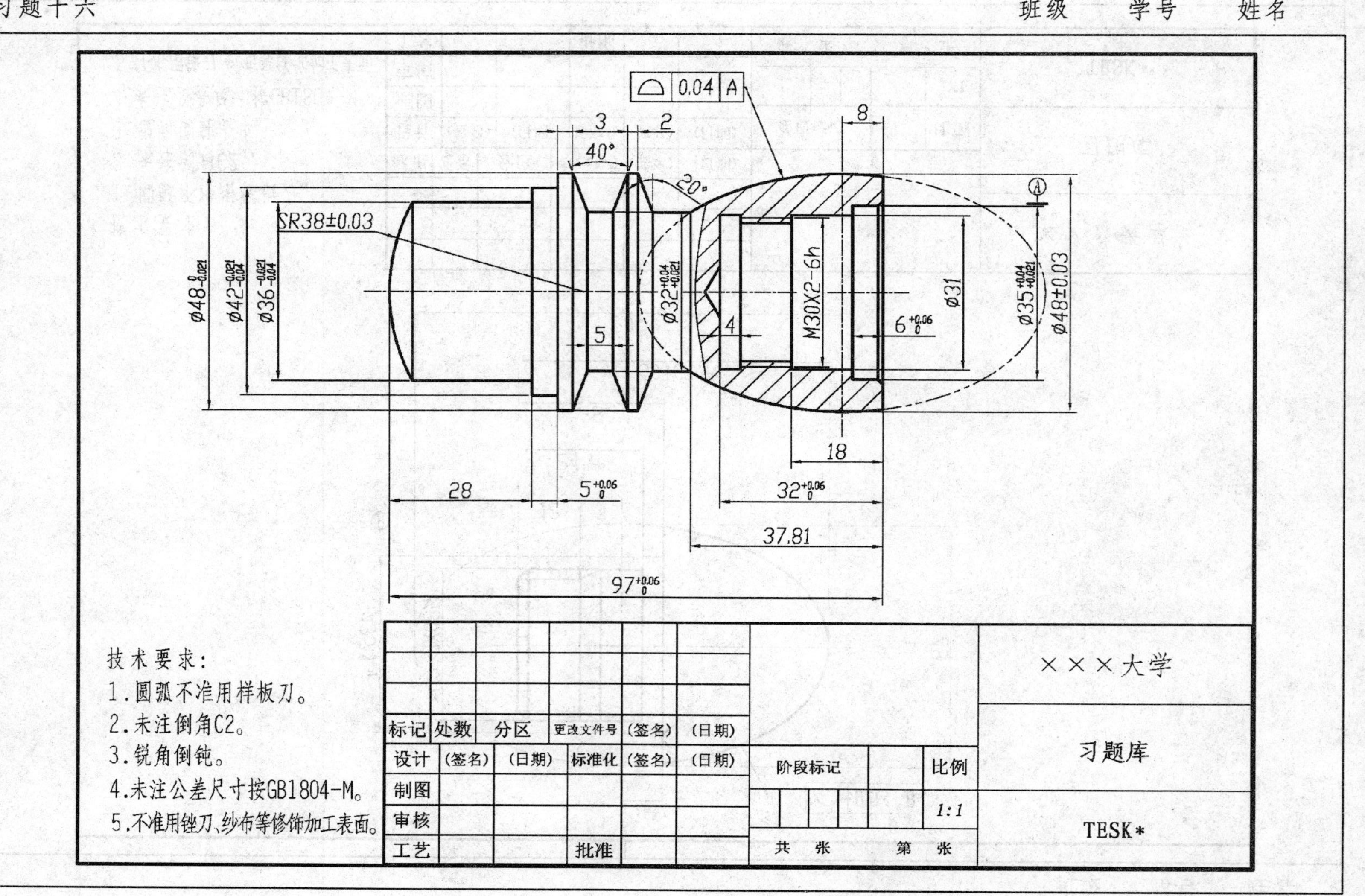
习题十六
班级
学号
姓名
0.04 A
3
2
8
40°
20°
SR38±0.03
Ø48-0.021
Ø42-0.021 -0.04
Ø36-0.021 -0.04
Ø32+0.04 +0.021
5
4
M30X2-6h
Ø31
6+0.06 0
Ø35+0.04 +0.021
Ø48±0.03
18
28
5+0.06 0
32+0.06 0
37.81
97+0.06 0
技术要求：
1.圆弧不准用样板刀。
2.未注倒角C2。
3.锐角倒钝。
4.未注公差尺寸按GB1804-M。
5.不准用锉刀、纱布等修饰加工表面。
标记 处数 分区 更改文件号 (签名) (日期)
设计 (签名) (日期) 标准化 (签名) (日期)
制图
审核
工艺 批准
阶段标记
比例
1:1
共 张 第 张
×××大学
习题库
TESK*

班级 学号 姓名

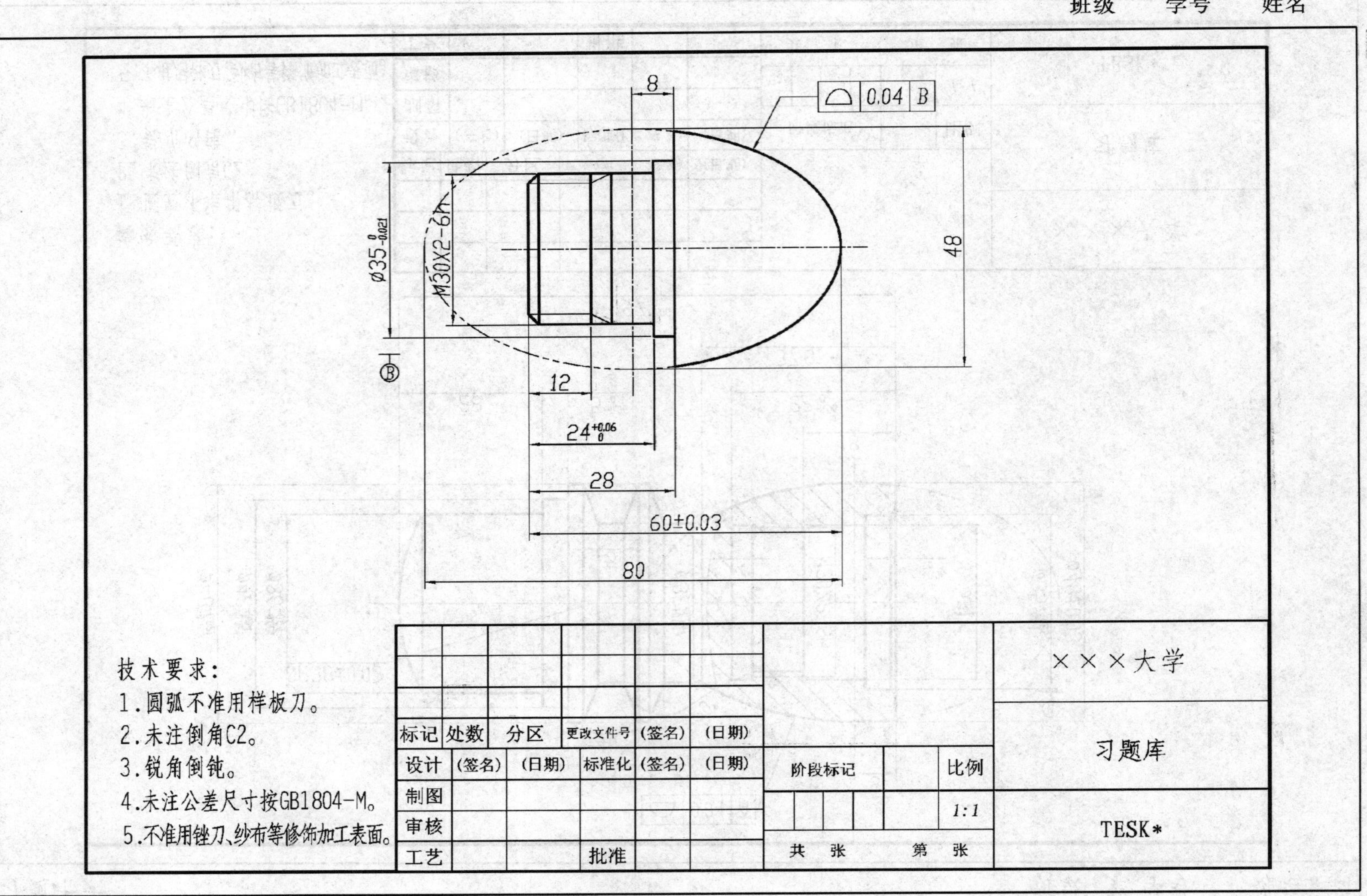

技术要求：
1.圆弧不准用样板刀。
2.未注倒角C2。
3.锐角倒钝。
4.未注公差尺寸按GB1804-M。
5.不准用锉刀、纱布等修饰加工表面。

										×××大学
标记	处数	分区	更改文件号	(签名)	(日期)					习题库
设计	(签名)	(日期)	标准化	(签名)	(日期)	阶段标记			比例	
制图									1:1	TESK*
审核										
工艺			批准			共 张		第 张		

班级　　　学号　　　姓名

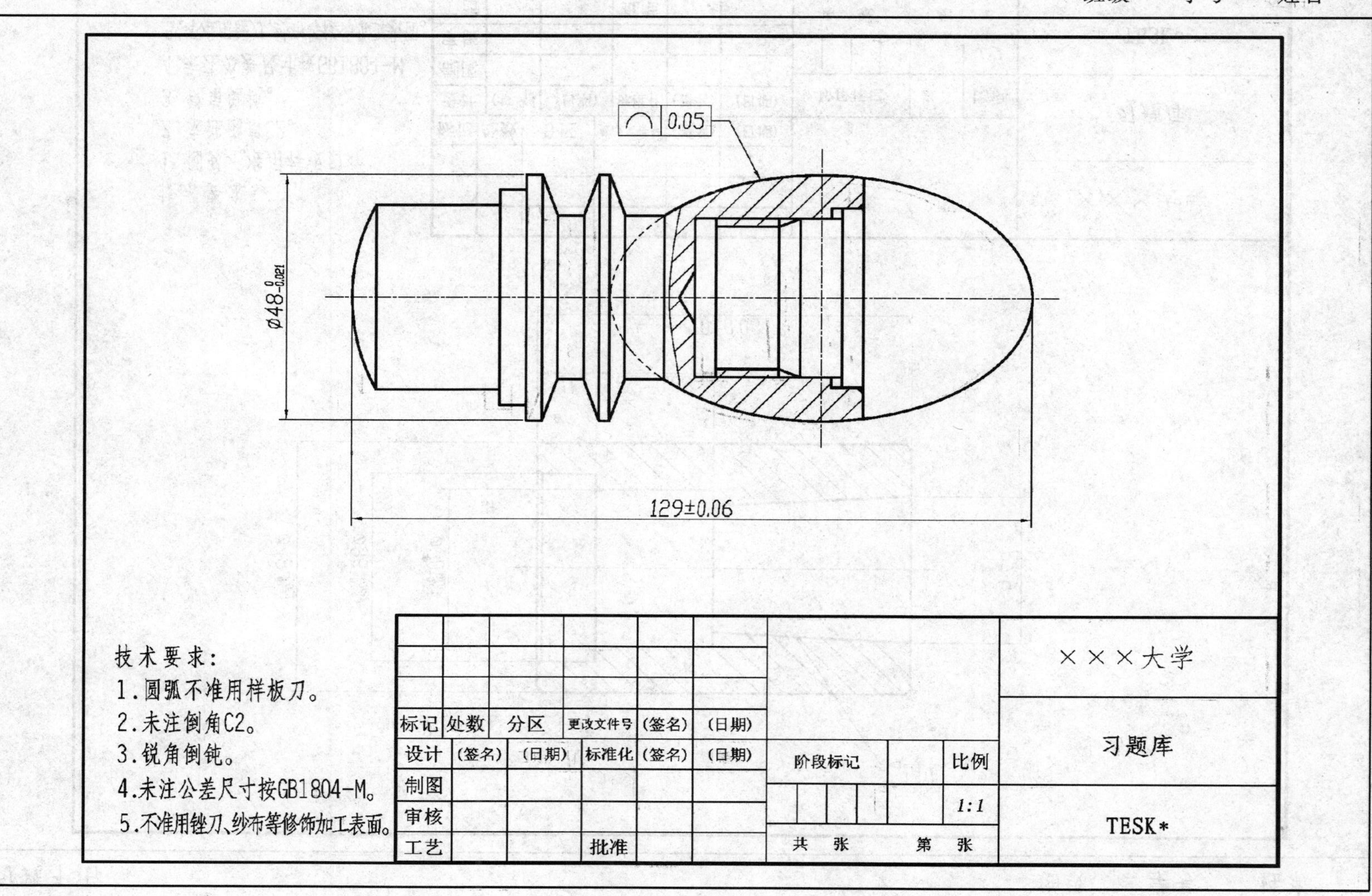

0.05
Ø48-0.021
129±0.06
技术要求：
1.圆弧不准用样板刀。
2.未注倒角C2。
3.锐角倒钝。
4.未注公差尺寸按GB1804-M。
5.不准用锉刀、纱布等修饰加工表面。
×××大学
习题库
TESK*
标记 处数 分区 更改文件号 (签名) (日期)
设计 (签名) (日期) 标准化 (签名) (日期)
阶段标记
比例
1:1
制图
审核
工艺
批准
共 张 第 张

习题十七　　　　班级　　学号　　姓名

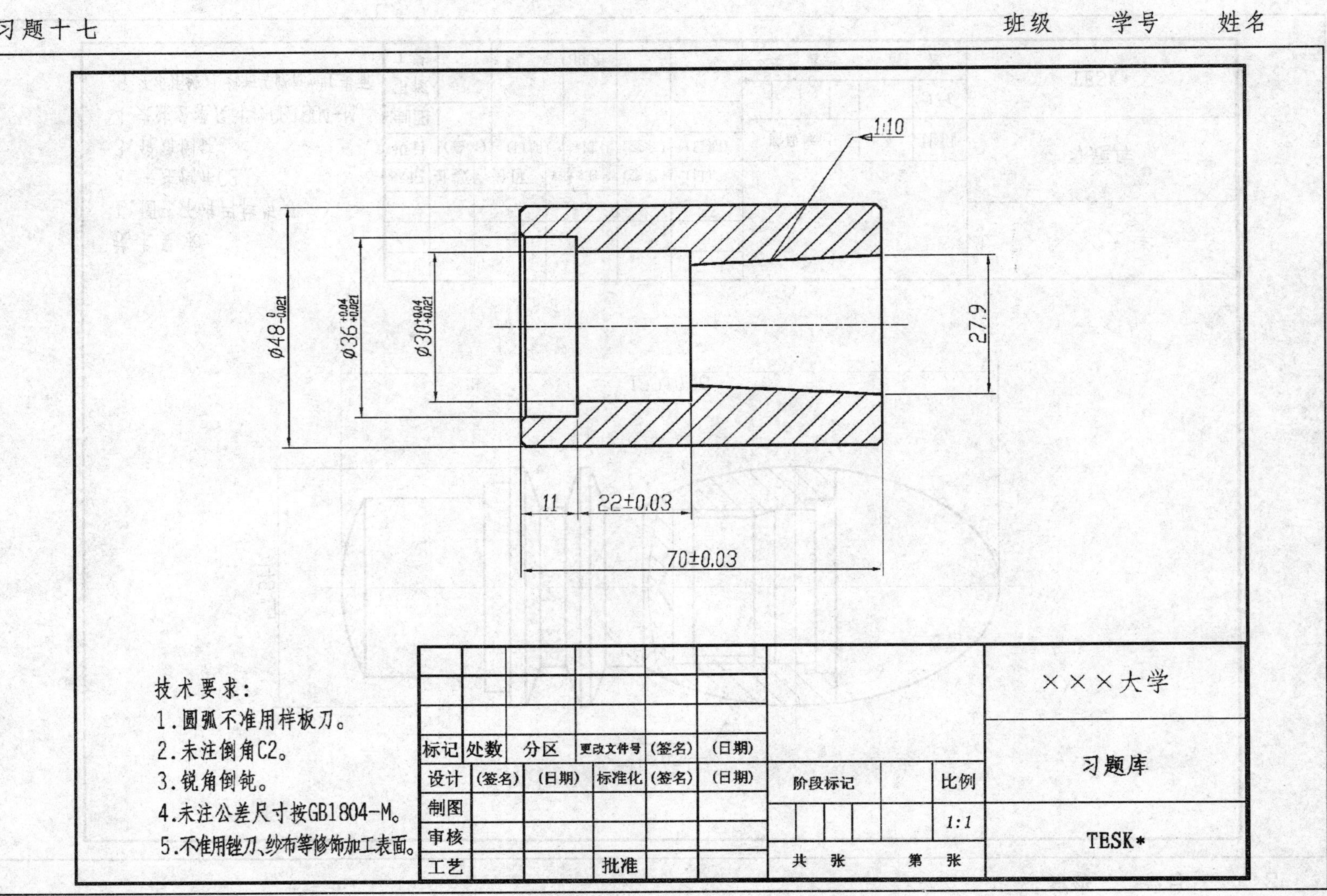
1:10
27.9
Ø48 $^{0}_{-0.021}$
Ø36 $^{+0.04}_{+0.021}$
Ø30 $^{+0.04}_{+0.021}$
11
22±0.03
70±0.03
技术要求：
1.圆弧不准用样板刀。
2.未注倒角C2。
3.锐角倒钝。
4.未注公差尺寸按GB1804-M。
5.不准用锉刀、纱布等修饰加工表面。
标记 处数 分区 更改文件号 (签名) (日期)
设计 (签名) (日期) 标准化 (签名) (日期)
制图
审核
工艺
批准
阶段标记
比例
1:1
共 张 第 张
×××大学
习题库
TESK*

班级 学号 姓名

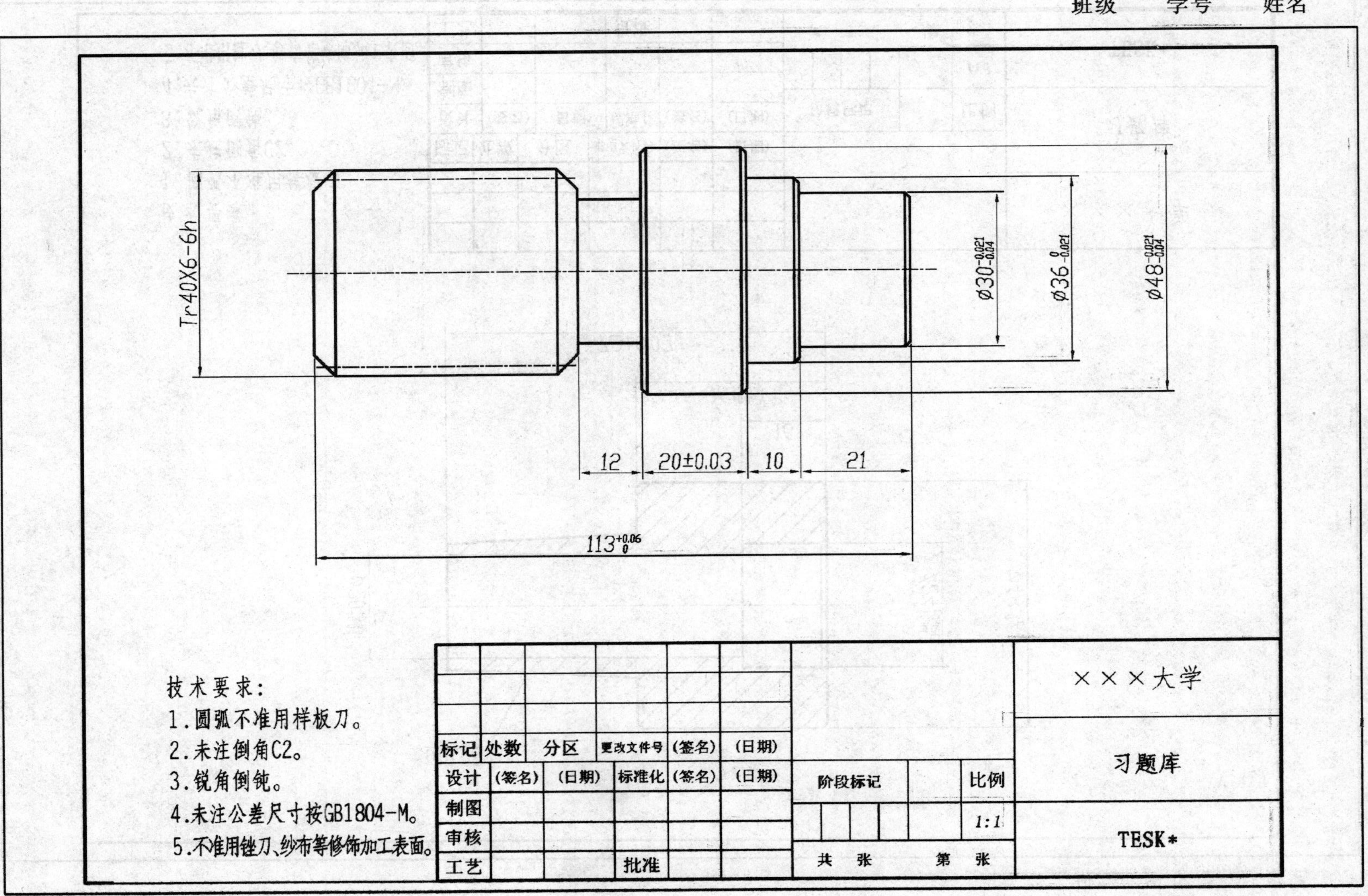

Tr40X6-6h
Ø30$^{-0.021}_{-0.04}$
Ø36$^{0}_{-0.021}$
Ø48$^{-0.021}_{-0.04}$
12
20±0.03
10
21
113$^{+0.06}_{0}$
技术要求：
1.圆弧不准用样板刀。
2.未注倒角C2。
3.锐角倒钝。
4.未注公差尺寸按GB1804-M。
5.不准用锉刀、纱布等修饰加工表面。
标记 处数 分区 更改文件号 (签名) (日期)
设计 (签名) (日期) 标准化 (签名) (日期)
制图
审核
工艺
批准
阶段标记
比例
1:1
共 张
第 张
×××大学
习题库
TESK*

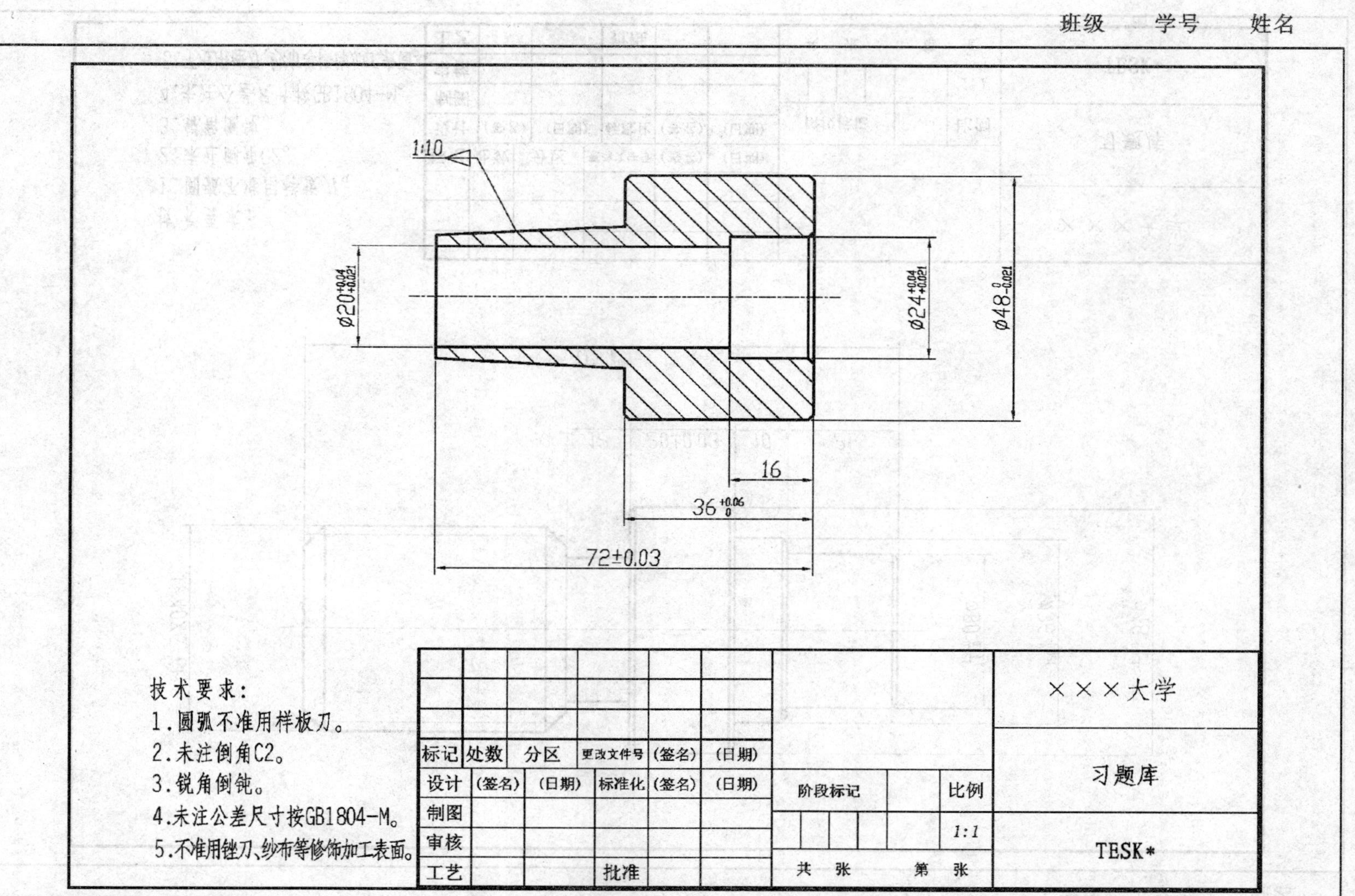

班级 学号 姓名
1:10
Ø20$^{+0.04}_{+0.021}$
Ø24$^{+0.04}_{+0.021}$
Ø48$^{0}_{-0.021}$
16
36$^{+0.06}_{0}$
72±0.03
技术要求：
1.圆弧不准用样板刀。
2.未注倒角C2。
3.锐角倒钝。
4.未注公差尺寸按GB1804—M。
5.不准用锉刀、纱布等修饰加工表面。
标记 处数 分区 更改文件号 (签名) (日期)
设计 (签名) (日期) 标准化 (签名) (日期)
制图
审核
工艺 批准
阶段标记 比例
1:1
共 张 第 张
×××大学
习题库
TESK*

班级　　学号　　姓名

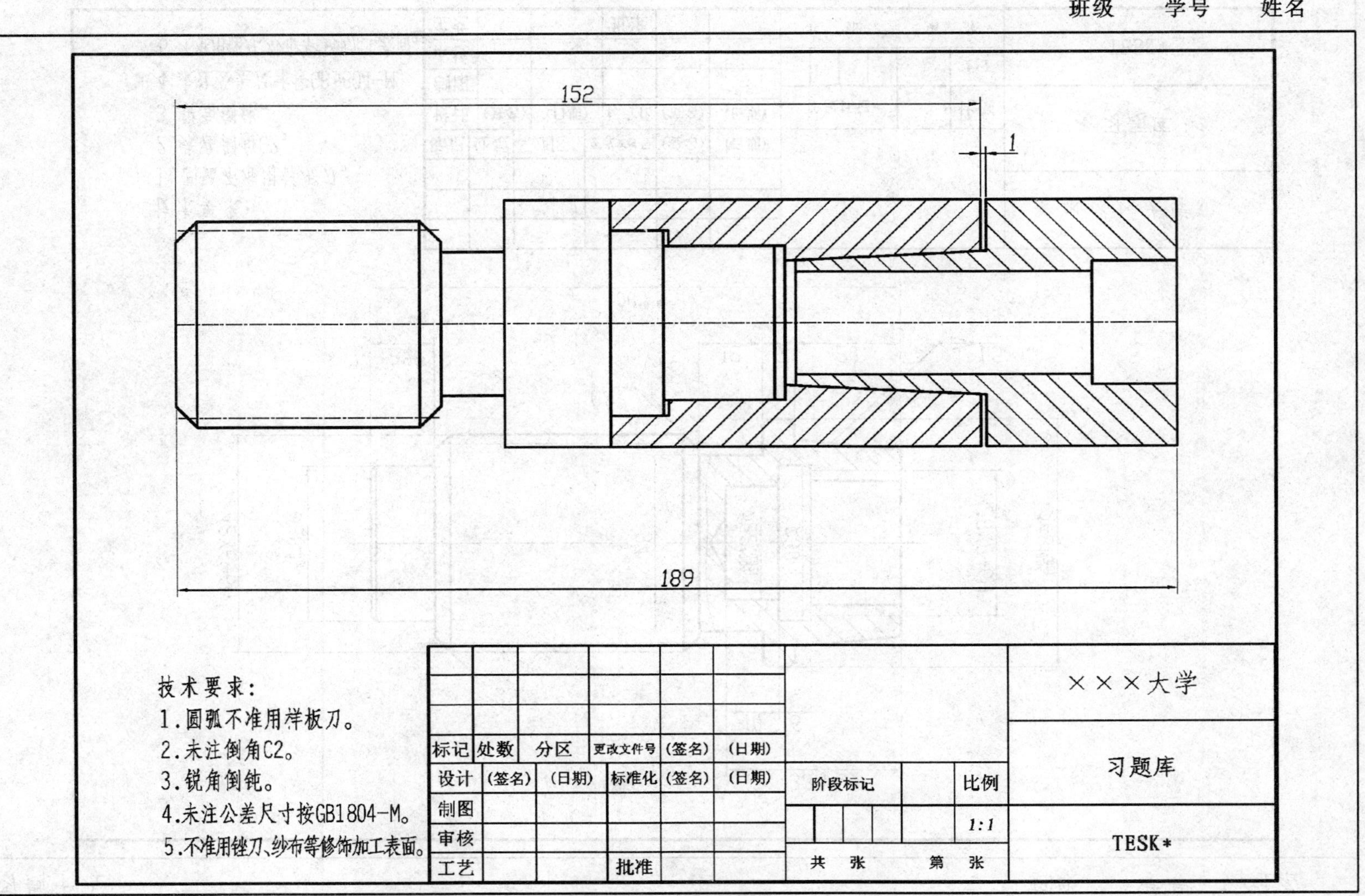
152
1
189
技术要求：
1.圆弧不准用洋板刀。
2.未注倒角C2。
3.锐角倒钝。
4.未注公差尺寸按GB1804-M。
5.不准用锉刀、纱布等修饰加工表面。
标记 处数 分区 更改文件号 (签名) (日期)
设计 (签名) (日期) 标准化 (签名) (日期)
制图
审核
工艺 批准
阶段标记 比例
1:1
共 张 第 张
×××大学
习题库
TESK*

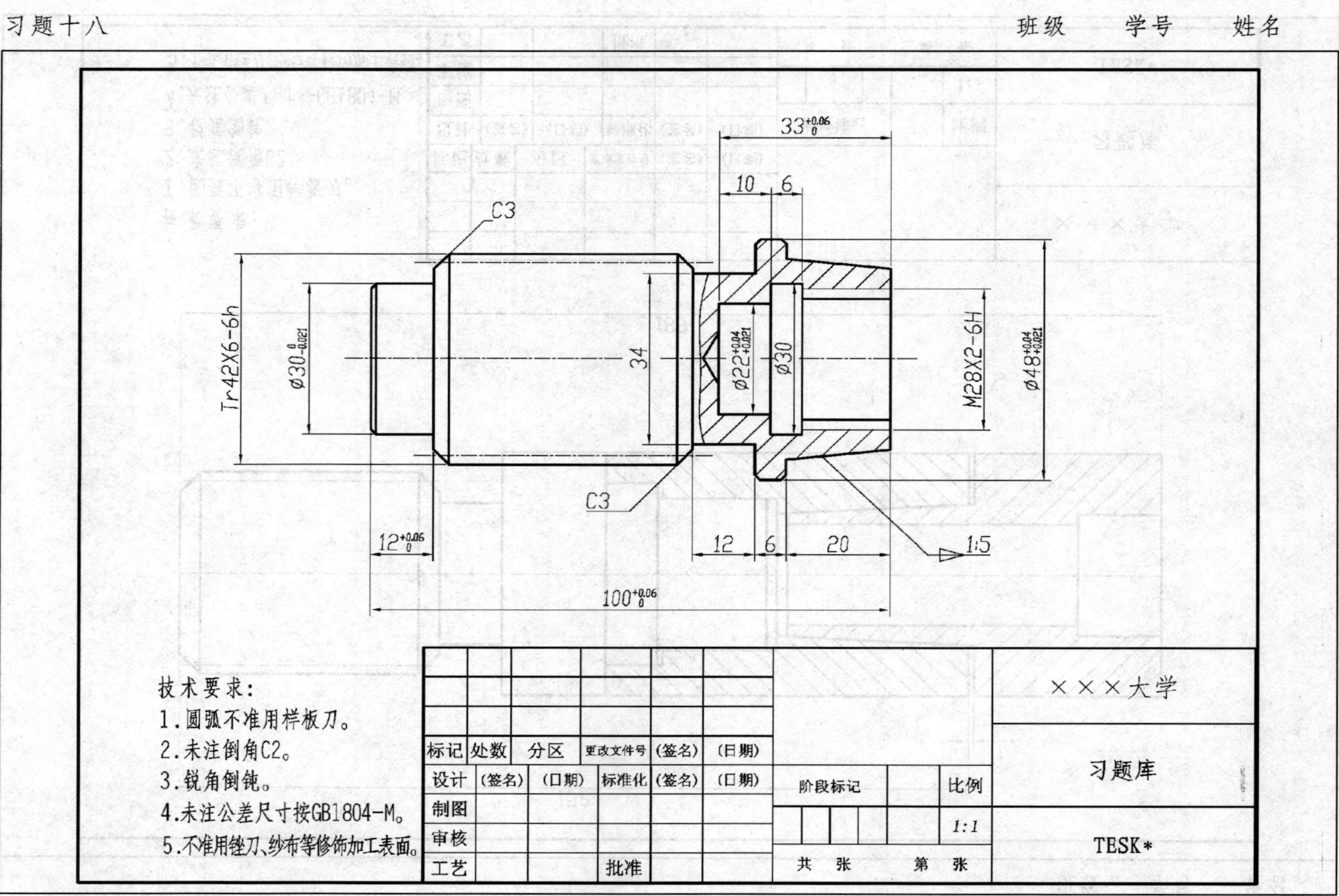
习题十八
班级
学号
姓名
33^{+0.06}_{0}
10
6
C3
Tr42X6-6h
Ø30^{0}_{-0.021}
34
Ø22^{+0.04}_{+0.021}
Ø30
M28X2-6H
Ø48^{+0.04}_{+0.021}
C3
12^{+0.06}_{0}
12
6
20
1:5
100^{+0.06}_{0}
技术要求：
1.圆弧不准用样板刀。
2.未注倒角C2。
3.锐角倒钝。
4.未注公差尺寸按GB1804-M。
5.不准用锉刀、纱布等修饰加工表面。
标记 处数 分区 更改文件号 (签名) (日期)
设计 (签名) (日期) 标准化 (签名) (日期)
制图
审核
工艺 批准
阶段标记
比例
1:1
共 张 第 张
×××大学
习题库
TESK*

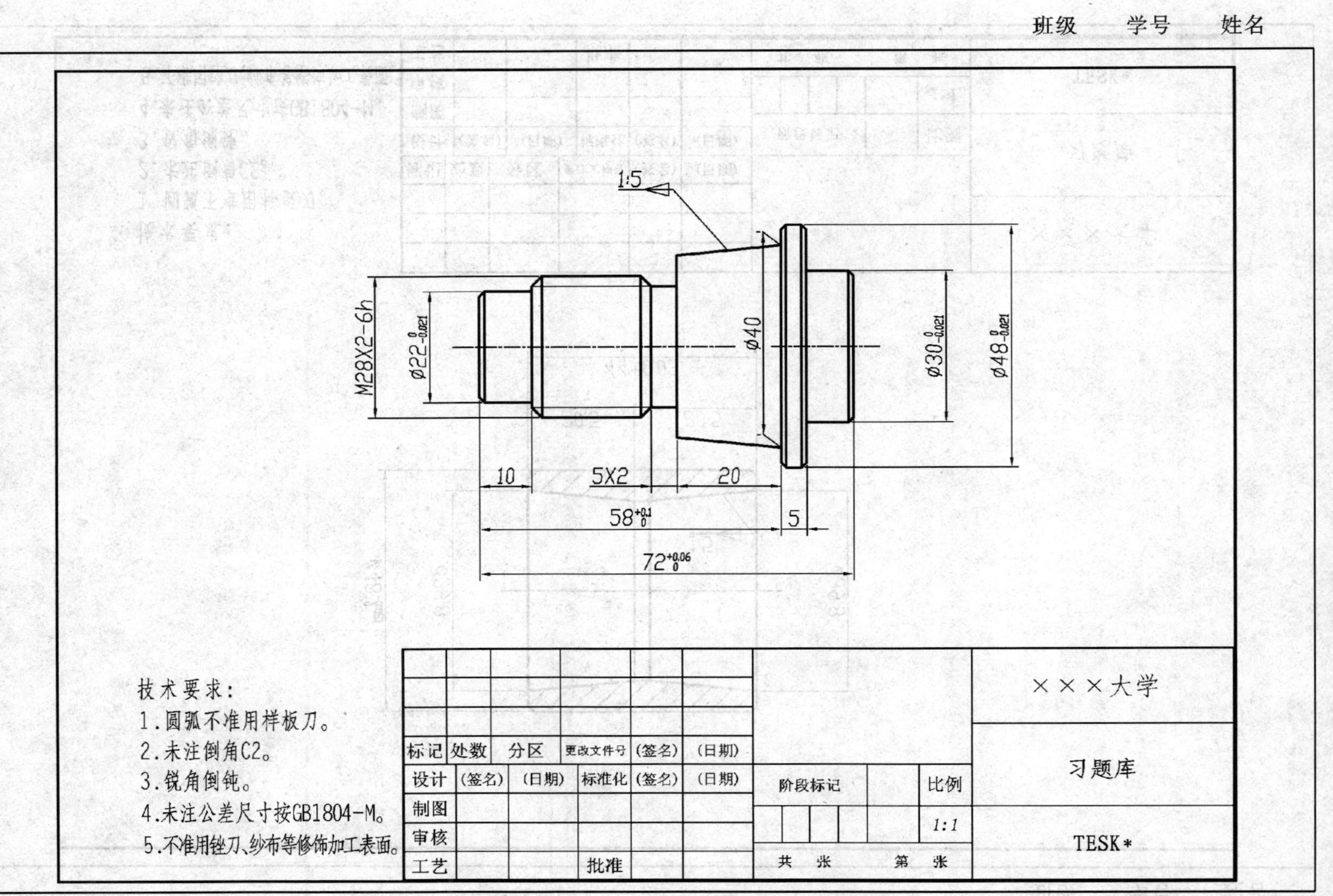

班级 学号 姓名
M28X2-6h
Ø22
Ø40
Ø30
Ø48
1:5
10
5X2
20
5
58
72
技术要求：
1.圆弧不准用样板刀。
2.未注倒角C2。
3.锐角倒钝。
4.未注公差尺寸按GB1804-M。
5.不准用锉刀、砂布等修饰加工表面。
×××大学
习题库
TESK*
标记 处数 分区 更改文件号 (签名) (日期)
设计 (签名) (日期) 标准化 (签名) (日期)
制图
审核
工艺 批准
阶段标记 比例 1:1
共 张 第 张

班级 学号 姓名

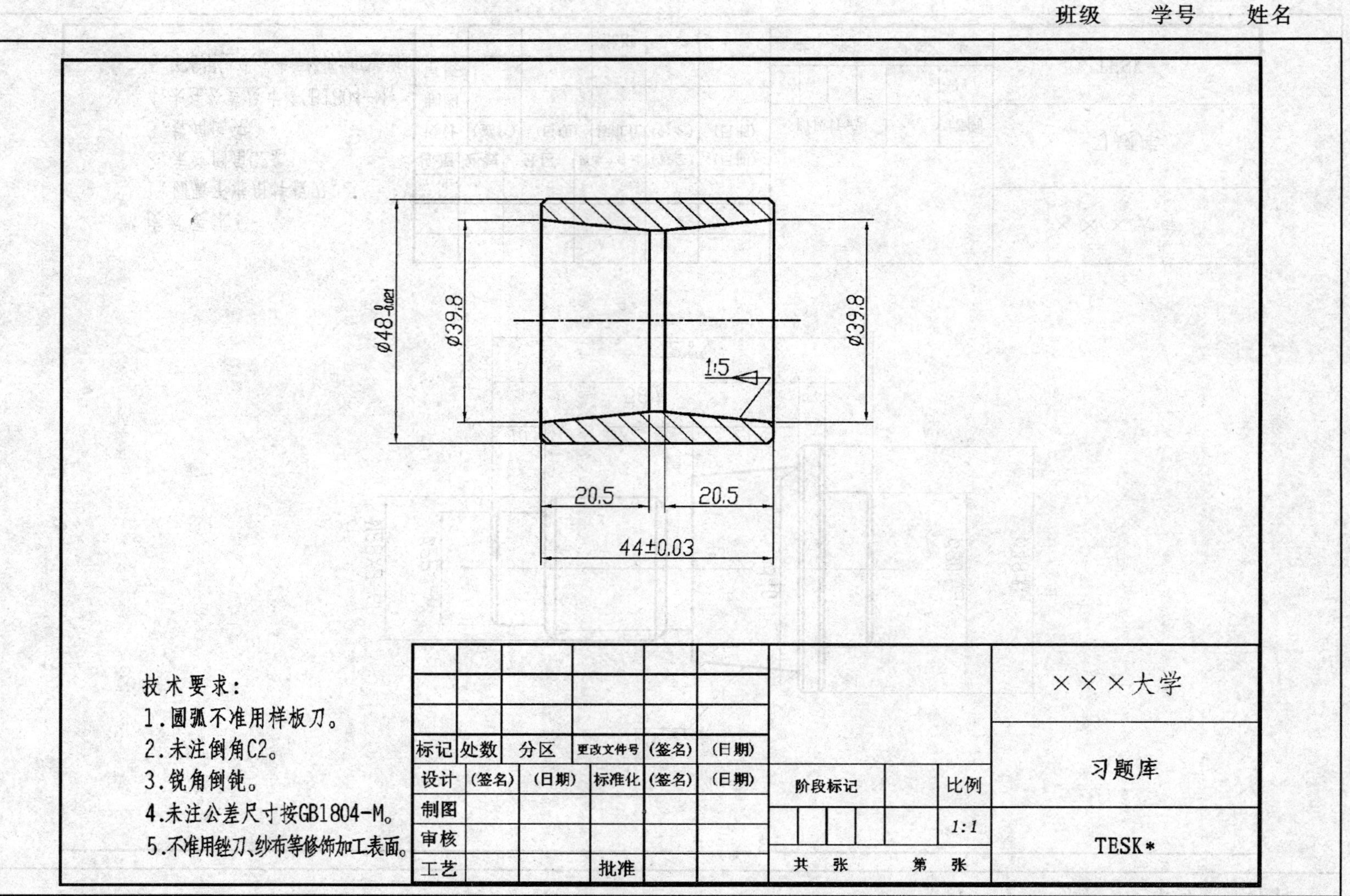
Ø48-0.021
Ø39.8
Ø39.8
1:5
20.5
20.5
44±0.03
技术要求：
1.圆弧不准用样板刀。
2.未注倒角C2。
3.锐角倒钝。
4.未注公差尺寸按GB1804-M。
5.不准用锉刀、纱布等修饰加工表面。
标记 处数 分区 更改文件号 (签名) (日期)
设计 (签名) (日期) 标准化 (签名) (日期)
制图
审核
工艺
批准
阶段标记
比例
1:1
共 张 第 张
×××大学
习题库
TESK*

班级 学号 姓名

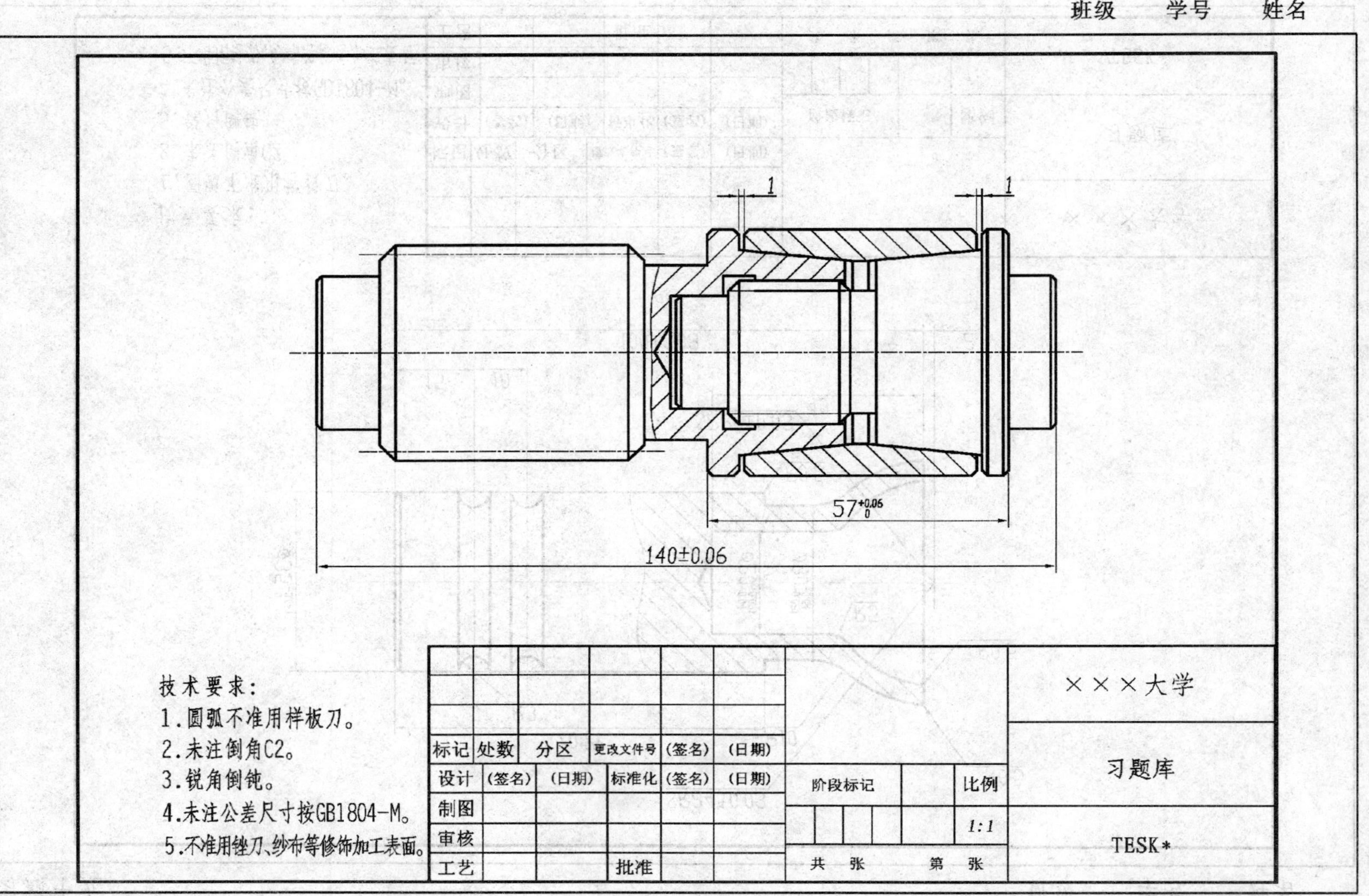
1
1
57+0.06 0
140±0.06
技术要求：
1.圆弧不准用样板刀。
2.未注倒角C2。
3.锐角倒钝。
4.未注公差尺寸按GB1804-M。
5.不准用锉刀、纱布等修饰加工表面。
标记 处数 分区 更改文件号 （签名） （日期）
设计 （签名） （日期） 标准化 （签名） （日期）
制图
审核
工艺 批准
阶段标记
比例
1:1
共 张 第 张
×××大学
习题库
TESK*

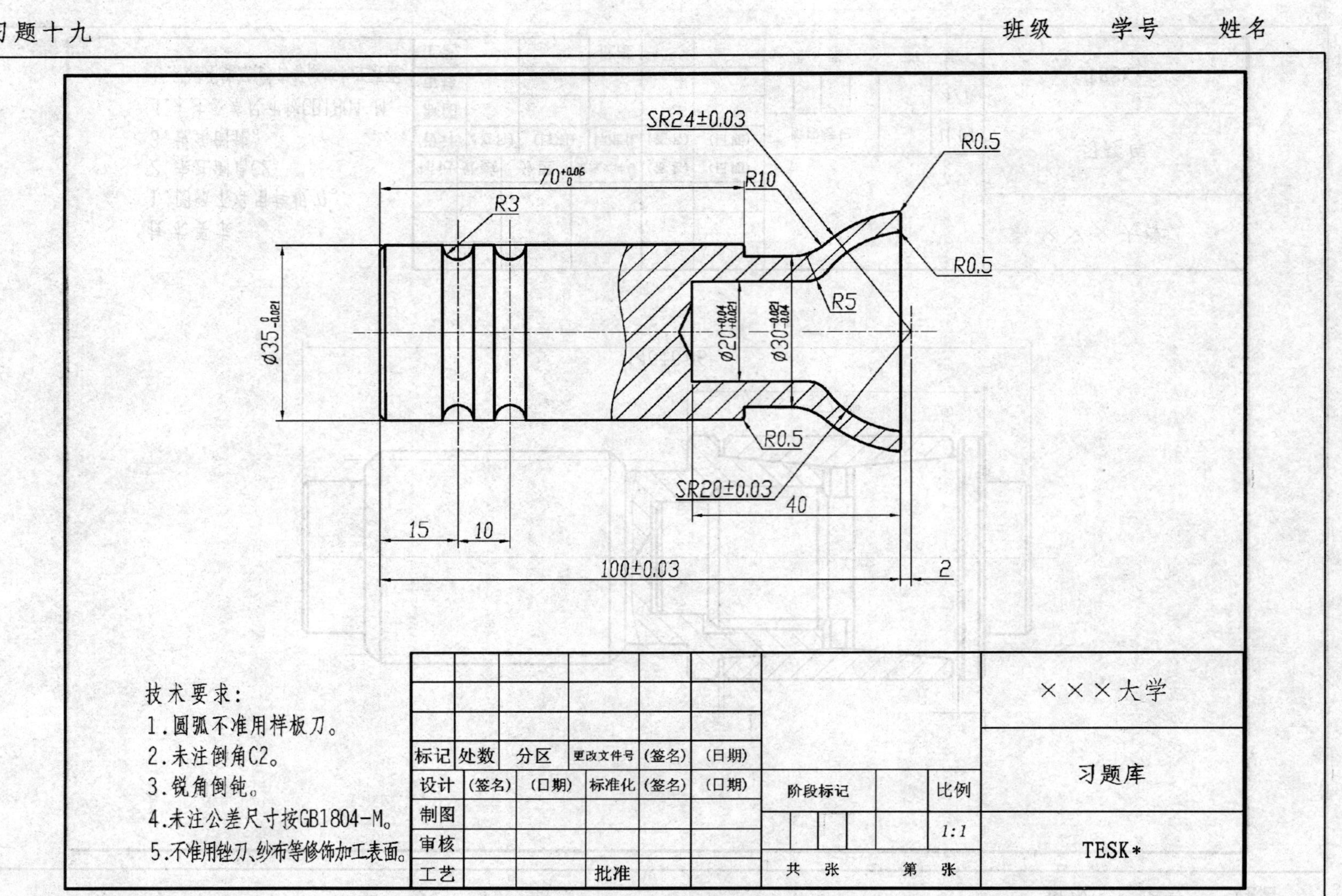
习题十九
班级
学号
姓名
SR24±0.03
R0.5
70 +0.06 0
R10
R3
R0.5
R5
Ø35 0 -0.021
Ø20 +0.04 +0.021
Ø30 -0.021 -0.04
R0.5
SR20±0.03
40
15
10
100±0.03
2
技术要求：
1.圆弧不准用样板刀。
2.未注倒角C2。
3.锐角倒钝。
4.未注公差尺寸按GB1804-M。
5.不准用锉刀、纱布等修饰加工表面。
标记 处数 分区 更改文件号 (签名) (日期)
设计 (签名) (日期) 标准化 (签名) (日期)
制图
审核
工艺
批准
阶段标记
比例
1:1
共 张 第 张
×××大学
习题库
TESK*

习题二十　　班级　　学号　　姓名

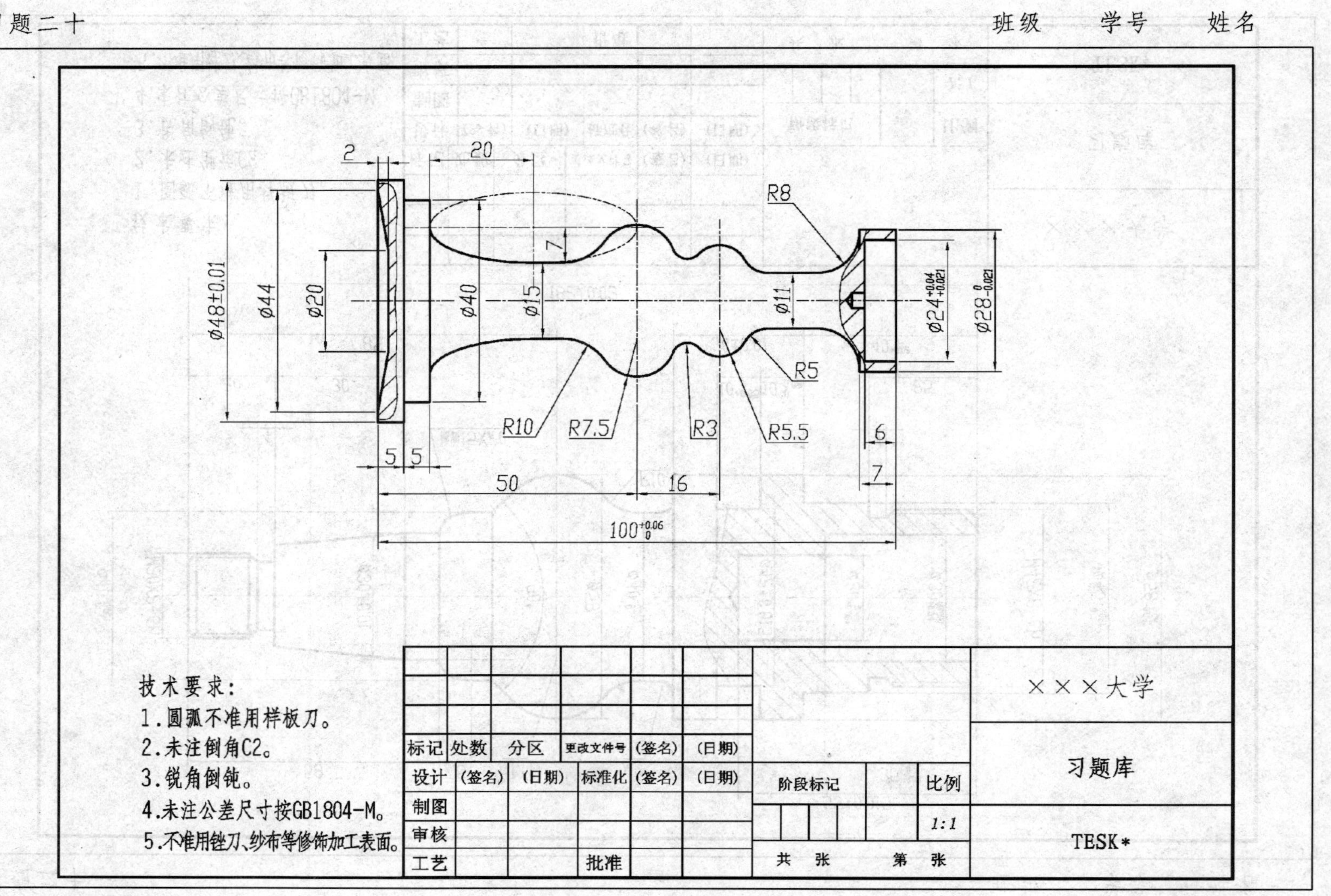

2
20
R8
7
Ø48±0.01
Ø44
Ø20
Ø40
Ø15
Ø11
Ø24 +0.04 +0.021
Ø28 0 -0.021
R5
R10
R7.5
R3
R5.5
6
5
5
7
50
16
100 +0.06 0
技术要求：
1.圆弧不准用样板刀。
2.未注倒角C2。
3.锐角倒钝。
4.未注公差尺寸按GB1804-M。
5.不准用锉刀、纱布等修饰加工表面。
标记　处数　分区　更改文件号　(签名)　(日期)
设计　(签名)　(日期)　标准化　(签名)　(日期)
制图
审核
工艺　批准
阶段标记
比例
1:1
共　张　第　张
×××大学
习题库
TESK*

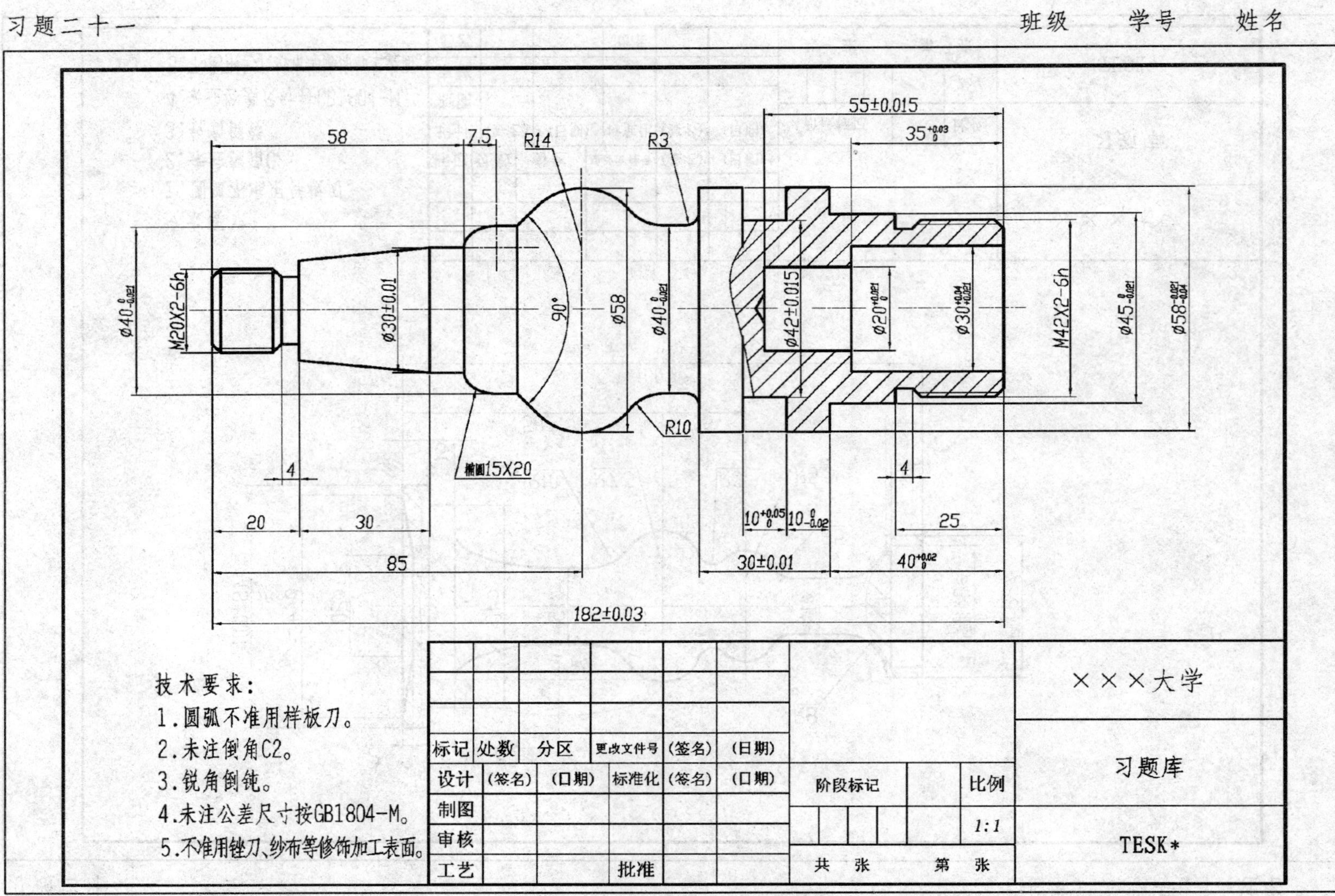
习题二十一
班级
学号
姓名
58
7.5
R14
R3
55±0.015
35
Ø40
M20X2-6h
Ø30±0.01
90°
Ø58
Ø40
Ø42±0.015
Ø20
Ø30
M42X2-6h
Ø45
Ø58
R10
椭圆15X20
4
4
20
30
85
10
10
25
30±0.01
40
182±0.03
技术要求：
1.圆弧不准用样板刀。
2.未注倒角C2。
3.锐角倒钝。
4.未注公差尺寸按GB1804-M。
5.不准用锉刀、纱布等修饰加工表面。
标记
处数
分区
更改文件号
(签名)
(日期)
设计
(签名)
(日期)
标准化
(签名)
(日期)
制图
审核
工艺
批准
阶段标记
比例
1:1
共 张
第 张
×××大学
习题库
TESK*

习题二十二 班级 学号 姓名

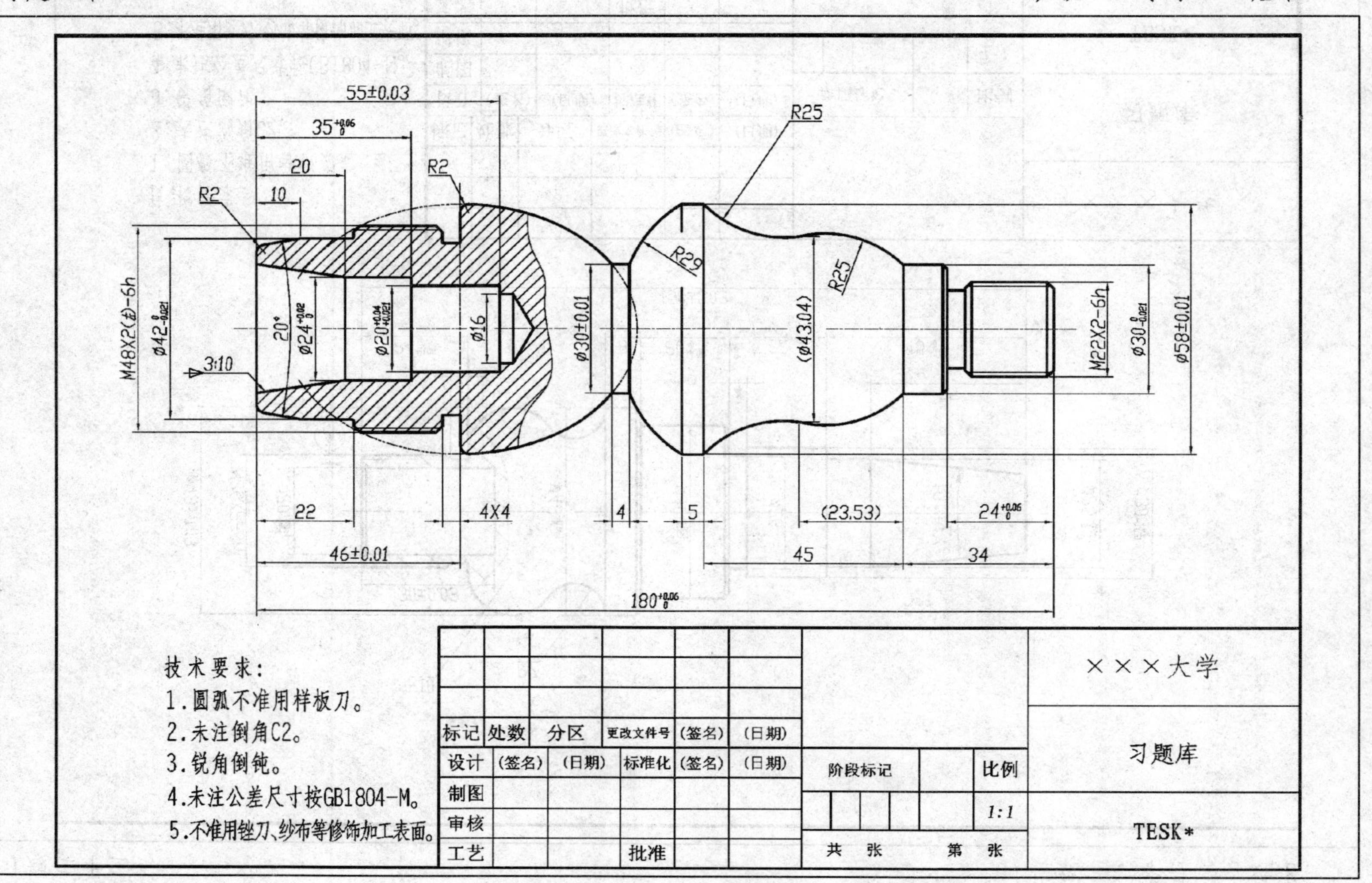

习题二十三　　　　班级　　学号　　姓名

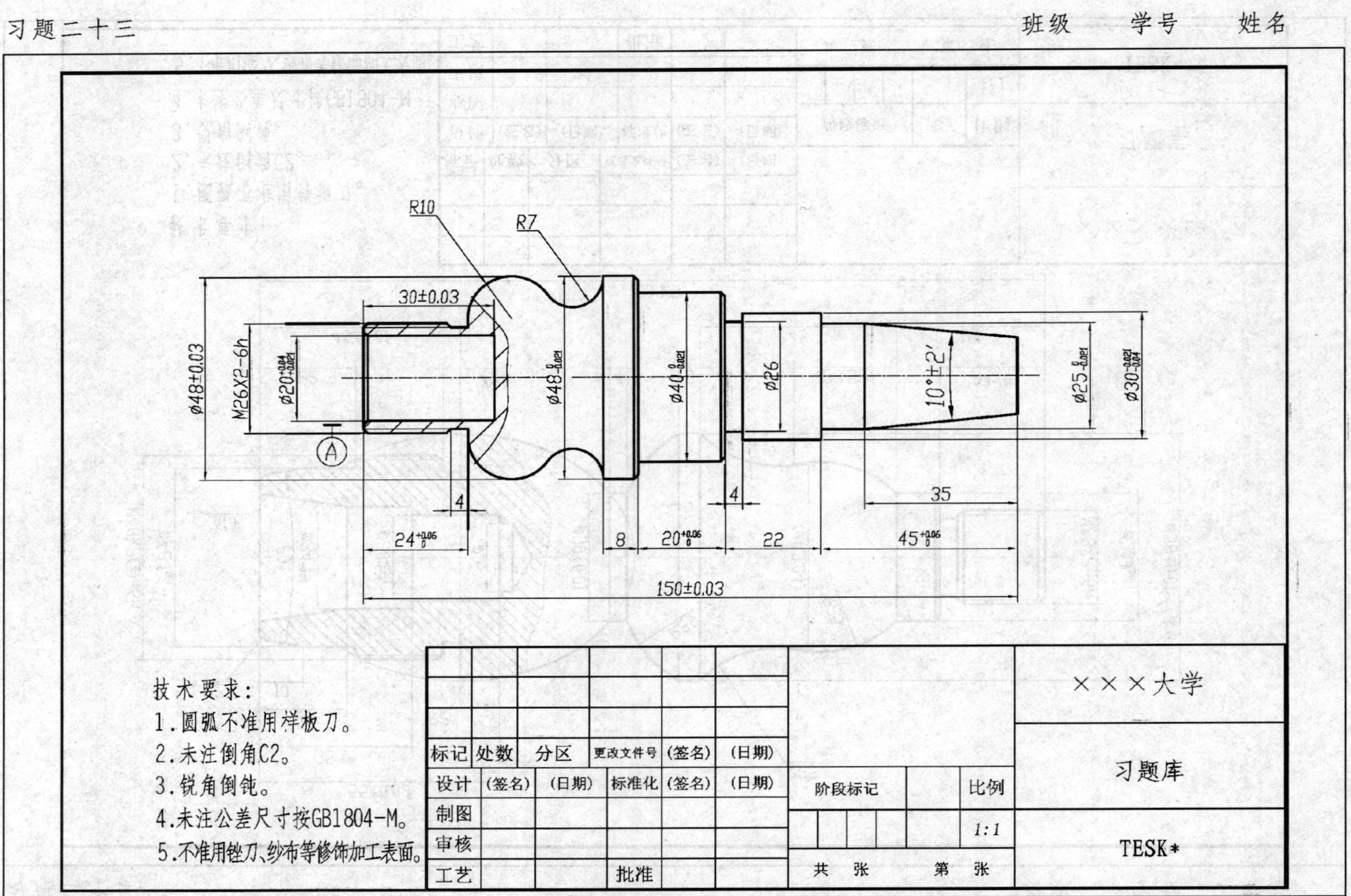

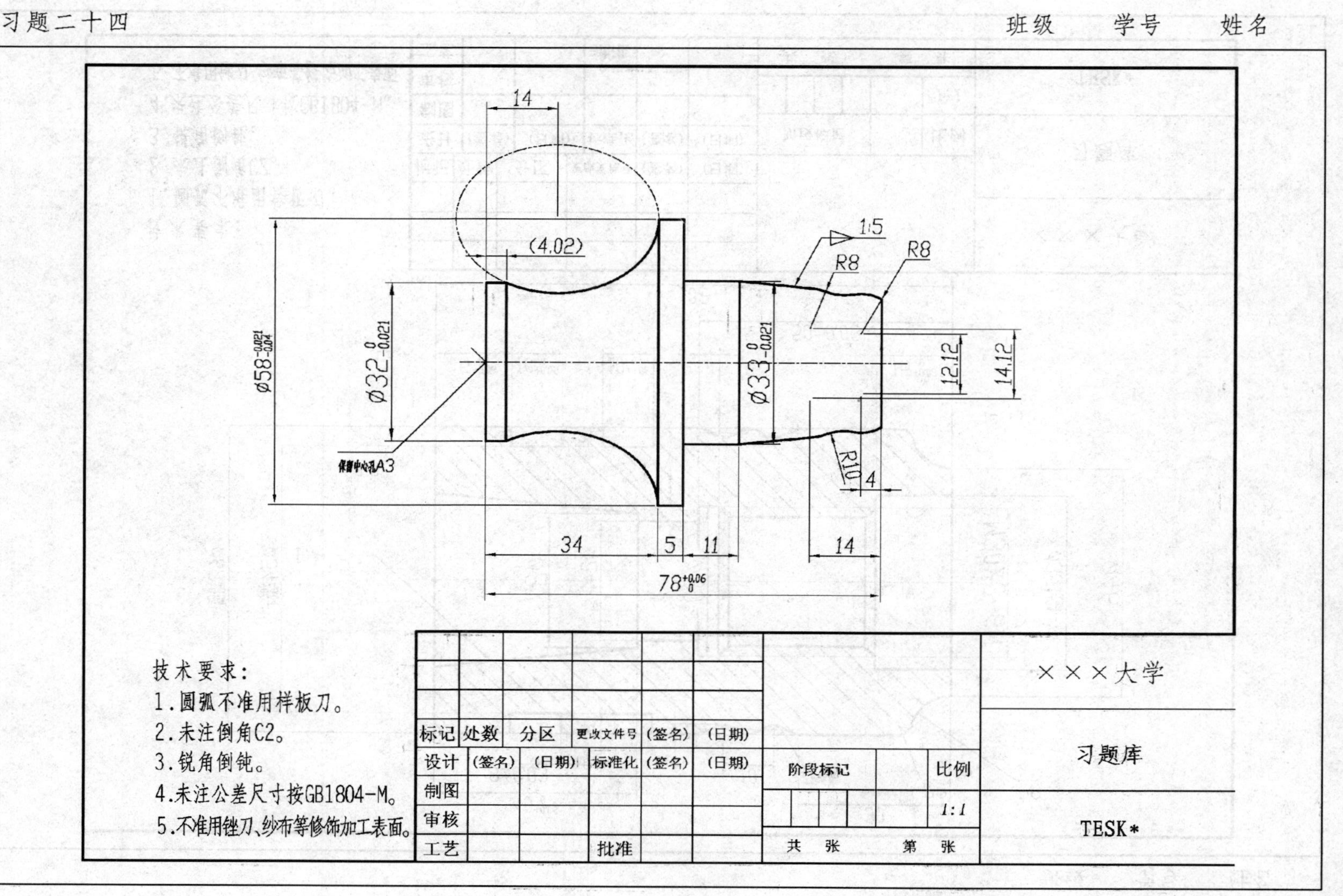
习题二十四
班级
学号
姓名
14
(4.02)
1:5
R8
R8
Ø58
Ø32
Ø33
12.12
14.12
保留中心孔A3
R10
4
34
5
11
14
78
技术要求：
1.圆弧不准用样板刀。
2.未注倒角C2。
3.锐角倒钝。
4.未注公差尺寸按GB1804-M。
5.不准用锉刀、纱布等修饰加工表面。
标记 处数 分区 更改文件号 (签名) (日期)
设计 (签名) (日期) 标准化 (签名) (日期)
制图
审核
工艺 批准
阶段标记 比例 1:1
共 张 第 张
×××大学
习题库
TESK*

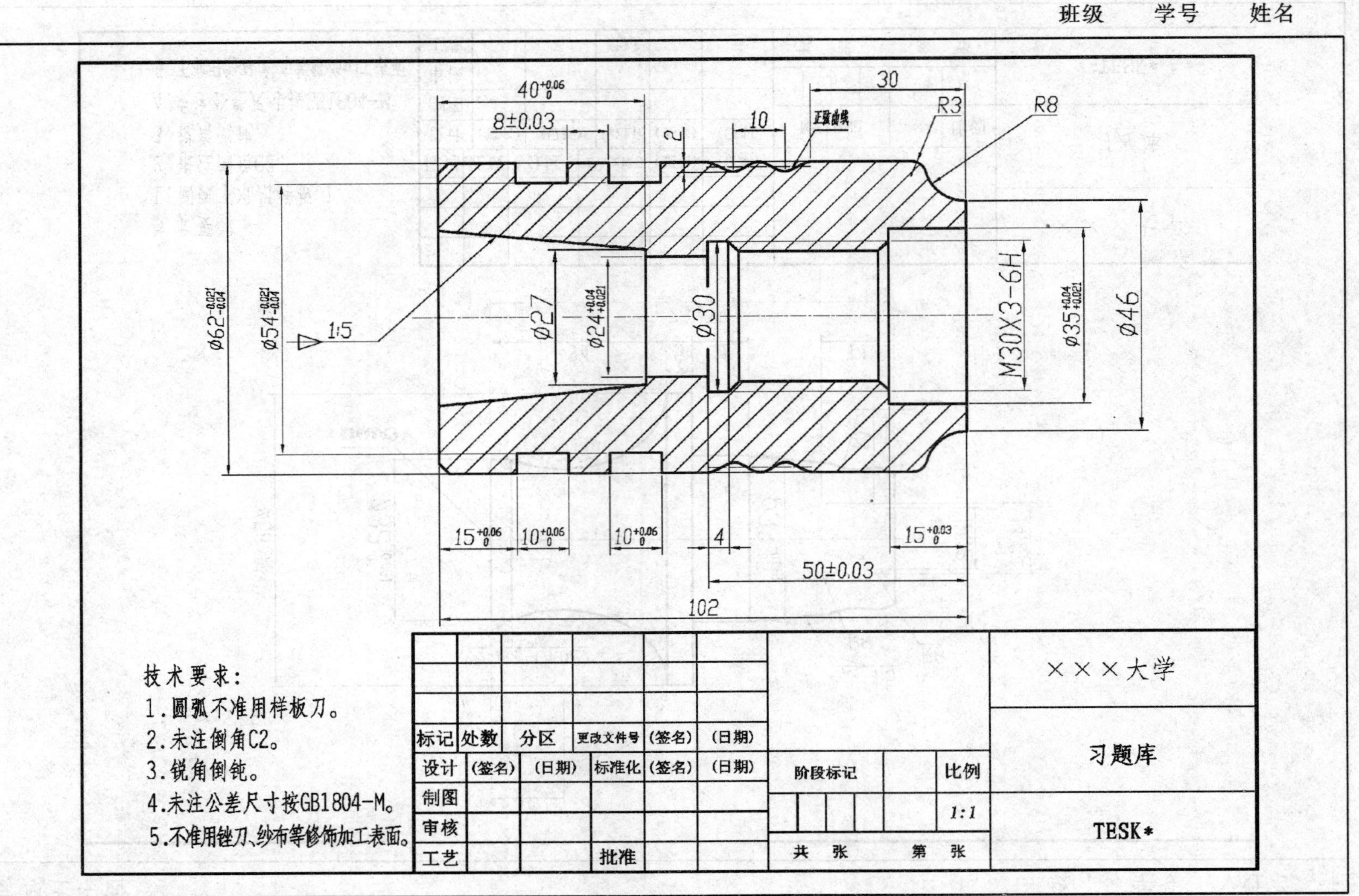
班级 学号 姓名
40$^{+0.06}_{0}$
8±0.03
2
10
正弦曲线
30
R3
R8
Ø62$^{-0.021}_{-0.04}$
Ø54$^{-0.021}_{-0.04}$
1:5
Ø27
Ø24$^{+0.04}_{+0.021}$
Ø30
M30X3-6H
Ø35$^{+0.04}_{+0.021}$
Ø46
15$^{+0.06}_{0}$
10$^{+0.06}_{0}$
10$^{+0.06}_{0}$
4
15$^{+0.03}_{0}$
50±0.03
102
技术要求：
1.圆弧不准用样板刀。
2.未注倒角C2。
3.锐角倒钝。
4.未注公差尺寸按GB1804-M。
5.不准用锉刀、纱布等修饰加工表面。
标记 处数 分区 更改文件号 (签名) (日期)
设计 (签名) (日期) 标准化 (签名) (日期)
制图
审核
工艺 批准
阶段标记 比例
1:1
共 张 第 张
×××大学
习题库
TESK*

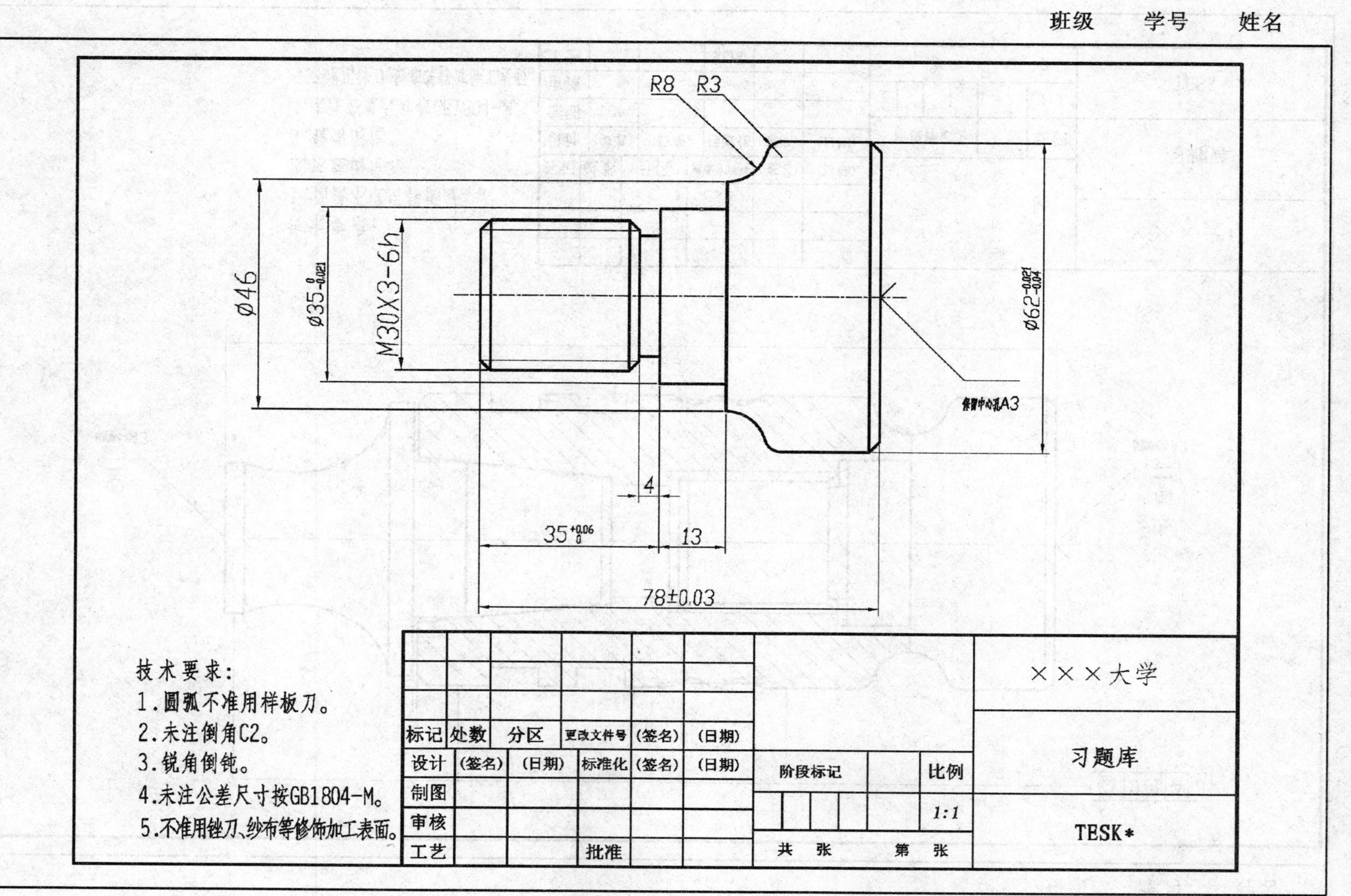
班级 学号 姓名
R8
R3
Ø46
Ø35 0/-0.021
M30X3-6h
Ø62 -0.021/-0.04
保留中心孔A3
4
35 +0.06/0
13
78±0.03
技术要求：
1.圆弧不准用样板刀。
2.未注倒角C2。
3.锐角倒钝。
4.未注公差尺寸按GB1804-M。
5.不准用锉刀、纱布等修饰加工表面。
标记 处数 分区 更改文件号 (签名) (日期)
设计 (签名) (日期) 标准化 (签名) (日期)
制图
审核
工艺 批准
阶段标记
比例
1:1
共 张 第 张
×××大学
习题库
TESK*

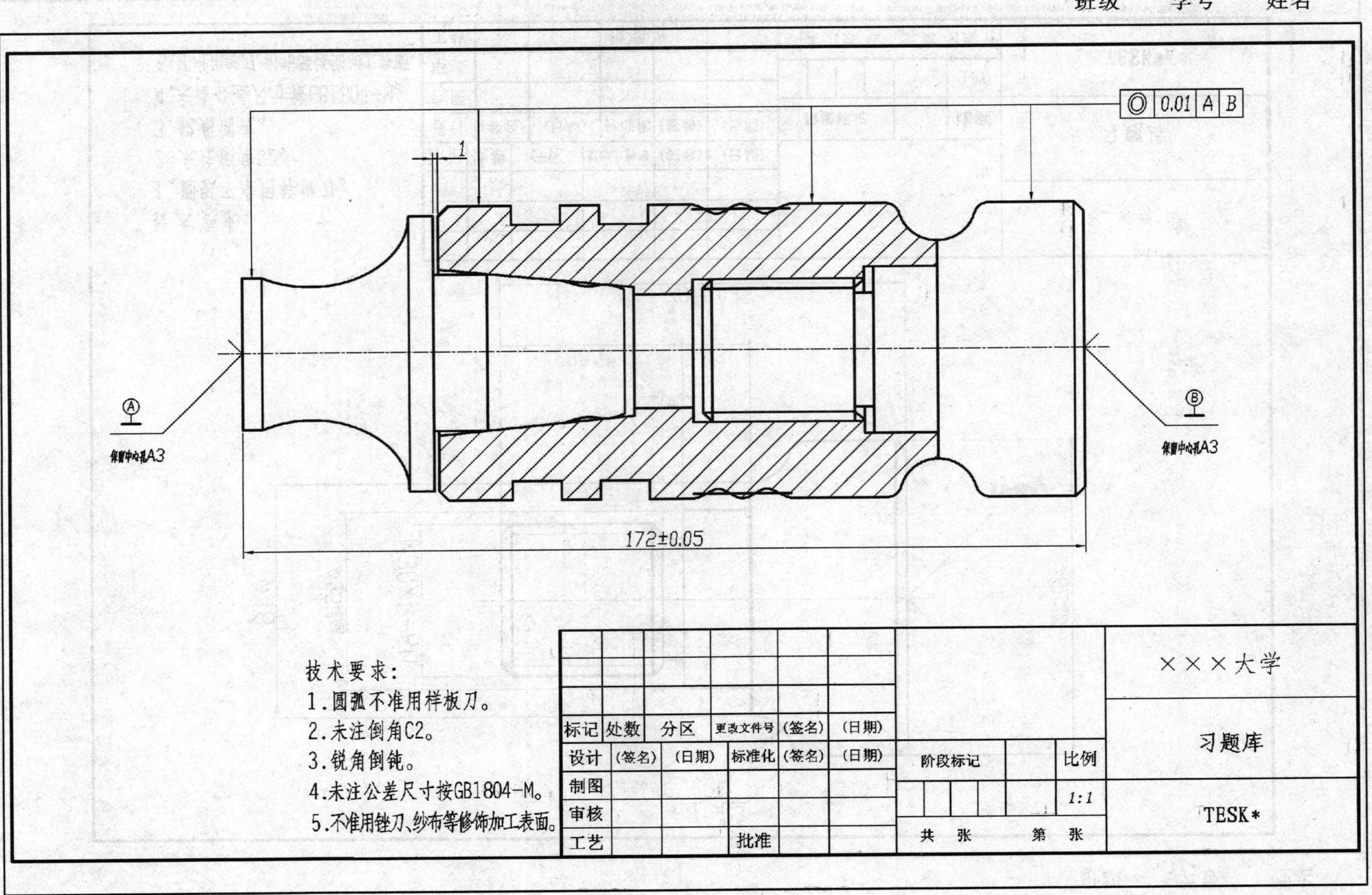
班级　　学号　　姓名
◎ 0.01 A B
1
保留中心孔A3
保留中心孔A3
172±0.05
技术要求：
1.圆弧不准用样板刀。
2.未注倒角C2。
3.锐角倒钝。
4.未注公差尺寸按GB1804-M。
5.不准用锉刀、纱布等修饰加工表面。
标记 处数 分区 更改文件号 (签名) (日期)
设计 (签名) (日期) 标准化 (签名) (日期)
制图
审核
工艺 批准
阶段标记 比例
1:1
共 张 第 张
×××大学
习题库
TESK*